Praktischer Leitfaden zum Färben von Textilfasern in Laboratorien

für Studenten der Hochschulen und für Schüler
an Höheren Textilfachschulen

von

Dr.-Ing. Ed. Zühlke

**Färberei-Laboratorium der Färberei- und
Appreturschule Krefeld**

Mit 2 Textabbildunge

Springer-Verlag Berlin Heidelberg GmbH
1930

ISBN 978-3-642-98121-0 ISBN 978-3-642-98932-2 (eBook)
DOI 10.1007/978-3-642-98932-2

Ursprünglich erschienen bei Julius Springer in Berlin, 1930

Vorwort.

Das vorliegende Werkchen enthält die in heutiger Zeit wichtigsten Färbemethoden mit den gangbarsten Farbstoffen auf Baumwolle, Wolle, Seide und Kunstseide für den Gebrauch in Färbereilaboratorien. Es soll demjenigen einige Anleitungen geben, der sich mit der Anwendung der neueren Farbstoffe und Färbemethoden vertraut machen möchte, sei er wissenschaftlich gebildeter Chemiker oder Schüler einer Höheren Textilfachschule, der die Kenntnis der Färbevorschriften gründlich beherrschen muß, wenn er in die Praxis geht.

Die Kunst der Färberei der Mischgewebe, die ständig an Bedeutung zunimmt, konnte leider in den Rahmen dieses Buches nicht mehr untergebracht werden, da sie in allen ihren Einzelheiten eine Abhandlung für sich bilden würde. Die Grundlage der Färberei der gemischten Gewebe bildet aber stets die genaue Kenntnis der Bearbeitung der Einzelfasern, auf der sich die Behandlung der Halbwoll-, Halbseiden- und der komplizierteren Stoffe aufbaut.

Krefeld, im August 1930.

Eduard Zühlke.

Inhaltsverzeichnis.

Abkürzungen.

ex = hinter Farbstoffnamen: extra.
konz = konzentriert
° = stets Grade Celsius.
°Bé = Grade Baumé
g/l = g Substanz pro Liter Flotte
ccm/l = ccm Lösung pro Liter Flotte
I. G. = I.G.-Farbenindustrie AG. (Frankfurt, Höchst, Leverkusen, Ludwigshafen)
S = Sandoz, Basel
G = Geigy, Basel
Ci = Ciba, Basel
B.D.C. = British Dyestuff Corporation
B.C.L. = British Celanese Limited
S.D.C. = Scottish Dyes Comp.

Einleitung.

Vor der Behandlung der einzelnen Farbstoffgruppen sollen hier noch einige einleitende, der Beachtung werte Hinweise gegeben werden.

Die Farbstofflisten hinter jeder Vorschrift enthalten hauptsächlich deutsche Marken. Bei Anführung fremder Farbstoffe ist hinter dem Namen in Klammern die betreffende Fabrik in abgekürzter Form angegeben. Die Listen sind nicht vollständig. Es sind immer nur diejenigen Farbstoffe ausgewählt, die genügen, um möglichst alle Töne mit einer Farbstoffgruppe herzustellen und auch — für evtl. Prüfungen — Färbungen mit den verschiedensten Echtheitseigenschaften innerhalb einer Gruppe zu erzeugen.

Einzelne Farbstoffe haben trotz chemischer Identität verschiedene Namen (Konkurrenzmarken). Diese sind zum Teil unter diesen verschiedenen Namen, unter denen sie auch noch im Handel sind, aufgeführt. Es ist absichtlich geschehen, weil bekanntlich der Färber aus nicht ganz zu verwerfenden Gründen sich schwer von den alten Namen trennen kann und man aus der Erfahrung heraus auch weiß, daß Farbstoffe von gleicher Zusammensetzung, die an verschiedenen Orten hergestellt werden, sich in ihren färberischen Eigenschaften nicht vollkommen gleichen. Möglicherweise spielt hier die Polydispersität eine gewisse Rolle.

Bei jeder Farbstoffgruppe sind, soweit es zur Beleuchtung des Färbevorganges notwendig schien, um beim Schüler das Verständnis dafür zu wecken, „Anleitungen für Versuche“ angefügt. Es wird dabei oft eine mangelhafte Färbung entstehen, die dem Schüler den Blick für Fehlerquellen und falsche Maßnahmen schärfen soll, denn bekanntlich lernt der Färber an Rückschlägen am besten, die richtigen Überlegungen anzustellen und Schwierigkeiten zu überwinden. Er wird durch Fehler klug.

Was die Angabe von Rezepten in der Färberei anbetrifft, so muß gesagt werden, daß es streng genommen für eine genau bestimmte Färbung gar kein starres Rezept gibt, weil ihr Ausfall von Faktoren abhängig ist, die außerhalb der Vorschrift liegen, wie z. B. lokale Wasserverhältnisse, Färben mit direktem oder indirektem Dampf, persönliche Einstellung des Färbers zu Flottenlänge, Salzzusätzen usw. Ein Färberezept ist daher auch stets ein Begriff, der je nach Bedarf und Erfahrung dehnbar ist. Den hier angegebenen Vorschriften sind zum Teil die Veröffentlichungen der Farbenfabriken zugrunde gelegt.

Es ist versucht worden, möglichst mit den Verhältnissen in der Praxis parallel zu gehen. Das ließ sich aber im kleinen nicht immer durchführen, z. B. beim Färben auf „laufenden Bädern", das heißt die Weiterbenutzung der Färbeflotten, die nicht ganz ausziehen. Die Lebensdauer von Farbflotten u. dgl. ist verschieden, und die dazu nötigen Nachsätze sind mehr eine Sache der Einarbeitung. Es sei hier nur kurz bemerkt, daß überall da, wo Bäder nicht ausziehen und sich nicht zersetzen, diese längere Zeit unter Ersatz der verbrauchten Zusätze weiter benutzt werden, um Zutaten zu sparen. Es sei hier auch gleich darauf hingewiesen, daß das Bestreben jedes Färbers sein muß mit möglichst wenig Zusätzen an teuren Farbstoffen u. dgl. bei entsprechender Vorsicht die größtmöglichste Wirkung zu erzielen und dabei die Flotte nicht unnötig lang zu machen.

Bei dem Bestreben, die Kleinfärberei eng an die Praxis anzulehnen, hat sich eine weitere Schwierigkeit ergeben. Man kann nämlich im kleinen nicht immer mit den Flottenverhältnissen (siehe S. 2) arbeiten, die in der Praxis üblich sind. Man wird oft gezwungen sein, erheblich längere Flotten zu gebrauchen. Die Folge davon ist, daß eine Färbung z. B. mit substantiven Farben nach „Prozenten" vom Gewicht des Färbegutes, wie sie in der Praxis hergestellt wird, bedeutend dunkler ausfällt als eine Färbung im Laboratorium mit längerer Flotte und demselben „Prozentgehalt" an Farbstoff und Zutaten. Man erreicht daher nie die Tiefe einer Färbung aus einer Musterkarte der Fabriken, die nach den Verhältnissen der Praxis (Flotte 1 : 20 für Baumwolle) angefertigt ist, wenn man die darin angegebenen Zusätze in „Prozenten" anwendet.

Das gleiche gilt von anderen Behandlungen, bei denen die Konzentration der Lösungen (Bäder) ausschlaggebend ist, z. B. Bleichen, Absäuern, Beizen u. dgl. Bei Bädern, die ganz ausziehen, z. B. beim Färben von Wolle und Seide mit Säurefarben spielt das Flottenverhältnis bei Berechnung des Farbstoffzusatzes keine so große Rolle.

Aus diesem Grunde ist, soweit angängig, bei Farbflotten, die nicht ganz erschöpft werden, stets hinter der üblichen Angabe in Prozenten die Konzentration der Farbflotte an Zusätzen (g/l oder ccm/l) angegeben, die etwa den in der Praxis üblichen Flottenverhältnissen entsprechen würde. (Baumwolle 1:20, Wolle 1 : 40, Kunstseide, Seide, Halbwolle usw. 1 : 30). Man wird auf diese Weise unabhängig vom Flottenverhältnis und kann die Tiefe einer Färbung schneller und genauer treffen. Es ist dabei allerdings die Annahme gemacht, daß zwei Färbungen in Flotten gleicher Konzentration aber verschiedener „Länge" annähernd gleich ausfallen, wenn die andern Bedingungen gleich sind (Beispiel einer Berechnung S. 6, siehe dort auch alles Nähere über Flotte, Prozentsätze u. dgl.).

Die Theorie ist berücksichtigt, soweit sie in den Rahmen dieses Büchleins fällt. Durch Hinweise auf die entsprechende Materie in der Literatur ist Gelegenheit gegeben, sich eingehender in die einzelnen Probleme der Färberei zu vertiefen.

Die Farbstoffe.

Die organischen Farbstoffe sind farbige Körper, die je nach Charakter mit oder ohne Vermittlung andrer Stoffe (Beizen) pflanzliche oder tierische Fasern „echt“ anfärben. Sie haben alle bestimmte chemische Gruppen gemeinsam, die sie zum Färben befähigen. Die Kern- oder Muttersubstanzen der Farbstoffe, die sog. „Chromogene“ enthalten gewisse Atomgruppen, ein oder mehrere „Chromophore“. Solche Chromophore (Farbträger) sind z. B. die Nitro-, die Azo-, die Keto-, die Äthylengruppe ($-NO_2$, $-N=N-$, $=C=O$, $H-\overset{|}{C}=\overset{|}{C}-H$). Diese an sich indifferenten gefärbten Chromogene werden durch Addition von „Auxochromen“, wie die Aminogruppe ($-NH_2$), die Hydroxylgruppe ($-OH$), die Sulfogruppe ($-SO_3H$), die ihre chemische Natur beeinflussen, zu eigentlichen Farbstoffen. Außer diesen sind noch andere Gruppen oder Radikale von Einfluß auf die Eigenschaften der Farbstoffe. Durch deren Einführung wird Farbton, Echtheit, Verwendungsbereich, Löslichkeit usw. bestimmt. Die Sulfogruppe z. B. gibt ihnen sauren Charakter, hellt die Farbe auf und erhöht die Löslichkeit. Die COOH-Gruppe macht den Farbstoff in vielen Fällen echter und gibt ihm die Fähigkeit mit Metallsalzen Lacke zu bilden (Beizenfarbstoffe). Andere wichtige Substituenten sind z. B. Chlor, die Nitrogruppe, Alkyle, Aryle, Alkoygruppen und viele andere.

Auch die Stellung der Gruppen im Molekül und untereinander ist ausschlaggebend.

Die allgemein übliche Einteilung der Farbstoffe nach der praktischen Seite führt zu folgender Gruppierung:

a) Säurefarbstoffe. Sie finden Verwendung für Wolle, Seide und andere tierische Fasern, auch für Jute.

b) Basische Farbstoffe, für Baumwolle, Kunstseide und andere vegetabilische Fasern (meist auf Gerbstoffbeize). In geringerem Maße auch für Wolle und Seide.

c) Substantive, Salz- oder direkte Farben, hauptsächlich für Baumwolle, Kunstseide (außer Acetatseide) und die andern pflanzlichen Fasern. Eine Auswahl auch für Wolle, Seide, Mischgewebe.

d) Schwefelfarben, hauptsächlich für Baumwolle, weniger für Kunstseide. In seltenen Fällen für Seide unter Verwendung von

Faserschutzmitteln. Sie kommen für Wolle nicht in Frage, da das zum Färben nötige Schwefelnatrium die Faser angreift.

e) Küpenfarben, hauptsächlich für Baumwolle und Kunstseide. Einige geeignete auch für Wolle und Seide.

f) Entwicklungsfarben, 1. unlösliche Azofarben, z. B. (Naphthol AS-Farben usw.) für Baumwolle, Kunstseide, in Auswahl auch für Seide. 2. Anilinschwarz, hauptsächlich für Baumwolle.

g) Beizenfarben, die die Faser nicht direkt, sondern nur mit Vermittlung von Metalloxyden (Beizen) echt anfärben. Hierunter können auch die basischen Farben gerechnet werden, wenn sie auf Baumwolle gefärbt werden, da sie diese nur auf Gerbstoffbeize anfärben (siehe S. 21), während Wolle und Seide dagegen von basischen Farben direkt angefärbt werden. Die eigentlichen Beizenfarben kommen für Baumwolle kaum noch in Frage (Hauptvertreter ist noch Alizarin- oder Türkischrot), mehr dagegen für Seide und allenfalls für Wolle. Hierzu sind auch die natürlichen Farbhölzer wie Blau- und Gelbholz usw. zu rechnen.

Weitere Einzelheiten über die Farbstoffe der einzelnen Gruppen sind bei den Vorschriften angegeben. Die Farbstoffe kommen unter Phantasienamen in den Handel, die selten dem Anfänger einen Rückschluß auf die Herkunft und Verwendung erlauben. Die Nomenklatur ist äußerst verworren. Oft haben Farbstoffe mit gleichen Namen ganz verschiedene Zusammensetzung und umgekehrt. Die gleiche Unsicherheit ergibt sich bei der Beurteilung der Markenbezeichnung (Buchstaben hinter den Namen). So kann z. B „S“ bedeuten: säureecht, schweißecht, oder geeignet für Seide. „L“ kann bedeuten: lichtecht, löslich usw. Man ist bei diesem Wirrwarr von Namen und Bezeichnungen allein auf sein Gedächtnis und die Tabellen der Fabriken angewiesen.

Technische Einzelheiten.

Flotte nennt der Färber das Bad, in welchem das Färbegut behandelt wird.

Das Flottenverhältnis gibt das Verhältnis zwischen dem Gewicht des Färbegutes und der Menge der Flotte an, wobei alle Zutaten mit einbegriffen sind. Kurze Flotten enthalten wenig, lange Flotten mehr Flüssigkeit. Flotte 1 : 20 heißt z. B.: man färbe mit soviel Flüssigkeit, daß insgesamt (mit Farbstofflösung usw.) die zwanzigfache Menge vom Gewicht des Färbegutes vorhanden ist. Also beispielsweise für 15 g Baumwolle 300 g oder ccm Flotte.

Das Flottenverhältnis in der Praxis richtet sich nach der Art des Färbegutes (wie schon oben angedeutet), weiter nach dem Farbton, nach der Eigenschaft der Farbstoffe u. dgl. Auf Färbeapparaten sind besondere Verhältnisse üblich, ebenso bei bestimmten Arbeiten, wie Beizen mit Gerbstoffen u. dgl., um die Flotte möglichst auszunutzen und Zutaten zu sparen. Man arbeitet dabei mit kürzeren Flotten.

Lösungen. Beim Arbeiten mit Strähnen oder Läppchen von 5—15 g sind die Mengen an Farbstoff usw. meist sehr klein, und man stellt sich daher, um die zeitraubende Arbeit mit der analytischen Waage zu umgehen, Lösungen von bekanntem Gehalt her, indem man etwa 0,5—1 g der Substanz auf einer weniger empfindlichen Waage abwägt und zu 500 ccm beispielsweise auflöst. Von dieser Lösung wird dann die entsprechende Menge mit einer Teilpipette dem Bade zugesetzt (Beispiel siehe unten, Seite 6).

Chemikalien, die ständig gebraucht werden, wie Glaubersalz, Soda, Säuren usw. sind dauernd in geeigneter Verdünnung vorrätig zu halten und der Genauigkeit halber auch stets mit Teilpipetten abzumessen (Verzeichnis der am meisten gebrauchten Lösungen S. 12).

Über das Lösen der Farbstoffe siehe bei den einzelnen Vorschriften.

Prozentsätze usw. Prozentsatzangaben in der Textilindustrie beziehen sich, wenn nichts anderes angegeben, stets auf das Gewicht des Färbegutes. Die im Text angegebenen Zusätze in Prozenten entsprechen den in der Praxis und in den Farbkarten der Fabriken allgemein üblichen Angaben. Diese Bezeichnung hat sich allgemein eingebürgert, ist aber für genauere Beurteilung der Farbtiefe einer Färbung nicht zureichend, weil wie in der Einleitung ausgeführt, die Tiefe einer Färbung von den verschiedensten Faktoren abhängig ist. An deren Stelle ist die Angabe der Konzentration der Farbflotte an Zusätzen (g/l = g pro Liter Flotte) um vieles genauer.

Beispiel einer Berechnung der Zusätze für eine Färbung.

8 g Baumwolle sollen gefärbt werden im Flottenverhältnis 1 : 20, also in 160 ccm Farblösung (Zusätze inbegriffen). An Farbstoff und Hilfsmitteln sollen zugesetzt werden:

1. 4,5% Farbstoff (berechnet auf das Gewicht der Baumwolle). Das entspricht einer Konzentration der Färbeflotte bei einem Verhältnis 1:20 (50 g Baumwolle in 1 l Flotte) von 2,25 g Farbstoff pro Liter Flotte (4,5% von 50 ist 2,25).
2. 2,5% Soda (berechnet auf das Gewicht der Baumwolle). Das ent-

spricht einer Konzentration der Flotte nach den gleichen Überlegungen von 1,25 g/l Soda.

3. 50% Glaubersalz, berechnet auf das Gewicht der Baumwolle oder wie oben: 25 g/l Glaubersalz.

Berechnung: a) Farbflotte mit allen Zusätzen insgesamt . . 160 ccm
Davon entfallen auf:

b) Farbstofflösung 0,5:100 (0,5 g Farbstoff in 100 Wasser gelöst).

1. Bei Berechnung nach Prozenten (4,5%): $\frac{4{,}5 \cdot 8}{100} = 0{,}36$ g Farbstoff.

Diese sind enthalten in $\frac{100 \cdot 0{,}36}{0{,}5} = 72$ ccm der Farbstofflösung **72 ccm**

2. Bei Berechnung nach der Konzentration (2,25 g/l Farbstoff): $\frac{160 \cdot 2{,}25}{1000} = 0{,}36$ g oder $\frac{100 \cdot 0{,}36}{0{,}5} = 72$ ccm der Farbstofflösung.

c) Soda (Lösung 1:10 = 1 g Soda in 10 ccm Wasser gelöst).

1. Prozentrechnung (2,5% vom Baumwollgewicht): $\frac{2{,}5 \cdot 8}{100} = 0{,}2$ g Soda. Diese sind enthalten in 2 ccm Sodalösung . . . . **2 ccm**

2. Konzentrationsrechnung (1,25 g/l): $\frac{1{,}25 \cdot 160}{1000} = 0{,}2$ g = 2 ccm Lösung.

d) Glaubersalz (Lösung 1:10).

1. Prozentrechnung (50% vom Baumwollgewicht): $\frac{50 \cdot 8}{100} = 4$ g. Diese sind enthalten in 40 ccm Lösung . . . . **40 ccm**

2. Konzentrationsrechnung (25 g/l): $\frac{25 \cdot 160}{1000} = 4$ g = 40 ccm Lösung.

Die Zusammensetzung der Farbflotte ergibt demnach folgendes Bild:

Gesamtmenge		160 ccm
Farbstofflösung	72 ccm	
Sodalösung	2 ,,	
Glaubersalzlösung	40 ,,	
	114 ccm	114 ,,
Rest an Wasser		46 ccm

Ausführung einer Färbung.

Man wägt das Strähnchen ab, berechnet die Flottenmenge, stellt die Lösungen her, berechnet die erforderlichen Zusätze, gießt zunächst das Wasser, dann die Soda-, Farbstoff- und Glaubersalzlösung in den Farbbecher, und nach Einstellung auf die vorgeschriebene Temperatur beginnt man mit dem Färben. Bei größeren Mengen an Farbstoff, Salz usw. (z. B. Schwarzfärbungen) wägt man die Substanzen ab und bringt sie mit weniger Wasser in Lösung, weil sonst die Flotte zu lang werden würde, oder man löst sie direkt in der kochend heißen Flotte.

Baumégrade sind Teilgrade einer Spindel, mit der die Konzentration von Lösungen gemessen wird. Die Baumégrade sind in der Textilindustrie allgemein zu diesem Zweck im Gebrauch.

Abziehen bezeichnet das Zerstören von Färbungen oder das Herunterlösen von Farbstoffen von der Faser, die zu dunkel gefärbt ist oder auf einen andern Ton umgefärbt werden soll.

Echtheiten. Darunter versteht man die Widerstandsfähigkeit einer Färbung gegen spätere Behandlungen und Einwirkungen, z. B. von Säuren, Alkalien, Seife, Licht, Oxydationsmitteln bei der Appretur (Ausrüstung der Gewebe, um ihnen ein gewisses Ansehen, Griff, Glanz usw. zu geben), bei der Wäsche, Bleiche, beim Tragen der Stoffe u. dgl.

Ein Farbstoff kann beispielsweise gegen Licht sehr echt sein, dagegen hält er möglicherweise einer Seifenwäsche nicht stand und umgekehrt.

Eine Färbung braucht im allgemeinen nur einzelne Echtheiten gegen diejenigen Einwirkungen in hohem Grade zu besitzen, denen der gefärbte Stoff speziell ausgesetzt ist, das heißt eine Färbung auf Seide muß oft „wasserecht", braucht aber nie „chlorecht" zu sein, weil eine spätere Behandlung mit Chlor nur für Baumwolle, in selteneren Fällen für Stoffe mit Wolle in Frage kommt. Seide wird überhaupt nicht mit Chlor in Berührung gebracht.

Die Färbungen ein und desselben Farbstoffes auf verschiedene Fasern ausgeführt, gleichen sich in ihren Echtheiten nicht. So gibt z. B. Indigo auf Wolle licht-, wasch- und reibechtere Färbungen als auf Baumwolle usw. Auch die Tiefe einer Färbung, das heißt die Farbstoffmenge, die auf der Faser sitzt, und nicht zuletzt die Ausführung einer Färbung hat zum Teil großen Einfluß auf die Echtheit. Gewisse Echtheiten hängen aber nicht so sehr von der Art des Arbeitens ab, wie z. B. die Licht-, Säure-, Alkali- und Chlorechtheit usw., weil sie ein Kennzeichen des Farbstoffes an sich, des chemischen Körpers sind. Man ist bei ihnen lediglich auf die richtige Wahl des geeignetsten Vertreters angewiesen. Andere Echtheiten dagegen, z. B. die Reib-, Wasch-, Walkechtheit erhalten zuweilen ihren höchst erreichbaren Wert nur durch ganz korrektes und einwandfrei sachgemäßes Einhalten der günstigsten Arbeitsbedingungen. Es genügt hier also nicht allein die richtige Auswahl der Farbstoffe, man muß auch ein geschickter Färber sein. Man vergleiche die Bemerkungen über Reibechtheit bei den Naphthol-AS-Farben, Pararot, Anilinschwarz, den Küpenfarben auf Wolle.

Die Farbenfabriken haben die Echtheitseigenschaften aller Farbstoffe auf die verschiedenen Fasern (Seide und Kunstseide noch nicht vollständig) in Tabellen zusammengestellt.

Die Prüfung der Echtheitseigenschaften und die Einteilung in „Echtheitsgrade" ist normiert worden von der Echtheitskommission des Vereins Deutscher Chemiker. Die Bestimmungen sind in einem

Buch zusammengestellt (Verfahren, Normen und Typen für Echtheitsprüfungen. 1928), das zu beziehen ist durch den Verlag „Chemie" Berlin (siehe S. 225).

Egalisieren nennt der Färber die Eigenschaft eines Farbstoffes möglichst gleichmäßig — auch bei ungünstigen Bedingungen — auf die Faser zu ziehen, so daß keine verschieden stark gefärbten Stellen entstehen.

Das Egalisierungsvermögen ist eine der wichtigsten Eigenschaften der Farbstoffe, die zwar zum Teil von ihrer Beschaffenheit abhängt, aber durch verschiedene Mittel beeinflußt werden kann. So kann das Egalisieren verbessert werden durch Regelung der Temperatur, durch die Länge der Flotte, Anwendung gewisser Zusätze, ständige, fleißige Bewegung des Färbegutes usw. Vergleiche auch die Bemerkungen darüber an verschiedenen Stellen des Buches.

Das Wasser. Die Beschaffenheit des Wassers für die Färberei und die verwandten Gebiete ist sehr wichtig. Sie ist oft ausschlaggebend für den Ausfall einer Färbung. Das Wasser soll möglichst frei von fremden und gelösten Stoffen sein. Die natürlichen Wässer enthalten mehr oder weniger gelöste Salze, von denen einige die „Härte" des Wassers ausmachen. Diese Härtebildner sind meist Bicarbonate, Sulfate, Chloride von Calcium, Magnesium, Mangan, Eisen und sind möglichst vor Gebrauch zu entfernen.

Der Gehalt an Bicarbonaten bildet die sog. vorübergehende oder temporäre Härte, die man durch Kochen (?) oder Zusatzmittel ausscheiden kann (z. B. mit Ätzkalk). Die beim Kochen nicht ausfallenden Salze (Sulfate, Chloride) bilden die Dauerhärte (permanente Härte), die durch Soda zum größten Teil beseitigt werden kann.

Zur eingehenden Bestimmung und Entfernung der Härte müssen Analysen gemacht und aus den Ergebnissen die erforderlichen Zusätze an Enthärtungsmitteln berechnet werden. Die Enthärtung mit Zusätzen wird nach der modernen Methode mit Permutitfiltern umgangen. Genauere Angaben über Wasserreinigung in der Literatur.

Im Laboratorium wird am besten Kondens- oder destilliertes Wasser zum Färben genommen (weiches Wasser).

Färbegefäße usw. Zum Färben dienen Becher aus starkem Glas (für Vorlesungen und für Färbungen, bei denen die Flotte beobachtet werden muß) oder aus Porzellen oder dgl.

Zum „Umziehen" dienen gerade (*a*), zum Aufhängen der Strähne gerade oder gebogene Glasstäbe (*b*) (siehe Abb. 1).

Die Becher werden entweder einzeln auf dem Bunsenbrenner

oder besser zu mehreren in besonders dazu eingerichteten Kochbädern (Wasserbädern) erhitzt, die zur Aufnahme der Becher entsprechend gelochte Platten haben.

Der Vorteil dieser Bäder liegt in der Gleichmäßigkeit der Erwärmung mehrerer Becher auf einmal und in der Möglichkeit, durch Salzzusätze die Temperatur des zum Erhitzen dienenden Wassers über 100° C hinauszutreiben und so auch die Farbflotten in den Bechern möglichst hoch zu erhitzen. Zum Färben von Wolle z. B. muß das Farbbad kochen, was nur durch eine Temperaturerhöhung des Wasserbades auf etwa 110—115° erreicht werden kann. Als Zusatzmittel dienen z. B. Salpeter oder Chlorcalcium.

Netzen bedeutet das Durchfeuchten mit Wasser, damit beim Färben die Faser möglichst gleichmäßig von der Farblösung durchdrungen werden kann, und die Färbung gut „egal“, das heißt gleichmäßig ausfällt. Zur Erleichterung des Netzens sind unzählige Mittel im Handel, die durch Änderung der Oberflächenspannung ein rasches und gründliches Eindringen der Feuchtigkeit in die Faser herbeiführen (siehe S. 223).

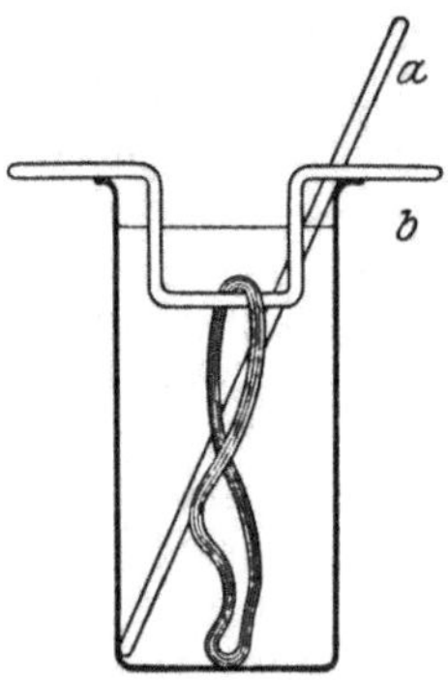

Abb. 1.

Spülen. Das Spülen ist eine der wichtigsten Arbeiten in der Färberei. Zum Spülen nimmt man zweckmäßig eine längere Flotte, um das gefärbte Material tüchtig bewegen zu können. Die Färbungen sind im allgemeinen solange zu spülen, bis das Wasser klar abläuft. Oft kann durch warmes Spülen (35° und mehr) die Echtheit (Reib-, Wasser- und Waschechtheit) etwas verbessert werden. Bei Färbungen nach einer Vorlage hat man aber zu berücksichtigen, daß dabei die Färbungen etwas heller werden. (Beispiel: Warm waschen von mit Tanninbrechweinstein gebeizter Baumwolle, um die nicht fest in der Faser sitzenden Anteile herauszuspülen.)

Ebenso gründlich wie das Auswaschen von Farbstoffen ist das Entfernen von Säuren, Salzen usw. zu besorgen, da sich sonst sehr leicht Störungen bei der Weiterbehandlung einstellen können. Bei Unsicherheit ist evtl. auf Abwesenheit der betreffenden Chemikalien zu prüfen (Lackmußpapier bei Säuren und Alkalien, Jodkaliumstärkepapier bei Chlor usw.).

Ausziehen der Bäder. In allen Fällen, in denen das Färbebad nicht weiter benutzt wird, muß der Farbstoff möglichst ausgenutzt werden. Das Erschöpfen des Bades geschieht meist gegen Ende des Färbeprozesses durch erneute Zugabe der Mittel, die das Aufziehen befördern, z. B. Salz bei allen substantiven, Schwefel-, Küpen-, Naphthol-AS-Farben usw., Säure bei den Säurefarben für Wolle und Seide, wo das Bad fast restlos erschöpft wird. In der Praxis wird oft, um den Farbstoff noch mehr auszunutzen, eine frische Partie auf der alten nicht ganz erschöpften Flotte kurze Zeit hantiert, wobei durch Verschiebung des Gleichgewichtes zwischen Faser und Farblösung zugunsten der Farbstoffaufnahme die letzten Reste aus der Lösung herausgeholt werden. So kann man jetzt entweder die Flotte laufen lassen, oder darauf einen hellen Ton färben, den man in der alten Flotte nicht hätte erzielen können.

Entwässern. Das Entwässern dient zur Entfernung überschüssiger Flüssigkeit im Färbegut entweder vor dem Trocknen oder vor der Behandlung in einem frischen Bade, das durch nasses Material evtl. zu stark verdünnt werden würde.

In der Praxis geschieht dies meist durch Zentrifugen (Ausschleudern), im Kleinen muß man sich mit Abwinden, und bei empfindlichen Fasern, wie Seide oder Kunstseide mit Abstreifen oder Abquetschen zwischen Gummiwalzen behelfen. In manchen Fällen ist das gleichmäßige Verteilen von Feuchtigkeit in der Faser wichtig, weil davon der „egale“ Ausfall einer Färbung abhängen kann (bei manchen Küpen- und Schwefelfarben, beim Imprägnieren von Garn mit Beizen, wie β-Naphthol oder anderer Naphthole oder mit Türkischrotöl für Alizarinrot u. dgl.).

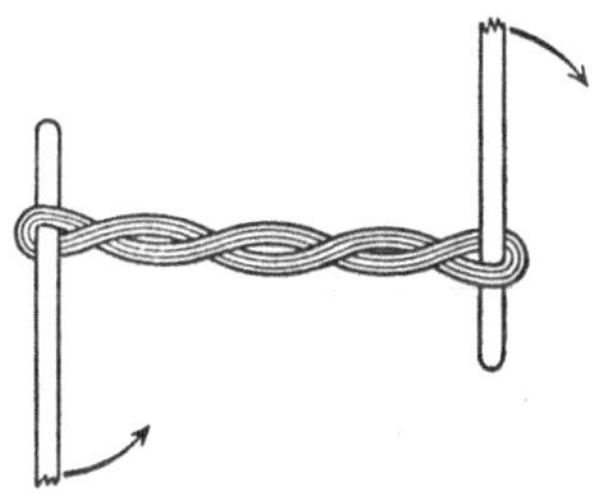

Abb. 2.

Das Abwinden der Strähne geschieht durch Drehung um die Längsachse zwischen zwei Glasstäben. Es wird mehrmals wiederholt, und die Glasstäbe jedesmal an einer andern Stelle durchgesteckt, um die Gleichmäßigkeit zu erhöhen (Abb. 2).

Umziehen. Bei richtiger Wahl der Färbebecher muß bei allen Färbungen, die nicht ganz unter der Flotte erfolgen (Schwefelküpenfarben), etwa $^2/_3$—$^3/_4$ des über einen Glasstab gehängten Strahnes in die Flotte eintauchen, während der Rest der Luft ausgesetzt bleibt. Man ist also von Zeit zu Zeit gezwungen — anfangs recht oft, gegen Ende seltener — den oberen Teil des Strahns unter die Flotte zu bringen, was der Färber mit „Umziehen“ bezeichnet. Es wird meist mit einem zweiten Glasstab ausgeführt.

In manchen Fällen, z.B. bei Beizen und Färbungen, die längere Zeit erfordern, zieht man nur anfangs öfter um — etwa $^1/_2$—1 Stunde — und steckt dann den ganzen Strahn unter die Flotte, um nur noch ab und zu die Lage durch Hochheben oder Umziehen zu verändern.

Hantieren ist ein in anderer der Textilindustrie gebräuchlicher Fachausdruck. Man bezeichnet damit das Bewegen des Materials in der Flotte. Das fleißige Bewegen des Stoffes ist äußerst wichtig, zumal bei allen Farben, die sehr rasch auf die Faser gehen (basische Farben auf gebeizter Baumwolle), sowie bei allen hellen, nicht gedeckten Tönen, bei manchen Mischfärbungen, weil vom richtigen Hantieren oft der egale Ausfall einer Färbung abhängt. Der Zweck der fleißigen Bewegung des Gutes — beim Färben auf Apparaten wird die Flotte bewegt (durchgepumpt), während das Material stillsteht — ist einleuchtend, weil dadurch alle Fäden bzw. Faserteilchen gleichmäßig mit Farblösung durchdrungen werden und Konzentrationsunterschiede, durch rasches Ausziehen einzelner Stellen der Flotte verursacht, sofort wieder ausgeglichen werden können.

Übersicht und Konzentrationsverhältnisse der im Text angeführten Chemikalien.

Bei Verwendung von Chemikalien anderer Konzentration ist entsprechend umzurechnen.

Angeführt im Text als	Bedeutet	Auf dem Reagenztisch etwa 500 ccm vorrätig in Verdünnung von etwa
Ameisensäure	techn. Säure 85% ig	1:10
Ammoniak	„ Ammoniak 25% ig	1:10
Bisulfitlauge	„ Lösung 38—40° Bé	
Chromchlorid (Chlorchrom)	„ Lösung 20° Bé	
Chromkali (Kaliumbichromat)	„ Krystalle	1:20
Dekol	I. G.-Produkt	1:10
Eisenbeize	Handelsstärke von etwa 45° Bé	
Essigsäure	techn. Säure 30% ig	1:10
Formaldehyd	„ Formalin 40% ig	
Glaubersalz	kryst. Ware; auf $2^1/_4$ Teil kryst. Salz kommt 1 Teil calc. Ware oder 1 Teil Kochsalz)	1:5
Holzessigsaures Eisen	Handelsstärke etwa 15° Bé	
Hydrosulfit	Hydrosulfit konz. Pulver (I. G.)	nicht auflösen
Jodkaliumstärkelösung	5—10 g lösliche Stärke in 400 ccm Wasser heiß lösen, einige Zeit zum Kochen erhitzen und auf 1000 auffüllen. Dazu etwas Jodkalium geben	

Angeführt im Text als	Bedeutet	Auf dem Reagenztisch etwa 500 ccm vorrätig in Verdünnung von etwa
Jod-jodkaliumlösung . . .	0,1 g Jod mit 1,5 g Jodkalium in 100 ccm Wasser lösen	
Kupfervitriol	techn. Krystalle	1:20
Milchsäure	„ Säure 50% ig	1:10
Natriumbisulfitlauge . . .	„ Lauge von 38—40° Bé	
Nekal BX	„ Prod. d. J. G.	1:20
Netzöle		1:10
Natronlauge	techn. Lauge von 40° Bé	1:10
Nitrit	„ Salz 98% ig	1:10
Protektol Agfa II	„ Produkt (J. G.)	1:10
Salzsäure	„ Säure von 20° Bé	1:10
Schwefelsäure	„ Säure von 66° Bé	1:10
Schwefelnatrium	kryst. Ware; auf 2 Teile kryst. Ware kommt 1 Teil calc. od. konz. Salz[1]	1:10
Seife	Marseiller Seife mit etwa 60% Fett (bei Seifen mit höherem Fettgehalt kann entsprechend weniger zugesetzt werden)	1:40
Soda	calc. Ware; auf 1 Teil calc. Soda kommen etwa 2,7 Teile kryst. Ware	1:10
Sumachextrakt	techn. Extrakt von etwa 30° Bé	
Wasserglas	techn. Produkt von etwa 38 bis 40° Bé	
Wasserstoffsuperoxyd . .	techn. Lösung von 3% (12 Volumprozent)	
Weinsteinpräparat	Natriumbisulfat techn.; 10 Teile entsprechen einer Mischung aus 4 Teilen Schwefelsäure und 10 Teilen Glaubersalz, kryst.	1:10

Bei den Vorschriften, die aus bestimmten Gründen den Zusatz von Säuren oder Laugen in konzentrierter Form erforden (Küpenfarben, Naphthole usw.) ist stets „konz.“ dahinter angegeben. Sonst sind Laugen und Säuren — vor allem bei heißen Bädern — verdünnt und allmählich zuzusetzen.

Beispiel: Auf S. 130 ist angegeben: 0,7—1,5 ccm/l Schwefelsäure, d. h. nach obiger Aufstellung Schwefelsäure 66° Bé. Die Säure ist aber, wie alle solche Zusätze in Verdünnung zuzugeben. Bei einer Lösung von 1:10 macht das also 7—15 ccm/l der verdünnten Säure.

Ausrüstungsgegenstände.

1 Kochbad (Wasserbad mit Salzlösung) zum Erhitzen mehrerer Färbebecher gleichzeitig.

[1] Schlamm absetzen lassen.

Färbebecher aus Porzellan oder dergleichen verschiedener Größe (0,25 bis 1,0 l).

Färbebecher aus starkem Glas für Küpenfarben und zur Beobachtung der Färbeflotte (0,25—0,5 l).

Glasstäbe, gerade, zum Umziehen der Strähne.

Glasstäbe, gebogen, zum Tragen der Strähne für das Färben unter der Flotte.

Kasserollen mit Handgriff zum Verrühren und Lösen von Farbstoffen u. dgl. (250—500 ccm).

Standflaschen (500 ccm) zur Aufnahme ständig gebrauchter Lösungen, wie Glaubersalz, Säuren usw. (siehe S. 2).

Standflaschen (etwa 500 ccm) zur Aufbewahrung von Farbstofflösungen u. dgl.

Reagenzpapiere: blaues und rotes Lackmuspapier, Kongo-, Indanthrengelb,- Phenolphthalein-, Jodkaliumstärkepapier.

1 Litermaß mit Henkel.

Meßgläser zu 25, 50, 100, 500 ccm.

Teilpipetten zu 5 ccm mit deutlicher 0,1 ccm-Einteilung.

Teilpipetten zu 25 oder 30 ccm.

1 Gewichtssatz von 0,1 g aufwärts.

1 Waage mit etwa 0,002—0,01 g Empfindlichkeit.

Baumêspindeln von 0—72°.

Reagenzgläser mit Gestell.

Bechergläser (25—100 ccm).

1 Rückflußkühler mit passendem Kolben (250 ccm) und Kühlschlauch für Echtheitsprüfungen (Kochproben).

1 Stativ mit Klammer.

1 Brenner mit Schlauch.

1 Dreifuß mit Drahtnetz.

1 Färbethermometer bis etwa 130°.

Die Färberei der Baumwolle.

Vorbehandlungen der Baumwolle vor dem Färben.

Abkochen. Die Baumwolle muß vor dem Färben bzw. Bleichen „abgekocht“ werden, um Fette und Wachse zu beseitigen, die die Aufnahme von Feuchtigkeit verhindern. Es geschieht mit etwa 3—5% (1,5—2,5 g/l) Soda oder etwa 2—3% (0,8—1 ccm/l) Natronlauge — (im Laboratorium mit Flotte 1 : 20) — entweder im offenen Gefäß oder im geschlossenen Kessel unter Druck und dauert je nach der Einrichtung und Konzentration der Kochlauge etwa 4—12 Stunden. Die Lauge wird gut ausgewaschen, evtl. mit 2 ccm/l Schwefelsäure kalt abgesäuert, nochmals gespült und schließlich gefärbt bzw. gebleicht.

Netzen. In manchen Fällen muß die vor dem Färben evtl. noch einmal getrocknete Baumwolle wieder „genetzt“ werden, ehe sie in das Färbebad kommt. Die Strähne werden dann einige Zeit, bis sie von selbst untergehen in einem Bade mit heißem Wasser umgezogen, das ein Netzmittel enthält. Vom Netzbade aus kann sofort gefärbt oder gespült oder geschleudert (abgewunden) werden. Das Abkochen bzw. Netzen hat den Zweck, durch die eingetretene Quellung die möglichst gleichmäßige Verteilung der Farblösung in der Faser zu bewirken, was bei trockner Ware schwerer zu erreichen ist und bei heiklen Farben manchmal zu unegalen oder schlecht durchgefärbten Partien führt. Bei gut egalisierenden Farben und bei dunkleren Tönen kann das Netzmittel evtl. direkt dem Färbebade zugesetzt, und das Garn trocken auf das Bad gestellt werden.

Als Netzmittel können dienen: Nekal BX(I.G.) zum Netzen in kaltem Wasser mit 2—4 g/l,

Seife, Soda oder andere der unzähligen im Handel befindlichen Mittel, von denen hier nur einige wenige genannt werden können: Avirole[1], Monopolseife[2], Prästabitöle[2], Türkischrotöle[3] und viele andere. Man nimmt von allen diesen etwa 0,5—2 g/l. Die Rundschreiben der Fabriken geben darüber genauere Auskunft.

---

[1] H. Th. Böhme, Dresden. [2] Stockhausen, Krefeld. [3] Verschiedene Fabriken. Weitere Hersteller von Netzmitteln in den Inseratenteilen der Fachzeitschriften.

Bleichen. Für helle und zarte, sowie lebhafte Töne muß die Baumwolle nach dem Abkochen gebleicht werden. Das Bleichen kann geschehen mit chlorhaltigen Lösungen, Peroxyden (Wasserstoff-, Natriumsuperoxyd, Perborat), Kaliumpermanganat.

In erster Linie kommen Chlorverbindungen in Betracht. Entweder Chlorkalk- oder Natriumhypochloridlösungen.

Als Halbbleichmittel dient in vielen Fällen das Aktivin der Firma Pyrgos, Chem. Fabrik, Radebeul. Aktivin ist ein chlorhaltiger organischer Körper (p-Toluol-Sulfo-Chloramidnatrium), der mit Wasser Sauerstoff entwickelt und so bleichend wirkt:

$$CH_3 \cdot C_6H_4 \cdot SO_2 \cdot N{<}^{Cl}_{Na} + H_2O = \underset{\text{p-Toluol-Sulfonamid.}}{CH_3C_6H_4 \cdot SO_2 \cdot NH_2} + NaCl + O.$$

Der Gehalt an aktivem Chlor ist etwa 25%, und der Sauerstoff wird sehr langsam entwickelt. Die Faser wird geschont, aber die Bleichwirkung erreicht nicht ganz die der üblichen Chlorbleiche. Aktivin wird außerdem empfohlen für das Aufschließen von Stärke, zum Entschlichten, für die Wollwäsche usw. Siehe die Veröffentlichungen der Fabrik und die Gutachten[1].

Die Bleichwirkung der üblichen Chlorlösungen beruht ebenfalls auf der Abgabe von Sauerstoff durch Vermittlung der Luftkohlensäure; welche die schwächere unterchlorige Säure, die leicht zersetzlich ist, freimacht. Den Vorgang kann man sich so deuten:

$$2\,NaOCl + CO_2 + H_2O = Na_2CO_3 + 2\,HOCl,$$
$$2\,HOCl = 2\,HCl + O_2,$$
$$2\,HCl + Na_2CO_3 = 2\,NaCl + CO_2 + H_2O \quad \text{oder}$$
$$2\,HCl + 2\,NaOCl = 2\,HOCl + 2\,NaCl \text{ usw.},$$

bis alles unterchlorigsaure Salz umgesetzt ist.

1. Herstellung von Chlorkalkbleichlösung: Man rührt etwa 3—5 g frischen Chlorkalk (etwa 30—35% aktives Chlor) mit etwa 10—20 ccm Wasser an, bis ein ganz gleichmäßiger Brei entsteht, und verdünnt mit noch etwa 20 ccm Wasser. Man läßt einige Zeit stehen, bis der Niederschlag sich gut abgesetzt hat, gießt ab, laugt noch einmal mit wenig Wasser aus, läßt absitzen, gießt wieder ab und fügt die klaren Lösungen zusammen. Man bestimmt jetzt den Chlorgehalt der Lösung und verdünnt dann vorsichtig solange, bis die Bleichlauge etwa eine Stärke von 2—5 g/l aktives Chlor ($^1/_2$—1° Bé) aufweist. Der Chlorgehalt kann, wie in der Maßanalyse üblich, mit angesäuertem Jod-

---

[1] Chemiker-Ztg Jg. 1924, Nr 56 u. 116. — Spinner u. Weber Jg. 1925, H. 13, S. 12; 1924, H. 41, S. 11. — Mitteilungen des Staatl. Mat.-Prüfungsamts, Berlin-Dahlem 1923. — Leipziger Monatsschrift f. Text. Ind. Jg. 1923, H. 10; Jg. 1925, H. 3. — Melliands Textilberichte Jg. 1924, Nr 6.

kalium und Thiosulfat, mit arseniger Säure oder mit dem Chlorzylinder, zu beziehen von Pyrgos, Chem. Fabrik, Radebeul (nebst Druckschrift 81) bestimmt werden. Das übliche Spindeln führt zu Ungenauigkeiten, weil sich andere Salze (Kochsalz, Chlorkalzium-, Kalziumhydroxyd usw.) an der Dichte beteiligen können und so ein falsches Bild des Chlorgehaltes geben.

2. Herstellung von Chlorsoda (Natriumhypochlorid). 10 g frischer Chlorkalk werden mit etwa 40—50 ccm Wasser, das man allmählich zugibt, gut angerührt. Darauf läßt man eine Lösung von etwa 6 g Soda (1 : 10) unter ständigem Rühren zufließen:

$$Ca\genfrac{}{}{0pt}{}{OCl}{Cl} + Na_2CO_3 = CaCO_3 + NaCl + NaOCl.$$

Man läßt absitzen, gießt die klare Lösung ab, laugt den Rückstand noch 3—4mal mit wenig Wasser aus, fügt alle Auszüge zusammen, entfernt mit etwas Soda noch vorhandenen Kalk, läßt, falls noch ein Niederschlag entsteht, absitzen, zieht ab und stellt mit Wasser auf Bleichstärke ein wie oben (Chlorzylinder).

3. Fertige Bleichlaugen. Elektrolytlauge (Natriumhypochlorid) kann fertig bezogen werden. Sie wird gewonnen durch Elektrolyse von Kochsalzlösung, kann in gleicher Eigenschaft auch durch Einleiten von Chlor in Natronlauge erhalten werden.

Die I.G. bringt eine „Bleichlauge" in den Handel, die auch direkt zum Bleichen fertig ist und nur verdünnt zu werden braucht.

Die Natriumhypochloridlösungen haben vor den Chlorkalklaugen unter anderem den Vorteil, daß durch die Abwesenheit von Kalziumverbindungen sich später beim Säuern mit Schwefelsäure kein Gips auf der Faser niederschlagen kann und man nicht genötigt ist, Salzsäure zum Absäuern zu nehmen.

Ausführung des Bleichens. Flotte etwa 1 : 30 oder länger. Man zieht die abgekochte, gespülte Baumwolle, die feucht sein muß, einige Male auf dem kalten Bleichbade um, steckt dann gut unter die Flotte und läßt über Nacht im Bade, oder bleicht unter abwechselndem Hängen an die Luft und wieder Eintauchen solange, bis der gewünschte Weißgrad erreicht ist (Einwirkung von CO_2). Darauf wird gespült, und mit 2—3 ccm/l Salzsäure gesäuert (Flotte 1 : 30—40).

Die Säure wird wieder gründlich ausgespült und die letzten Reste von Chlor werden bei etwa 35° in einem Bade mit

a) 0,5—1 g/l Antichlor (Natriumthiosulfat) oder
b) 0,5—1 g/l Natriumbisulfit-Pulver (oder der 3fachen Menge Bisulfitlauge 38° Bé)

in 10—20 Minuten entfernt.

Die Entchlorungsmittel werden durch Spülen wieder entfernt und die Baumwolle wird auf Chlorfreiheit geprüft (Versetzen einer Probe mit Jodkaliumstärkelösung, siehe S. 12). Bei Anwesenheit von Chlor färbt sich die Lösung blau (?). Jetzt wird entweder gefärbt, oder wenn die Ware weiß bleiben soll, bei 60° oder heißer mit 2—5 g/l Seife etwa 10 Minuten geseift (Flotte 1 : 40 etwa). Im Seifenbade kann evtl., um die letzten Spuren von Gelbfärbung zu kompensieren, geblaut werden. Als Farbstoffe werden blaue und violette Marken genommen, die in ganz geringen Spuren dem Seifenbade zugesetzt werden (etwa 0,001—0,002 g/l oder mehr), und zwar je nach Art entweder gelöst oder fein aufgeschlemmt. Je nach Licht- und Lagerechtheit sind z. B. anwendbar

Methylvioletts, Methylenblaus } basische Farben.
Cyananthrol, Anthrachinonviolett } lichtechte Säurefarben
Ultramin: unlöslicher Pigmentfarbstoff. Als Ersatz dafür: Indanthrenblau RZ, GGSZ unlösliche, echte Küpenfarben, und viele andere

Genaueres über die in der Praxis günstigsten Bleichmethoden, Erfahrungen usw. siehe in der Literatur.

Über das Bleichen mit Peroxyden usw. siehe bei Wolle oder in der Literatur.

Entschlichten. Baumwolläppchen müssen vor dem Abkochen, Färben, Bleichen usw. von der Kettschlichte (Stärke oder andere Appreturmittel) befreit werden, weil die Schlichtemittel oft die weitere Behandlung stören. Das Entschlichten beruht auf der Löslichmachung dieser Mittel durch beispielsweise:

a) Diastasepräparate, wie Biolase (I. G.); Diastafor (Diamaltgesellschaft, München); Diastase (Lindomalt, Krefeld) u. a.

b) Produkte der Bauchspeicheldrüse von Tieren (Pankreasfermente): Degomma, Röhm u. Haas, Darmstadt.

c) Oxydierende Mittel: Aktivin, Pyrgos, Chem. Fabrik.

Beispiel einer einfachen Entschlichtung mit Diastafor:

Man zieht das zuvor in warmem Wasser eingeweichte und abgequetschte Baumwollstück in einem Bade von etwa 60—65° mit etwa 3—4 g/l Diastafor einige Zeit lang um, steckt dann unter und läßt einige Zeit bei der gleichen Temperatur stehen. Am besten läßt man über Nacht zugedeckt einwirken. Jetzt wird mit Wasser gut gespült, und darauf kann weiter behandelt werden (siehe die einzelnen Vorschriften der Fabriken). Nach dem Entschlichten überzeuge man sich von der Abwesenheit von Stärke und Dextrin durch Erwärmen einer Probe mit Jod-Jodkaliumlösung (0,1 g Jod auf 1,5 g Jodkalium in 100 Wasser). Die Lösung muß farblos bleiben (?).

Basische Farbstoffe.

Theoretisches. Die in der Faser durch Tränken mit Tannin usw. schlecht haftende Gerbsäure, die leicht wieder ausgewaschen werden kann, wird durch Antimon-, Eisen- oder andere Verbindungen (schwache Basen) echt fixiert zu unlöslichen gerbsauren Salzen. Diese ziehen die „Farbbase" des Farbstoffes an, möglicherweise weil die durch die Antimonylionen nicht ganz abgesättigten Bindungskräfte der Gerbsäure auf die Farbbase anziehend wirken. So entsteht unter Molekülvergrößerung ein waschechter Lack aus Gerbsäure, Antimon (bzw. Eisen) und Farbbase, der durch seine Unlöslichkeit noch fester auf der Faser haftet. Die Waschechtheit kann beträchtlich werden, wenn stark gebeizt, noch nachtanniert (siehe S. 24), und zum Schluß kochend abgeseift wird.

Ähnlich wie die Tanninbeize wirken Schmelzprodukte von phenolartigen Körpern mit Schwefel und Alkali, von denen sich das Katanol ON der I. G. eingeführt hat. Katanol ON löst sich in kolloider Form in alkalischem Wasser und fixiert basische Farbstoffe waschecht unter Bildung eines unlöslichen Lackes. Es ist im Gegensatz zu Gerbsäure nicht eisenempfindlich. Das Katanol zieht auf Baumwolle nur schwach auf, und das erklärt den hohen Zusatz an Kochsalz zum Beizbade.

Die meisten basischen Farbstoffe gehören der Di- und Triphenylmethangruppe an, z. B. Auramin, Malachitgrün, Methylvioletts, Fuchsin.

Einige sind Thiazine: Methylenblau; Phthaleine: Rhodamin; Phenazine: Safranin; Azofarbstoffe: Chrysoidin, Vesuvin, Bismarckbraun.

Die Farbstoffe kommen in verschiedener Form in den Handel, z. B. als Chlorhydrate, Chlorzinkdoppelsalze, essig- oder oxalsaure Salze. In Lösung erleiden sie hydrolytische Spaltung, und die Farbbase wird von tierischen Fasern direkt (siehe S. 135 u. 169), von pflanzlichen dagegen nur durch Vermittlung einer Beize (Tannin, Katanol) aufgenommen. Die an die Farbbase gebundene Säure usw. bleibt beim Färben im Bade zurück. Die Färbeeigenschaft ist abhängig von der Anwesenheit basischer Gruppen, z. B. Azin-Aminogruppe, oder diese auch substituiert.

Handelsnamen. Die basischen Farbstoffe kommen zum Teil mit folgenden Vorsilben in den Handel:

Diamant-	Türkis-
Brillant-	Janus- (bes. Gruppe)
Methyl-	Tannin-
Krystall-	Rhodulin-
Äthyl-	Methylen-
Bismarck- u. a.	

z. B. Brillantgrün, Rhodulingelb.

Außerdem kommen Namen vor wie

Auramin	Thioflavin
Chrysoidin	Malachitgrün
Vesuvin	Viktoriablau
Rhodamin	Phosphin
Aurophosphin u. a.	

Lösen des Farbstoffes. Lösungsverhältnis 1:100—1:250 (1 g Farbstoff in 100—250 ccm Wasser). Der Farbstoff wird mit 1 Tropfen Essigsäure oder mit anderen lösungsfördernden Mitteln, wie Glyezin A, Acetin, Alkohol zu einem gleichmäßigen Brei gut verrührt, dann allmählich kochend heißes Wasser unter Umrühren zugegossen. (Auramin nur bei 65° lösen.) Diese Lösung wird aufgefüllt und hiervon die für eine bestimmte Färbung berechnete Menge abgemessen.

Wasser. Zum Färben und Beizen von basischen Farben wird nur eisenfreies Wasser verwendet. Auch das Lösen der Farbstoffe geschieht am besten nur mit solchem Wasser. Das in Wasser gelöste Eisen gibt mit der Gerbsäure eine blaugraue Färbung auf der Faser und trübt die lebhaften Töne der basischen Farben (siehe S. 22).

Echtheiten. Die Echtheiten sind im allgemeinen gering, besonders die Lichtechtheit. Durch starkes Beizen mit Tannin usw., Nachtannieren (S. 24) und kochend heißes Seifen kann die Reib-, Wasch- und Überfärbeechtheit erheblich verbessert werden. Die Säureechtheit ist im allgemeinen gut. Im übrigen siehe die Echtheitstabellen der Farbenfabriken.

Verwendung. Die basischen Farben finden für alle Fasern Verwendung. Sie werden entweder als Selbstfarbe gefärbt oder dienen zum Übersetzen (Schönen) nicht ganz lebhafter anderer Farben, z. B. substantiver Farben, Schwefelfarben, Säurefarben usw.

Einfluß der Zusätze. Tannin bildet mit dem Farbstoff eine in Wasser mehr oder weniger schwerlösliche Verbindung und zieht den Farbstoff stark an. (Gegenseitige Ausfällung zweier Kolloide?) Es ist Sache der Erfahrung, für jeden einzelnen Fall die richtige Menge zu wählen, da die Zusätze und Arbeitsbedingungen von der Tiefe des Tones und den Echtheitsansprüchen abhängig sind, die an eine Färbung gestellt werden. Die Grenzen liegen etwa zwischen 0,5 und 10% (0,4—6 g/l). Man beizt um so kräftiger, je tiefer der Ton werden soll und je höher die Ansprüche an die Echtheiten sind. (Die Lichtechtheit kann u. a. allerdings dadurch nicht verbessert werden.) Bei zu starker Beize wird die Färbung leichter unegal, und die Ware wird schlechter durchgefärbt. Umgekehrt bei zu schwacher Beize. Hier wird der Farbstoff zwar langsamer aufgezogen, aber er wird meist nicht genügend ausgenutzt, und die Wasch- und Reibechtheit wird geringer.

Brechweinstein oder ähnliche Antimonpräparate bilden mit Tannin eine gerbsaure, schwerlösliche Antimonverbindung. Die Baumwolle kann jetzt evtl. warm gespült werden, wobei alle nicht ganz fest auf der Faser haftenden Teile der Beize heruntergewaschen werden. Dadurch kann man wiederum die Reibechtheit verbessern.

Essigsäure wirkt in vielen Fällen lösend auf den Farbstoff und verlangsamt somit das Aufziehen. Parallel damit geht besseres Egalisieren und Durchfärben. In gleichem Sinne wirken Ameisensäure und Alaun. Essigsäure wirkt gleichzeitig korrigierend auf die Bicarbonathärte des Wassers ein.

Färbevorschrift. Das Färben von basischen Farben kann auf Baumwolle verschieden ausgeführt werden. Man arbeitet etwa wie folgt:

1. Beizen mit Gerbstoffen (Tannin, Sumach usw.[1]). Fixieren des Gerbstoffes mit Antimonverbindungen, Ausfärben.
2. Beizen mit Katanol ON (Ersatz für Gerbstoffe), Ausfärben.
3. Beizen mit Türkischrotöl und Alaun (für lebhafte Rhodamintöne), Ausfärben.
4. Beizen mit Gerbstoffen (Sumach), Fixieren des Gerbstoffes unter gleichzeitigem Anfärben (grau) mit Eisenverbindungen und Überfärben bei Bedarf mit basischen Farben wie bei 1 und 2.

1. Beizen mit Tannin. Flotte 1:20 oder 1:15. Man löst zunächst den Tannin, 0,5—10% (0,4—6 g/l) (siehe Versuche S. 23) — je nach Tiefe der Färbung — in heißem Wasser auf und setzt die Lösung der heißen Beizflotte zu. Die trockene oder nur wenig feuchte Baumwolle, die von der Vorbehandlung her kein Alkali mehr enthalten darf (?), wird etwa 15 Minuten in der 60—70° heißen Flotte umgezogen, dann untergesteckt und etwa 4—12 Stunden, am besten über Nacht sich selbst überlassen, während die Flotte abkühlt.

Man nimmt heraus, windet ab oder schleudert (nicht spülen [?]) und fixiert mit Flotte 1:20 in frischem Bade bei gewöhnlicher Temperatur mit Brechweinstein (stets halb soviel wie Tannin) etwa 20—30 Minuten lang, indem man fleißig umzieht.

Brechweinstein muß vorher gut in wenig heißem Wasser gelöst werden. Nach dem Fixieren wird gründlich gespült, zuerst etwa

[1] Tannin für lebhaftere Töne, Sumach für dunklere, stumpfe Töne. Tannin ist etwa 2mal so ergiebig wie Sumachextrakt (Schmack) von etwa 30° Bé.

40° warm, dann kalt und schließlich gefärbt. Man kann auch vor dem Färben schleudern und trocknen.

Die Tannin- und Brechweinsteinbäder können öfter gebraucht werden, da sie nicht ganz ausgenutzt werden. Dem Tanninbad wird dann, um die Haltbarkeit zu erhöhen, etwas Phenol zugesetzt.

Ausfärben siehe unten.

2. Beizen mit Katanol ON. Als Ersatz für Tannin-Brechweinstein kann die Beize mit Katanol ON ausgeführt werden. Katanol ist ein Schmelzprodukt von Phenolen mit Schwefel und Alkali. Es färbt die Baumwolle kaum an und gibt so etwas lebhaftere Töne als die ältere Marke O.

Flotte 1:12.

Man nimmt für tiefe Färbungen von etwa 1—2% Farbstoff:

6%	(etwa 6 g/l)	Katanol ON
3%	(„ 3 „)	Soda
80%	(„ 80 „)	Glaubersalz, kryst. oder
40%	(„ 40 „)	Kochsalz

Die Soda wird in kochend heißem Wasser gelöst, dann Katanol eingestreut und gut gerührt. Bleibt die Flüssigkeit noch trübe, so gibt man vorsichtig noch etwas Soda zu, bis Klärung eintritt. Nach Zusatz von Salz beginnt man bei etwa 70° mit dem Beizen, zieht einige Male um, steckt unter und läßt langsam erkalten. Nach etwa 2 Stunden wird abgewunden, gespült und wie unten angegeben gefärbt.

Für hellere Färbungen nimmt man entsprechend weniger Katanol usw.

3. Beizen mit Türkischrotöl für Rhodamine. Nach dieser Methode erhält man sehr lebhafte Rosatöne. Man tränkt das gebleichte Garn in einer Flotte (etwa 1:15) aus 1 Teil Türkischrotöl und 2 Teilen Wasser, quetscht möglichst gleichmäßig ab und wiederholt das Tränken in derselben Weise noch zweimal.

Darauf wird in einem kalten, kurzen Bade (mit 1—2% Rhodamin) unter Zusatz von etwas Essigsäure ausgefärbt.

4. Beizen mit Eisenverbindungen. Für stumpfe, graue Töne oder als Untergrund für dunklere Färbungen wird mit Gerbstoffen (Tannin oder Sumach) behandelt und mit Eisensalzen fixiert. Die Methode wird auch zum Nachdecken von Baumwollnähten oder Noppen in Halbwollwaren angewandt.

Man beizt zunächst mit Tannin oder besser Sumachextrakt 15—35% (10—25 g/l), wie S. 21 beschrieben, windet ab und stellt etwa 10—20 Minuten kalt auf holzessigsaures Eisen von 2—3° Bé. oder auf „Eisenbeize“ (Flotte 1:20). Die Stärke der Eisenbäder richtet sich nach der Stärke des Beizens. Holzessigsaures Eisen

(Ferrosalz) und „Eisenbeize" (bas. Ferrisalz) sind fertig im Handel. Darauf wird gespült und auf dem blaugrauen Untergrund gefärbt.

Ausfärben (gilt für 1, 2, 4, für 3 siehe dort). Flotte 1:50—100. Die mit Tannin, Sumach oder Katanol gebeizten feuchten Stränge werden ausgefärbt, indem man kalt oder lauwarm eingeht, langsam erhitzt bis auf 90° (Auramin nur bis 65°) und während des Hantierens den Farbstoff allmählich zusetzt (6—10mal). Man färbt unter fleißigem Hantieren 1 Stunde oder bis der Farbstoff aufgezogen ist. Dann wird gespült und evtl. kochend geseift (2—5 g/l Seife). Dem Färbebade gibt man vor Beginn etwa 2—10% (0,5—5 ccm/l) Essigsäure je nach Tiefe des Tones und der temp. Härte des Wassers zu.

Der gute Ausfall der Färbung hängt zum großen Teil vom fleißigen Hantieren, vor allem beim Beginn des Arbeitens ab.

Anleitung für Versuche. Man führe folgende Färbungen evtl. mit verschiedenen Farbstoffen der Liste S. 25 aus. Die einzelnen Färbungen innerhalb eines Versuches sind stets unter gleichen Bedingungen auszuführen.

Gebleichte Baumwolle

Färbeflotte 1:50—100, Tanninflotte 1:15—20 Brechweinstein 1:20 (stets halb soviel wie Tannin nehmen)	wenn nichts anderes angegeben.

Die Färbungen werden auf 5—10 g-Strähnen oder Läppchen ausgeführt.

1. Ausfärbung einzelner Töne. Man führe 3—4 Färbungen auf je 1 Strahn mit verschiedenen Farbstoffen unter folgenden Bedingungen aus: Flotte 1:50—100. Beizen mit 5% (3,5 g/l) Tannin, Fixieren mit $2^1/_2$% (1,75 g/l) Brechweinstein, Ausfärben mit 1—2% Farbstoff nach dem auf S. 21 angegebenen Rezept. Man spüle nach dem Färben ohne zu seifen und trockne.

2. Wirkung verschieden starker Beizen auf die Färbung. 3 Strähne, 3 Färbungen mit einem Farbstoff.

Zusätze f. Strahn	1	2	3
Tannin	0,5% (0,35 g/l)	5% (3,5 g/l)	15% (10 g/l)
Brechweinstein halb soviel wie Tannin			
Farbstoff	2,0%	2%	2%
Essigsäure	5,0% (2,5 ccm/l)	5% (2,5 ccm/l)	5% (2,5ccm/l)

Man beobachte das Ausziehen der Flotten, vergleiche das Abreiben der trockenen Färbungen auf weißes Baumwolltuch, drehe einzelne Fäden auf und beurteile das Durchfärben, zum Schluß vergleiche man die Egalität der Färbungen.

Ausführung wie Nr. 1; Spülen ohne zu seifen, trocknen. Das Flottenverhältnis ist überall gleich zu halten.

3. Wirkung des allmählichen Farbstoffzusatzes.
2 Strähne, 1 Farbstoff.

Zusätze für Strahn	1	2
Tannin	5,0% (3,5 g/l)	5,0% (3,5 g/l)
Brechweinstein halb soviel wie Tannin		
Farbstoff	0,5%	0,5%
Essigsäure	5,0% (2,5 ccm/l)	5,0% (2,5 ccm/l)

Der Farbstoff wird bei einer Färbung auf einmal, bei der zweiten in 10 Teilen zugesetzt.

Man vergleiche das Ausziehen der Flotten in gleicher Zeit und die Tiefe und Egalität der Färbungen.

4. Wirkung des Säurezusatzes. 2 Strähne, 1 Farbstoff.

Zusätze für Strahn	1	2
Tannin	5,0% (3,5 g/l)	5% (3,5 g/l)
Brechweinstein halb soviel wie Tannin		
Farbstoff	0,2%	0,2%
Essigsäure	—	10% (5 ccm/l)

Farbstoff auf einmal zusetzen. Egalität der Färbungen und Ausziehen der Flotten vergleichen.

5. Vergleich zwischen abgekochtem und gebleichtem Material. Dieser Versuch kann mit jedem anderen verbunden werden, indem man einen abgekochten neben einem gebleichten Strahn in demselben Bade färbt (z. B. Versuch 1).

Man beachte die stumpferen Töne der auf ungebleichtem Material hergestellten Färbungen, hervorgerufen durch den gelben Grundton der rohen Baumwolle. Der Unterschied tritt nicht bei allen Tönen gleich stark hervor. Bei welchen am meisten?

6. Vergleich zwischen üblichen und „nachtannierten" Färbungen. Die beiden Strähne werden unter beliebigen Zusätzen in einem Bade gebeizt und vorschriftsmäßig ausgefärbt und gespült. Dann wird der eine etwa je 20—30 Minuten bei etwa 40—50° in dem alten Tannin- und Brechweinsteinbade umgezogen, gespült und getrocknet. Um die Wirkung zu verstärken, kann diesen Bädern etwa $^1/_4$ bis $^1/_3$ der zuerst zugesetzten Mengen nachgegeben werden.

Man vergleiche die Töne, Wasch-, Säurekoch- und Reibechtheiten der beiden Strähne (siehe S. 225).

Die Säurekoch- oder Überfärbeechtheit ist wichtig beim Färben von Wollstücken, die mit vorgefärbter Baumwolle verwebt sind, in kochendem, saurem Bade.

7. Prüfungen einiger Färbungen auf

a) Lichtechtheit, sowie einiger nachtannierter und kochend geseifter Färbungen auf

b) Wasch- und Überfärbeechtheit.

Bei Echtheitsprüfungen ist stets ein Muster der ungeprüften Färbung zum Vergleich zurückzubehalten.

8. Ausführung einiger Färbungen mit 6% Katanol ON-Vorbeize und 1,5% Farbstoff. (Vorschrift, S. 22). Das Ausfärben geschieht wie sonst.

9. Ausführung einer Färbung unter Verwendung von „Antimonin"[1] anstatt Brechweinstein. Man nehme die gleiche Menge, setze aber dem Fixierbade etwa 2 ccm/l Essigsäure zu.

10. Man grundiere einige Strähne mit Sumach und Eisen nach S. 22 und überfärbe sie für dunkle Farben mit etwa 1—2% Farbstoff.

Farbstoffe (Farbkarte: 1075 (5) Agfa, jetzt I. G.; 2867 d. I. G.)

Rot: Diamantfuchsin
Saffranin T ex.
Rhodamine
Astraphloxin FF ex. (nicht mit Glyezin lösen)
Brillantrhodulinrot B

Orange: Chrysoidin A
Rhodulinorgane NO

Gelb: Auramin O (nicht über 65 °C und ohne Säure oder Alaun lösen und färben)
Thioflavin T
Thioflavin TCN

Grün: Malachitgrün
Rhodulinblau 6G
Chinagrün, kryst.
Diamantgrün BXX, GX
Methylengrün 2G

Blau: Methylenblau B, 2B
Brillantrhodulinblau R
Viktoriablau B, R
Rhodulinreinblau 3G
Türkisblau G

Violett: Methylviolett 3R
Methylviolett B
Krystallviolett Plv.
Astraviolett FF ex. (nicht mit Glyezin lösen)
Brillantrhodulinviolett R

Braun: Vesuvin B konz.
Bismarckbraun 2R, FR ex.
und andere

Substantive Farbstoffe.

Die substantiven, direkten, Salz- oder Benzidinfarben usw. färben Baumwolle aus wässeriger Lösung mit Hilfe von aussalzenden Mitteln (Glaubersalz, Kochsalz usw.) direkt an. Sie können in mehrere, nicht immer scharf getrennte Untergruppen eingeteilt werden, welche sich in den Farbbäderzusätzen unterscheiden:

1. (alkal.) mit Glaubersalz und Soda,
2. (neutr.) mit Glaubersalz ohne Soda,
3. (alkal.) mit Seife und Natriumphosphat,
4. (sauer) mit Glaubersalz und Essigsäure.

[1] Siehe d. Rundschreiben von z. B.: Boehringer, Chem. Fabrik, Hamburg, oder Merck, Darmstadt.

Theoretisches. Das Färben und Beizen der vegetabilischen Fasern kann nach neueren Untersuchungen auf Adsorptionskräfte zurückgeführt werden[1]. (Zum Verständnis der Adsorptionserscheinungen siehe die Arbeiten von Haber, Fajans und Beckerath[2]). Für jede Färbung, also für jedes System Faser-Farblösung gibt es einen Punkt, einen Zustand, bei dem die Farbstoffaufnahme ein Maximum erreicht. Dieser Zustand der maximalen Adsorption, der in verschiedenen Färbeflotten von Fall zu Fall anders ist, muß in der Färberei unter Berücksichtigung des Egalfärbens usw. möglichst angestrebt werden, um den Farbstoff auszunutzen. Die maximale Farbaufnahme hängt nun von verschiedenen Faktoren ab, die das Gleichgewicht des Systems Faser-Farblösung verschieben können, entweder im Sinne der Farbaufnahme oder entgegengesetzt. Maßgebend für die Farbstoffaufnahme ist z. B. der Quellungsgrad der Faser oder die Veränderung der physikalischen und chemischen Grundeigenschaften, die die Baumwolle durch spezielle Behandlungen erleidet. So färbt sich z. B. mit starker Natronlauge behandelte (mercerisierte) Baumwolle und gelöste und wieder koagulierte Cellulose (Kunstseide) meist viel stärker an. Andererseits nimmt Baumwolle, die unter Druck mit z. B. p-Toluolsulfochlorid behandelt wird, gar keinen Farbstoff auf (Immungarn, Sandoz[3]). Für die Farbstoffaufnahme sind z. B. weiterhin ausschlaggebend die Oberflächenverhältnisse der Faser, und das gleiche gilt von dem Zustand der Farbstoffteilchen in der meist kolloiden Farblösung, von ihrem Verteilungsgrad. Dieser Dispersitätsgrad kann durch Verschiebung der Temperatur, durch Zusätze von Elektrolyten (Kochsalz usw.) oder Kolloiden, wie Netzölen, Seife u. dgl. verändert und somit auch die Farbstoffaufnahme in gewissen Grenzen reguliert werden. Außerdem scheinen u. a. bestimmte, noch nicht ganz erforschte Gesetzmäßigkeiten zu bestehen zwischen den Capillarkräften der Faserkanäle und der Aufnahme von Farbstoff. Diesbezügliche Versuche mit Kunstseide siehe:[4].

Die Gesamteigenschaften der Farbstoffe sind zum Teil grundverschieden voneinander, so daß sich jeder färberisch anders verhält. Es ist Sache der Erfahrung, im Betriebe die für jede Färbung günstigsten Bedingungen zur maximalen Ausnutzung der Farb-

---

[1] Haller: Theorie der Färbung. Enzyklopädie der textilchemischen Technologie. Hrsg. von Heermann. S. 807. 1930.

[2] Haber: Z. Elektrochem. Bd 20, S. 521 (1914). — Fajans u. Beckerath Z. physik. Chem. Bd 97, S. 480 (1928).

[3] Tagliani, Melliand 1926.

[4] Weltzien: Technologie der Kunstseide. S. 348ff. 1930.

flotte zu wählen, z. B. durch Regelung der Temperatur, Menge und Art der Zusätze, sachgemäße Vorbehandlung der Faser usw. unter Berücksichtigung der Anforderungen, die hauptsächlich an eine gute Färbung gestellt werden, wie Egalität, gründliche Durchfärbung u. dgl.

Handelsnamen. Die Namen der im Handel befindlichen substantiven Farben sind so zahlreich, daß hier nur einige Vertreter angeführt werden können. Die Benennung ist vollkommen unsystematisch, und man ist bei der Auswahl auf Gedächtnis, Erfahrung und die Ratgeber der betreffenden Fabriken angewiesen. Farbstoffe mit folgenden Vorsilben sind stark verbreitet:

I. G.-Farben:

Benzo-,	Diaminogen-,	Pluto-,
Brillant-,	Direkt-,	Renol-,
Kongo-,	Dianil-,	Sirius-,
Chicago-,	Oxamin-,	Thiazin-,
Columbia-,	Naphthamin-,	Triazol-,
Chloramin-,	Oxydiamin-,	Thiazol-,
Diamin-,	Oxydianil-,	Toluylen-,
Diamineral-,	Pyramin-,	u. v. a.

Fremde Farben:

Diphenyl-, Formal-, Nitrophenyl- Poly-, } (G),	Chloramin- Chlorantin-, } (S),
Trisulfon- (S),	Neoform- Rosanthren- } (Ci)
	u. v. a.

Die Liste ist, wie gesagt, nicht vollständig. Einzelne Marken, ja ganze Gruppen sind nach dem Zusammenschluß zur I. G. nicht mehr im Handel, doch läßt sich dies nicht immer leicht feststellen.

Namen wie Direkt-, Alkali-, Brillant- usw. kommen auch für andere Farbstoffklassen im Handel vor; z. B. ist Brillantwollblau ein sog. Säure- und Brillantgrün ein basischer Farbstoff.

Echtheiten. Die substantiven Farbstoffe sind im allgemeinen gut reib-, aber weniger gut waschecht. Die Lichtechtheit schwankt. Bei einigen Vertretern ist sie gut bis sehr gut, z. B. bei den Sirius- und bei Farbstoffen, die die Silbe -licht- im Namen enthalten. Einzelheiten sind aus den Echtheitstabellen der Fabriken zu entnehmen.

Bei einer Reihe von Farben können die Echtheiten durch Nachbehandlungen erhöht werden (siehe S. 35ff.).

Verwendung. In erster Linie für alle vegetabilischen Fasern:

Baumwolle, Kunstseiden (außer Acetatseide), Leinen, Hanf, Jute usw.

Einige eignen sich auch gut zum Färben von Wolle, Seide und Mischgeweben.

Acetatseide wird nicht oder kaum angefärbt.

Praktische Winke. Bei hellen Farben am Anfang fleißig im Bade bewegen. Bei dunklen weniger.

Die Färbungen lassen sich aufhellen durch Behandlung in heißem Bade mit Soda oder Seife oder mit beiden, zum Teil auch schon mit heißem Wasser. In manchen Fällen auch mit lauwarmer Hydrosulfitlösung oder ähnlichen Abziehmitteln.

Ganz abziehen lassen sich die Färbungen am bequemsten mit heißer Lösung von Hydrosulfit wie oben, auch mit Chlorkalklösung (5 g/l aktives Chlor). Behandlung wie beim Bleichen, evtl. etwas erwärmen.

Wirkung der Zusätze. Glaubersalz usw. wirkt bei den direkten Farben aussalzend auf den Farbstoff, es treibt ihn aus der Lösung auf die Faser. Der Farbstoff fällt dabei nicht aus. Das Salz ändert den Verteilungsgrad der Farbstoffpartikelchen, so daß die Faser sie besser aufnehmen kann. Bei zu großen Mengen an Salz und Farbstoff lagert sich dieser dagegen auf der Oberfläche der Faser ab, ohne einzudringen, die Färbung „bronziert".

Das Salz vertieft durch seine Wirkung den Ton, beschleunigt das Aufziehen und erschwert damit das Egalisieren. Es nutzt die Bäder besser aus als wenn ohne Salz gefärbt wird.

Soda hält das Bad alkalisch, was für viele Farbstoffe notwendig ist. Es beseitigt die permanente Härte des Wassers. In manchen Fällen oder in zu großen Mengen angewandt, kann es auch aussalzend wirken, während sonst allgemein beim Färben mit Sodazusatz die Färbungen etwas heller ausfallen, da im allgemeinen die Soda die Löslichkeit der Farbstoffe erhöht.

Seife wirkt in ähnlichem Sinne wie Soda. Bei Anwesenheit von Kalk im Wasser verliert ein Teil der Seife an Wirkung durch die sich bildende Kalkseife, die sich auf der Ware oft festsetzt. Seifenbäder sind daher stets mit möglichst weichem Wasser anzusetzen oder unter Zusatz von Mitteln anzuwenden, die ein Ausscheiden von Kalkseife verhindern (z. B. Inthrasol von Stockhausen, Krefeld, Hydrosan von Bernheim, Augsburg).

Soda und Seife bewirken allgemein ein langsameres Aufziehen und damit verbunden meist besseres Egalisieren. Man kann daher bei höheren Temperaturen beginnen („eingehen"), und das Durchfärben wird gefördert, weil die Faser aufquillt.

Ähnlich wie Seife wirken die unzähligen im Handel befindlichen Egalisierungsmittel (siehe S. 223). Einige sind beständig gegen Kalk, so daß keine lästigen Ausscheidungen erfolgen.

Natriumphosphat wird für einige wenige Farbstoffe als Ersatz für Soda und Glaubersalz angewandt. Man färbt dann meist zusammen mit Seife (siehe S. 34).

Essigsäure für einzelne lebhafte Farbstoffe, die sich in ihrer Zusammensetzung den Säurefarben nähern, bewirkt ein besseres Aufziehen auf die Faser (siehe S. 35).

Chemische Konstitution. Der größte Teil der substantiven, Salz-, direkten oder Benzidinfarben sind Azofarben aus Benzidin oder dessen Homologen[1]. Sie färben die Baumwolle als Natriumsalze unmittelbar an. Aber auch aus anderen organischen Körpern, z. B. Stilben-, Harnstoff, Diaminen der Benzolreihe, Thiazol werden substantive Farben hergestellt. Solche sind z. B. Chrysophenin G, Siriusgelb GG, Thioflavin S, Erika BN, Brillantgeranin usw.[2].

Lösen der Farbstoffe. Lösungsverhältnis etwa 1:100 bis 200. Man übergießt die abgewogenen Farbstoffe mit kochend heißem, möglichst weichem Wasser. Schwerer lösliche Marken sind mit Wasser aufzukochen. Vor Eingießen der Farbstofflösung in die Flotte überzeuge man sich stets, ob auch alles gelöst ist. Sind noch ungelöste Teilchen vorhanden, so gieße man ab, bringe den Rückstand mit mehr heißem Wasser in Lösung. Ein kleiner Rest ist dann meist etwas Verunreinigung.

1. Färben mit Glaubersalz und Soda.

Färbevorschrift. Man bewegt die gut genetzten[3] Strähne oder die Läppchen etwa 1 Stunde in der warmen bis kochend heißen Flotte (Bereitung siehe S. 6,7) unter Zusatz von geeigneten Mitteln fleißig und spült erst 35—40° warm, dann kalt, bis das Wasser klar abläuft. Dabei sind folgende Einzelheiten zu beachten.

---

[1] Beispiel: Benzopurpurin 4 B:

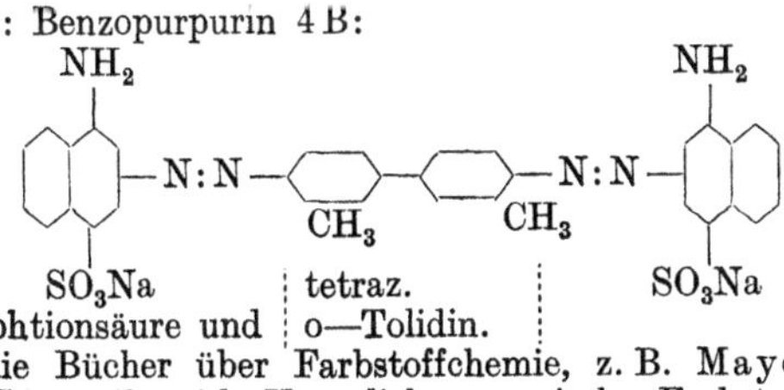

aus: 2 × Naphtionsäure und o—Tolidin.

[2] Siehe die Bücher über Farbstoffchemie, z. B. Mayer, B.: Organ. Farbstoffe; Fierz-David: Künstliche organische Farbstoffe (Bd. III d. Technologie der Textilfasern, hrsg. v. R. O. Herzog); Enzyklopädie d. textilchemischen Technologie, hrsg. v. Heermann; Bucherer: Lehrbuch d. Farbenchemie u. v. a.

[3] Siehe S. 10 u. 15.

Flottenverhältnis je nach Bedarf und Größe der Becher. Für Schwarz am vorteilhaftesten der Praxis angepaßt (1:20) bei bunten Farben möglichst etwas länger, da dann das Egalfärben etwas leichter fällt (1:40—60).

Die Temperatur hält man bei sehr hellen Tönen (etwa 0,1 g/l Farbstoff) bei etwa 35—40°, sonst im allgemeinen bei 95° oder nahe der Kochtemperatur. Einzelne Farben können kalt gefärbt werden (s. S. 49).

Zusätze. Glaubersalz kryst. oder Kochsalz (siehe S. 28). Die zuzusetzende Menge ist verschieden und hängt ab von verschiedenen Faktoren. Je tiefer der Ton werden soll, desto mehr Salz wird zugesetzt. Die Höchstmenge beträgt etwa 60 g/l (für ganz dunkle Farben und Schwarz). Im Mittel nimmt man für satte Töne etwa 25 g/l Glaubersalz kryst.

Soda nimmt man etwa 0,5—1,5 g/l für Farbstoffe, die alkalisch gefärbt werden können.

Seife und ähnlich wirkende Egalisierungsmittel werden für helle Farben oder helle Mischtöne, die schlecht egal färben, mit Erfolg angewandt.

Färbedauer. Das Färben dauert, wie S. 29 schon erwähnt, etwa 1 Stunde. Helle Farben brauchen nicht so lange. Man kann sie in etwa 20 Minuten fertig färben. Bei sehr dunklen Tönen läßt man nach etwa 1 Stunde, um das Bad gut auszunutzen, in der erkaltenden Flotte etwa $1^1/_2$—2 Stunden oder über Nacht nachziehen, wozu man die Baumwolle ganz untersteckt.

Anleitung für Versuche. 1. Unterschiedliche Anfärbung ungebleichter (abgekochter), gebleichter, mercerisierter roher und mercerisierter gebleichter Baumwolle.

Man färbe gemeinsam in einem Bade je einen Strahn der 4 Sorten mit mehreren Farbstoffen aus der Liste S. 33, und zwar je eine helle und eine dunkle Ausfärbung.

	a) hell	b) dunkel
Farbstoff	0,1% (0,05 g/l)	3—5% (1,5—2,5 g/l)
Soda*	0,5 „	1 „
Seife	2—5 „	—
Glaubersalz	—	25 „
Flotte	1:100	1:40
	$^1/_2$ Stunde bei 40—90°	1 Stunde bei 95°

* Soda gebe man möglichst zuerst in das Bad.

Man vergleiche die einzelnen Töne und Farbtiefen der Färbungen in den vier verschiedenen Veredlungsstadien.

2. Herstellungen einzelner Schwarzfärbungen (Liste S. 33) auf ungebleichter Baumwolle und mercerisierter Baumwolle

(getrennte Bäder). Zusätze: Farbstoff 8—10% (4—5 g/l), bei konz. Marken weniger. Soda etwa 1 g/l, Glaubersalz etwa 60 g/l.

Für mercerisierte Baumwolle wird etwa die Hälfte an Farbstoff gerechnet.

Man färbt etwa 1 Stunde bei 95°, steckt unter und läßt etwa 2—3 Stunden unter öfterem Umziehen nachziehen, während das Bad erkaltet. Darauf wird gründlich gespült und getrocknet. Bei mercerisierter Baumwolle ist ein Nachziehen evtl. nicht notwendig.

Man benutze die Färbeflotte nach erfolgter Färbung zu einem „Nachzug", indem man bei 95° einen frischen Strang Baumwolle ohne Farbstoffzusatz $^{1}/_{2}$ Stunde umzieht, um festzustellen, wieviel Farbstoff noch in der Flotte ist.

3. Wirkung der Soda auf Ton und Farbtiefe.

1 Farbstoff (Liste S. 34).

3 Strähne abgekochte Baumwolle

Nr. 1	2	3
ohne Soda	1 g/l	5 g/l Soda

Zusätze usw. wie Versuch 1b.

Man färbe wie üblich unter gleichen Bedingungen in 3 Bädern, aber mit verschiedenen Sodamengen (etwa wie angegeben).

4. Wirkung von Glaubersalz oder Kochsalz.

1 Farbstoff (Liste S. 33).

Man färbe 4 Strähne abgekochte Baumwolle in 4 Bädern:

Nr. 1	2	3	4
ohne	mit 5 g/l	mit 25 g/l	mit 100 g/l Glaubersalz.

Bedingungen wie S. 30, Versuch 1b.

5. Wirkung der Flottenlänge.

1 Farbstoff.

3 Strähne abgekochte Baumwolle

a) mit gleichen Farbzusätzen (Prozenten) im Verhältnis zur Baumwolle (4%),

b) mit gleicher Farbstoffkonzentration (g/l), also bei steigender Flottenlänge mit immer höheren „Prozenten" (2 g/l).

Strahn	Nr. 1		2		3	
Flotte	1:20		1:75		1:200	
Farbstoff	a) 4%	b) 2 g/l	a) 4%)	b) 2 g/l	a) 4%	b) 2 g/l

Vergleiche die Farbtiefen bei verschiedenen Flottenlängen und verschiedenen Konzentrationen.

Alle Färbungen werden mit 25 g/l Glaubersalz und 1 g/l Soda 1 Stunde bei 95° ausgeführt.

6. Wirkung verschiedener Temperaturen.

1 Farbstoff.

3 Strähne abgekochte Baumwolle

Nr. 1	2	3
kalt	bei 45°	bei 90—100° färben

Bedingungen wie S. 30, Versuch 1b.

7. Wirkung der Färbedauer.
1 Farbstoff.
3 Strähne abgekochte Baumwolle

	Nr. 1	2	3
Färbedauer	15 Min.	45 Min.	3 Stunden (nach etwa 1 Stde. erkalten lassen)

Bedingungen wie S. 30, Versuch 1b.

8. Tonverschiebung bei verschiedener Farbtiefe.
1 Farbstoff.
5 Strähne gebleichte Baumwolle

	Nr. 1	2	3	4	5
Farbstoff	0,05	0,5	2,5	12,5	50 g/l

Nr. 1 ohne Salz färben, sonst wie oben, Versuch 1b.

9. Verschiedene Färbegeschwindigkeit bei Mischungen. Eine Mischung zweier Farbstoffe (z. B. Blau und Gelb)[1] 1:1, zusammen 1,5 g/l.
4 Strähne abgekochte Baumwolle

	Nr. 1	2	3	4
Färbedauer	10 Min.	30 Min.	1 Stde.	$1^1/_2$—2 Stdn.

Bedingungen wie S. 30, Versuch 1b.

Vergleiche die verschiedenen Töne und bilde einen Rückschluß auf die Aufzugsgeschwindigkeit.

Wichtig beim Färben nach Muster.

10. Übersetzen mit basischen Farbstoffen. Man färbe je 2 Strähne gebleichte oder abgekochte Baumwolle mit 3 Farbstoffen aus, z. B. blau, grün, rot und überfärbe die gut gespülten Färbungen in frischem, lauwarmem Bade unter Zusatz von etwas Essigsäure mit Flotte 1:60 und etwa 0,02 g/l basischem Farbstoff, der auf mehrere Male zugesetzt werden muß. Man hantiere 10—20 Minuten fleißig, bis die Flotte gut ausgezogen ist. Man behalte aber von jeder Farbe einen Strahn ohne Übersetzung zum Vergleich zurück.

Beispiele: 1 g/l Benzoreinblau übersetzt mit Viktoriablau B,
1 g/l Siriusbordo 5B übersetzt mit einer Mischung aus Safranin und Methylviolett 3R,
1 g/l Oxaminbrillantlichtgrün übersetzt mit einer Mischung aus Brillantgrün und Auramin (etwa 5:1).

[1] Für Mischungen nehme man mit e bezeichnete Farben.

Der substantive Farbstoff wirkt hier als den basischen Farbstoff fixierende Beize, noch besser wirken in diesem Sinne die Schwefelfarbstoffe (siehe S. 54). Der Aufsatz darf aber nur ganz gering sein, da die fixierende Kraft des grundierten Farbstoffes nur minimal ist, und die Färbungen sonst wesentlich an Echtheit einbüßen müssen.

11. Man stelle verschiedene Ausfärbungen nach einer beliebigen Vorlage her und benutze für diese Mischfärbungen die mit e bezeichneten Farbstoffe der untenstehenden Liste.

12. Man prüfe zwei gleichstarke Färbungen von Siriusrot BB und Diaminscharlach 3B auf ihre Lichtechtheit und vergleiche die dem Licht ausgesetzten Teile in bezug auf Tonumschlag und Verblassen.

13. Man prüfe die Säureechtheit zweier gleichstarker Färbungen von Benzopurpurin und Baumwollechtrot 4BS.

Die Ergebnisse vorstehender Versuche sind nicht zu verallgemeinern. Es sollte nur gezeigt werden, daß die verschiedenen Bedingungen auf das Endergebnis zum Teil stark einwirken und den Ausfall einer Färbung wesentlich beeinflussen können. Die Art und Stärke der Wirkung von verschiedenen Färbebedingungen auf jeden einzelnen Farbstoff ergibt sich erst nach längerem Umgang mit diesem in der Praxis.

Farbstoffe (Farbkarte z. B.: 1039, 298 C der I. G.). e: Farbstoffe egalisieren besonders gut und eignen sich für Mischtöne.

Rot:
- Oxaminechtbordo B
- e Erika BN
- Benzolichteosin BL
- e Acetopurpurin 8B
- Baumwollechtrot 4BS
- Benzoechtrot FC, 9BL(e)
- e Benzoechtrot GL
- Siriusrot BB, 4B (e)
- Sirius-bordo. 5B
- Diaminscharlach B, 3B
- e Siriusscharlach B
- e Benzopurpurin 4B, 10B
- Chloraminrot 8BS
- Siriusrubin B, R (e)
- Sirius-rosa BB
- Thiazinrot R
- Benzobordo 6B
- e Diaminrosa BD

Orange:
- e Diaminechtorange EG
- Siriusorange (e) G, 5G, 3R
- Toluylenorange God.R
- e Plutoorange G
- e Benzoechtorange S, WS (e)
- Chloraminorange G
- e Columbiaorange 4HW

Gelb:
- e Diaminechtgelb B
- Thioflavin S
- e Chrysophenin G
- e Siriusgelb G
- Siriusgelb RT
- e Siriusgelb R ex
- Chloramingelb HW
- Thiazolgelb 3G
- Diamingelb CP
- Diaminechtgelb A

Grün:
- e Benzogrün C, FF
- e Benzodunkelgrün GG, B
- Oxaminbrillantlichtgrün 3G
- Diaminschwarzgrün N
- Siriusgrün BB
- Siriusgrün BL
- Diamingrün B, G

Blau:
- e Chicagoblau 6B
- e Benzoreinblau
- e Diaminechtblau FFG
- Oxaminblau RS
- e Siriusblau G
- Siriusblau B
- e Siriusblau BRR
- Siriusblau 6G
- Diamineralblau CVB
- e Benzochromschwarzblau B
- e Diaminstahlblau L
- e Diaminreinblau FF

Dunkel-Blau:
- e Oxamindunkelblau BG
- e Diaminschwarz BH
- e Diazoschwarz BHN

Violett:
- Benzoechtviolett R
- e Brillantbenzoviolett 2R
- e Siriusviolett BB
- e Siriusviolett 3B
- Diaminheliotrop B
- e Brillantbenzoechtviolett 2RL
- Siriusrotviolett B, BBL, R

Braun:
- Oxamindunkelbraun R
- e Benzobraun MC
- Congobraun G
- e Diaminbraun 3G
- Diamincatechin G, 3G
- Baumwollbraun RVN, RV
- Siriusbraun R
- Siriusbraun G
- Siriusbraun T
- Diaminbraun M, B
- Benzochrombraun G, B
- Benzodunkelbraun ex
- e Diaminechtbraun G

Grau u. Schwarz:
- Columbiaschwarz FBW, FF ex
- Columbiaschwarz EAW ex
- e Sambesischwarz D
- Baumwollschwarz E ex
- Dianilschwarz CR (mit 2 g/l Sodacalc. färben)
- e Siriusgrau R
- Siriusgrau G
- Direkttiefschwarz E ex, RW ex
- e Benzolichtgrau BL
- e Diaminechtgrau BN
- e Benzoechtschwarz L

2. Färben mit Glaubersalz ohne Soda.

Eine Anzahl von substantiven Farben muß in neutralem Bade gefärbt werden (ohne Sodazusatz).

Ausfärbung mit 4,5% Farbstoff (2—2,5 g/l)
25 g/l Glaubersalz kryst.
Flotte etwa 1:40

Versuch: Bei einem oder zwei Farbstoffen zum Vergleich eine gleich starke Ausfärbung mit Soda ausführen.

Farbstoffe (Musterkarte 3C und E 1039 der I. G.).

Rot: Diaminscharlach B, 3B; Thiazinrot R; Siriusrosa G

Orange: Baumwollorange R, G

Gelb: Diaminechtgelb A

Grün: Dianilgrün BN, GN; *Diamingrün B, G

Blau: Dianilblau G, B, 2R

Violett: *Benzoechtviolett R; *Brillantbenzoviolett 2R; *Siriusviolett 3B

Braun: Diamineralbraun G; Diamincatechin 3G

Farbstoffe mit * können auch mit Soda gefärbt werden (siehe S. 29ff.).

3. Färben mit Seife und Natriumphosphat.

Die Farbstoffe sind empfindlich gegen Alkali. Am lebhaftesten werden die Färbungen in schwach alkalischem Bade mit Seife und Phosphat.

Ausführung wie bisher (Flotte 1:40).

Zusätze: 2—3% Mars. Seife (1—1,5 g/l)
2—3% Natr. Phosphat. (1—1,5 g/l)
4,5% Farbstoff (2—2,5 g/l)
10—40% (5—20 g/l) Glaubersalz.

Farbstoffe (Musterkarte 3C und C 1039 der I. G.).

Chrysamin G,
Oxydiamingelb TZ,
Diamingelb N,
Diaminechtgelb 3 G,
Siriusgelb GG.

4. Färben mit Glaubersalz und Essigsäure.

Hierher gehören einige blaue und grüne Farbstoffe von sehr großer Lebhaftigkeit, aber geringer Lichtechtheit. Es sind Triphenylmethanfarben, die ohne Beize in schwach essigsaurem Bade auf Baumwolle ziehen.

Die Farbstoffe finden Verwendung in der Baumwoll-, Kunstseiden-, Seidenfärberei und zum Färben gemischter Gewebe.

Ausführung wie bisher.

Zusätze: Glaubersalz 25 g/l
Essigsääre 3% (1,5 ccm/l)
Farbstoff 4,5% (2—2,5 g/l)
Flotte 1:40

Für Ausfärbungen nehme man evtl. gebleichte Baumwolle, damit die Töne lebhafter werden.

Farbstoffe (Musterkarte C 1039 und 110C der I. G.).

Brillantdianilgrün G,
Brillantreinblau 8G ex, R, G, 5G
Brillantreingelb 6G ex
Isaminblau B, 6 B.

Substantive Farbstoffe mit Nachbehandlung.

Die bereits erwähnte Nachbehandlung der Farbstoffe zur Erhöhung einzelner Echtheiten bei den dazu geeigneten Vertretern kann geschehen:

1. durch Einwirkung von Kupfervitriol, Chromkali, von beiden zusammen, von Formaldehyd, von Chlorkalk (für Primulin), von Aluminiumsalzen.
2. Durch Diazotieren und Entwickeln.
3. Durch Kuppeln mit diazotiertem Paranitranilin.

Es werden stets so viel Strähnchen gefärbt, daß ein unbehandelter zum Vergleich zurückbleibt. Jede Farbe wird für sich nachbehandelt und nicht verschiedene Töne in einem Bade.

Einzelne Farbstoffe werden auch ohne Nachbehandlung verwendet, weil ihre direkte Färbung in bezug auf Echtheit manchen Ansprüchen genügt, z. B.

Chrysamin G,
Sambesischwarz D
Congobraun G
Diaminschwarz BH und andere.

1. Nachbehandlung mit Kupfervitriol.

Die Nachbehandlung dient zur Erhöhung der Lichtechtheit einzelner lichtempfindlicher Farben. Das Kupfer nimmt möglicherweise an einer Komplexverbindung teil, die lichtbeständig ist. Die Farbtöne werden im allgemeinen etwas stumpfer.

Die nach den hinter den Namen angegebenen Vorschriften gefärbten und gut gespülten Strähne werden etwa $^1/_2$ Stunde bei etwa 70—80° mit Kupfervitriol behandelt und gut gespült.

Zusätze zum Färbebade (Flotte 1:40) etwa

4,5% (2—2,5 g/l) Farbstoff
25 g/l Glaubersalz und evtl.
1 g/l Soda, je nach Vorschrift.

Zusätze zum Nachbehandeln (Flotte 1:40):

3% (1,5 g/l) Kupfervitriol[1]
5% (2,5 ccm/l) Essigsäure oder
1% (0,5 ccm/l) Ameisensäure.

Farbstoffe (Farbkarte C 1005 der I. G.).

Rot:	Oxaminrot BN	färben	nach	1
	Diaminechtscharlach GG	„	„	1
	Siriusbordo 5B	„	„	1
Orange:	Plutoorange G	„	„	1 od. 2
	Diaminorange B	„	„	1 od. 2
Gelb:	Chrysamin G	„	„	2
	Siriusgelb GG	„	„	3
	Diaminechtgelb 3G	„	„	3
Blau:	Chicagoblau 6B	„	„	1 od. 2
	Diamineralbrillantblau B	„	„	1
	Benzoreinblau	„	„	1 od. 2
	Benzoechtkupferblau B, GL	„	„	1 od. 2
	Diaminblau RW	„	„	1 od. 2
Violett:	Brillantbenzoviolett 2R	„	„	1 od. 2
	Diaminechtviolett BBN	„	„	1
	Benzoechtkupferviolett B, BB	„	„	1 od. 2

[1] Man stelle sich von den Salzen (Chromkali und Kupfervitriol) Lösungen her, z. B. 1:100 und messe davon die jeweils berechneten Mengen mit der Teilpipette ab.

Braun:	Congobraun G	färben nach	1 od. 2	
	Benzobraun MC	„ „	1 od. 2	
	Benzoechtkupferbraun 3 GL	„ „	1 od. 2	
Grau und	Sambesischwarz F	„ „	1 od. 2	für Schwarz etwa 8—10% (4—5 g/l)
Schwarz:	Dianilschwarz CR	„ „	1 od. 2	

Einige Farbstoffe eignen sich für die Nachbehandlung nach mehreren Methoden gleichzeitig. Bei diesen färbe man stets zum Vergleich einen Strahn mehr als erforderlich, lasse ihn zurück und vergleiche zum Schluß Töne und Echtheiten der nachbehandelten und der gewöhnlichen Färbungen.

2. Nachbehandlung mit Chromkali.

Theoretisches. Hier wird durch „Chromieren" die Waschechtheit verbessert. Scheinbar bildet sich ein unlöslicher Chromlack mit den Molekülen der Farbstoffe, die eine OH- oder COOH-Gruppe enthalten (Salicylsäure als Farbstoffkomponente[1]), wobei gleichzeitig eine Molekülvergrößerung auf die Waschechtheit günstig wirkt.

Bei vielen Farbstoffen kann auch an Stelle von Chromkali Fluorchrom genommen werden. (Farbstoffe bezeichnet mit Fl).

Färben und Nachbehandlung wie bei 1 (an Stelle von Kupfersulfat tritt Chromkali).

Farbstoffe (Farbkarte C 1005 der I. G.).

Rot:	Benzoechtrot FC	färben nach	1 od. 2 (Fl.)
Orange:	Plutoorange G	„ „	1
	Toluylenorange G	„ „	1
Gelb:	Diamingelb N	„ „	3 (Fl)
	×Chrysamin G	„ „	3
	Siriusgelb RT	„ „	1 od. 2
Grün:	Diamingrün G	„ „	1 od. 2 (Fl)
Blau:	Benzochromschwarzblau B	„ „	1 od. 2
	Diaminschwarzblau B	„ „	1 od. 2
	Diamineralblau CVB	„ „	1
Braun:	Diamineralbraun G	„ „	3 (Fl)
	Diamincatechin 3 G	„ „	3
	Diamincatechin G	„ „	1 od. 2
	Diaminbraun M	„ „	1 od. 2
	Diaminbraun B	„ „	1 od. 2
Grau u.	Diaminechtgrau BN	„ „	1 od. 2
Schwarz:	Direkttiefschwarz E ex	„ „	1 od. 2
	Benzochromschwarz B	„ „	1 od. 2

[1] Beispiel: Benzoechtrot FC:

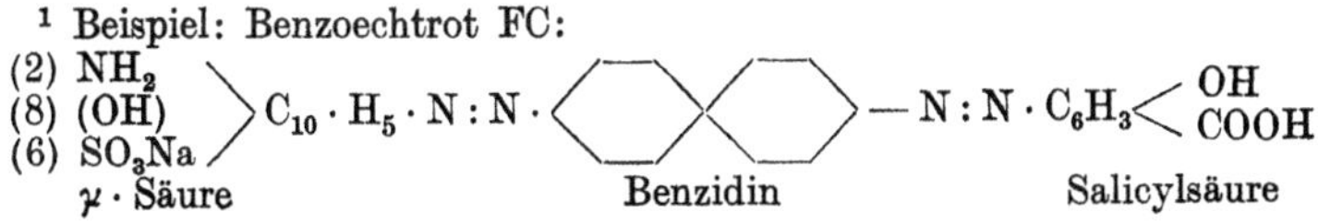

3. Nachbehandlung mit Chromkali und Kupfervitriol.

Hier findet eine Vereinigung der beiden ersten Nachbehandlungen statt. Dabei wird die Licht- und Waschechtheit gleichzeitig erhöht. Man färbt wie vorher, spült und behandelt 1/2 Stunde bei etwa 80° mit etwa

2% (1 g/l) Chromkali
2% (1 g/l) Kupfervitriol
5% (2,5 ccm/l) Essigsäure oder
1—1,25% (0,5—0,6 ccm/l) Ameisensäure.

Farbstoffe (Farbkarte C 1005 der I. G.).

Rot:	Benzoechtrot FC	färben	nach	1
	Oxaminrot BN	„	„	1
	Diaminbrillantrubin S	„	„	1 od. 2
Orange:	Plutoorange G	„	„	1 od. 2
	Toluylenorange G	„	„	1 od. 2
	Diaminorange B	„	„	1 od. 2
Gelb:	Chrysamin G	„	„	3
	Diaminechtgelb 3 G	„	„	3
	Siriusgelb RT	„	„	1 od. 2
	Siriusgelb GG	„	„	3
Blau:	Benzochromschwarzblau B	„	„	1 od. 2
	Diamineralblau CVB	„	„	1
	Diamineralbrillantblau B	„	„	1
Braun:	Benzobraun MC	„	„	1 od. 2
	Congobraun G	„	„	1 od. 2
	Diaminbraun M, B	„	„	1 od. 2
	Diamincatechin 3 G	„	„	2
	Diamincatechin G, B	„	„	1 od. 2
	Diamineralbraun G	„	„	2
Grau u.	Dianilschwarz CR	„	„	1 od. 2
Schwarz:	Benzochromschwarz B	„	„	1 od. 2
	Sambesischwarz F	„	„	1 od. 2

4. Nachbehandlung mit Formaldehyd[1].

Theoretisches. Die Formaldehydbehandlung erhöht die Waschechtheit einiger Färbungen ohne die Töne erheblich zu verändern. Formaldehyd kondensiert sich bekanntlich leicht mit phenolartigen Körpern (Bakelite und andere Kunstharze), Eiweiß-

[1] Beispiel: Columbiaschwarz FF.

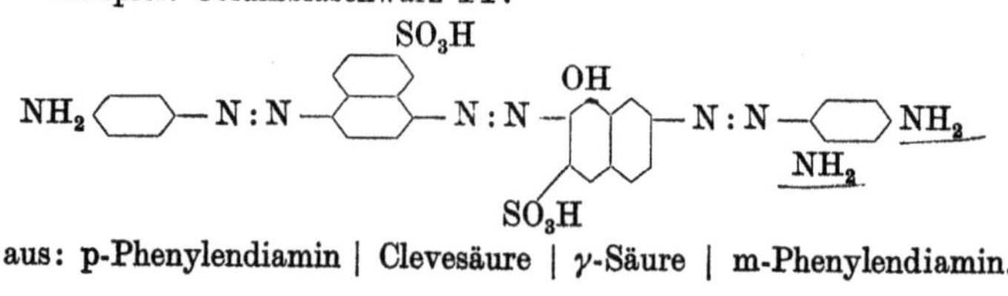

aus: p-Phenylendiamin | Clevesäure | γ-Säure | m-Phenylendiamin.

verbindungen wie Casein (Galalith), Leder (Formaldehydgerbung) zu unlöslichen, dauerhaften Verbindungen. Möglicherweise spielt sich bei der Nachbehandlung von Färbungen ein ähnlicher Vorgang mit phenolartigen bzw. Aminogruppen der Farbstoffe ab, der neben Vergrößerung des Moleküls die Schwerlöslichkeit des Farbstoffes und damit die Waschechtheit erhöht. Diese erreicht allerdings im allgemeinen die der diazotierten (siehe S. 40) und vor allem der Schwefelfärbungen nicht.

Handelsnamen. Benzoform-, Plutoform-, Aldehydfarben (I. G.), Formalfarben (G), Neoformfarben (Ciba) und viele andere, die oft auch ohne Nachbehandlung gefärbt werden.

Man färbt wie sonst üblich nach 1, S. 30 und behandelt die gespülte Baumwolle (einen Strahn zurückbehalten) mit etwa 2% Formaldehyd (1 ccm/l), 40%ig techn. 1/2 Stunde bei etwa 60° nach. (Flotte etwa 1:40.) Zum Schluß wird gespült.

Farbstoffe (Musterkarte C 1005 der I. G.).

Rot:	Benzoformbordo R Benzoformrot 2 GF Benzoformscharlach B	**Blau:**	Benzoformblau 2 BL
		Braun:	Benzoformbraun R, 4 R Diaminnitrazolbraun G
Orange:	Benzoformorange G Diaminechtorange EG Toluylenorange G	**Schwarz:**	Direkttiefschwarz E ex Plutoformschwarz BL Diaminaldehydschwarz FF konz. Columbiaschwarz FBW, FF ex
Gelb:	Benzoformgelb R, GL		
Grün:	Benzoformgrün FFL		

5. Nachbehandlung mit Chlorlauge.

Die Färbungen von Primulin geben beim Nachbehandeln mit Chlorlauge echte rötlichgelbe Töne, die bei stärkerer Lauge etwas röter werden.

Die gut gespülte Primulinfärbung wird 20—30 Minuten in einem kalten Bade umgezogen, dem so viel Chlorlauge (siehe Bleichen, S. 16) zugesetzt wird, daß etwa 2 g/l aktives Chlor darin enthalten sind (etwa $^1/_4$—$^1/_2$° Bé). Die Bestimmung des Chlors wird mit dem Chlorometer (siehe S. 17) vorgenommen.

Versuch. Man lasse diesen Versuch zurück und führe ihn aus, wenn man zum Diazotieren von Primulin mehrere Strähne zusammen färbt (siehe S. 42).

6. Nachbehandlung mit Aluminiumsalzen.

Es ist bekannt, daß z. B. essigsaure Tonerde wasserabstoßend wirkt. Man nutzt diese Eigenschaft in der Färberei aus, um substantive Färbungen etwas appretur- und wasserechter zu machen, ohne den Farbton merklich zu verändern. Der Farbstoff an sich wird dabei chemisch nicht beeinflußt wie etwa bei den anderen Nachbehandlungen, sondern nur die Baumwolle wird „wasserfest imprägniert".

Die gefärbte Baumwolle wird nach dem Spülen 10—20 Minuten in einem lauwarmen Bade umgezogen, dem man etwa 50 ccm/l basisch essigsaure Tonerde von 3° Bé zusetzt. Darauf wird gut abgewunden und ohne zu spülen getrocknet.

Versuch: Man färbe einige substantive Farbstoffe (je 2 Strähne) aus, behandle einen Strahn nach und vergleiche Töne und Wasserechtheiten der gewöhnlichen mit denen der imprägnierten Strähne.

7. Diazotierungsfarbstoffe.

Theoretisches. Die Farbstoffe dieser Gruppe enthalten eine Aminogruppe, die nach der Auffärbung des Farbstoffes in frischem kalten Bade diazotiert und darauf in einem 3. Bade mit einem Phenol- oder Amin-(Entwickler) gekuppelt wird. Durch die Unlöslichkeit und Vergrößerung des gebildeten Farbstoffmoleküls wird eine gute Waschechtheit erreicht[1].

Handelsnamen: Diazo-
Diaminazo-
Diazanil-
Sambesi-
Diazogen-
Primulin-
Diaminogenfarben und andere.

I. Färben wie üblich für substantive Farbstoffe.

Ausführung, bunte Töne: 4,5% Farbstoff (2—2,5 g/l)
2% Soda calc. (1 g/l)
25 g/l Glaubersalz kryst.
Flotte 1:40

dunkelblau und schwarz: 10% Farbstoff (4—5 g/l)
2% Soda calc. (1 g/l)

Man gibt hier soviel festes Glaubersalz kryst. hinzu, bis die Flotte etwa 6° Bé spindelt.

[1] Beispiel: Sambesireinblau 4B.

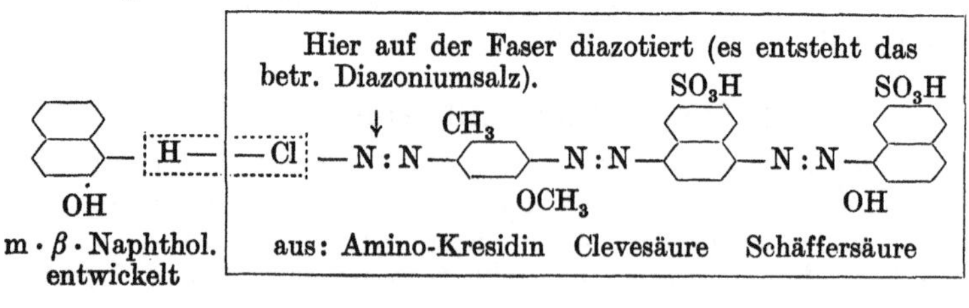

Nach dem Färben klar spülen, evtl. warm, dann diazotieren.

II. Diazotieren. Die gefärbte und klar gespülte Baumwolle wird etwa 20—30 Minuten in einem kalten Bade behandelt mit

	für helle	für dunkle Töne
Nitrit	2% = 1 g/l	3% = 1,5 g/l
Schwefelsäure 66° Bé . . .	4% = 1 ccm/l	6% = 1—2 ccm/l
oder Salzsäure 20° Bé . . .	6% = 3 ccm/l	8% = 4 ccm/l

Flotte 1:20.

Die Säure wird erst kurz vor Beginn des Diazotierens zugegeben. Das Bad muß deutlich den Geruch nach salpetriger Säure haben. Gut umrühren!

Nach dem Diazotieren wird gut kalt gespült und sofort entwickelt. Die diazotierte Färbung darf nicht dem direkten Sonnenlicht oder Wärme ausgesetzt werden und darf nicht antrocknen (siehe Versuch).

Jeden Farbton besonders diazotieren, nur ganz nahe aneinander liegende können evtl. zusammengenommen werden.

III. Entwickeln. Zur Entwicklung kommen Phenole in alkalischer und Basen in wässeriger, schwach alkalischer Lösung. Die Menge hängt von der Tiefe der Färbung ab (siehe S. 43). Man entwickelt mit Flotte 1:20 $^1/_2$ Sunde kalt mit den für jeden Farbstoff geeigneten Entwicklern (einzeln oder im Gemisch). Durch Mischung der Entwickler kann man den Farbton variieren.

Viele Farbstoffe geben mit verschiedenen Entwicklern andere Töne und Echtheiten. Liste der Entwickler S. 43, mit Angabe der Lösungsvorschriften und der erforderlichen Mengen.

Jeden Farbstoff möglichst für sich entwickeln.

IV. Seifen. Nach dem Entwickeln wird jede Färbung möglichst für sich kochend geseift mit etwa 0,5 g/l Soda calc. und 2—5 g/l Seife 15—20 Minuten. Anschließend wird gespült und getrocknet.

Eigenschaften. Die Waschechtheit und Überfärbeechtheit ist bedeutend verbessert. Auch die Lichtechtheit ist bei einigen Blaus Schwarz' und Rots gut. Die Lichtechtheit kann bei einzelnen Tönen durch Nachkupfern erhöht werden.

Die Säureechtheit, Alkali- und Bügelechtheit sind gut.

Die Chlorechtheit ist ungenügend.

Die diazotierten Schwarztöne sind voller, schöner als die gewöhnlichen substantiven Schwarze.

Verwendung, wie die undiazotierten substantiven Farben, für: Baumwolle, Halbwolle, Seide, Halbseide, Kunstseiden, Leinen usw. Nicht für Wolle und Acetatseide.

Anleitung für Versuche. 1. Einfluß des Sonnenlichtes auf gewisse diazotierte, noch nicht entwickelte Färbungen.

Man färbe 2 Strähne mit Primulin wie üblich, spüle und diazotiere, spüle nochmals, winde ab und entwickle Strahn 1 sofort, den zweiten setze man für emige Minuten dem direkten Sonnenlicht aus und entwickle erst dann. Der Farbstoff läßt sich an den belichteten Stellen nicht mehr entwickeln, da die Diazoverbindung zerstört ist.

2. Man färbe 5 Strähne aus mit Primulin, hebe einen Strahn zum Vergleich auf, entwickle Nr 2, 3, 4 mit je einem anderen Entwickler (siehe S. 44 z. B. 8, 10, 12, 13) und Nr. 5 mit gemischten Entwicklern, z. B. $^1/_2$ β-Naphthol — $^1/_2$ Resorcin (siehe S. 45), nachdem man sie gemeinsam diazotiert hat.

3. Schwarzfärbungen mit einzelnen und gemischten Entwicklern.

Beispiel: Man färbe 4 Strähne oder Läppchen mit 8—10% (4—5 g/l) Sambesischwarz D und den auf S. 30, 2 angegebenen Zusätzen, diazotiere und entwickle jeden Strahn anders:

Nr. 1 mit $^1/_2$ β-Naphthol oder $^1/_2$ Resorcin und $^1/_2$ Entwickler H konz.

Nr. 2 mit $^1/_4$ β-Naphthol oder $^1/_4$ Resorcin und $^3/_4$ Entwickler H konz.

Nr. 3 mit β-Naphthol allein,

Nr. 4 mit Entwickler H konz. allein.

Man vergleiche die Töne und Waschechtheiten der Färbungen. Mischungen anderer Entwickler siehe S. 45. Die Entwickler müssen jeder für sich getrennt gelöst und dem Bade getrennt zugesetzt werden.

4. Übersetzen von Naphthogenblau 2R (β-Naphthol) mit etwa 0,1—0,2% (0,02—0,04 g/l) Methylenblau B im Diazotierungsbade. Der Farbstoff wird etwas später zugesetzt. Man färbe 2 Strähne, von denen man einen nicht übersetzt.

Farbstoffe (Karte C 1005 der I. G.).

Rot:	Primulin	Entwickler[1]	3, 4, 8, 9
	Diazogeranin B ex	„	3, 8
	Diazobrillantscharlach S 4 B	„	3, 8
	Diazolichtbordo BL	„	3, 8
	Diazolichtscharlach BL	„	3, 8
	Sambesirot B	„	3, 8
	Sambesirot 8B	„	3, 8
	Diaminazoscharlach 2BL ex	„	3, 8
	Diaminazoscharlach 8B ex	„	3, 8, 14

[1] Liste der Entwickler siehe unten.

	Diazanilscharlach BA	Entwickler	3, 8, 9, 14
	Diazobordo 7B	„	3, 8
Orange:	Primulin	„	10, 22
	Diaminazoorange RRN	„	3, 8, 14
	Diazobrillantorange 5G **ex**	„	3, 8
	Diazobraun 6G	„	3, 8, 12
Gelb:	Primulin	„	Chlorlauge, 13, 21
	Diaminazogelb R	„	13, 14, 21
	Diazolichtgelb 2G	„	14
	Diazolichtgelb G, 3 GL	„	14
Grün:	Diazobrillantgrün 3G	„	14
	Diazoolive G	„	3, 8, 12, 14, 20
	Diazolichtgrün BL	„	3, 8
	Diazolichtgrün GFL	„	14
Blau:	Sambesireinblau 4B	„	3, 8
	Benzoreinblau	„	14
	Diazoreinblau 3GL, 3G	„	3, 8
	Diaminogenreinblau N	„	3, 8
	Naphthogenreinblau 4B, GL	„	3, 8
	Naphthogenblau B	„	3, 8
	Naphthogenblau 2R	„	3, 8
	Diazoindigoblau 3RL	„	3, 8
Violett:	Diazolichtviolett 3RL, BL	„	3, 8
	Sambesiviolett R	„	3, 8
Braun:	Diamincatechu	„	3, 8, 13, 21
	Sambesibraun G	„	12
	Benzobraun MC	„	3, 8, 12, 20,
	Diazobraun 3R	„	3, 8, 12, 14, 20
	Diazobrillantschwarz B	„	2, 3, 8, 12, 20
	Diazobraun 6G	„	3, 8, 12
Schwarz:	Diazoechtschwarz ex	„	3, 8, 12
	Diazoechtschwarz 3B	„	10, 12
	Diazobrillantschwarz B	„	3, 8, 9, 12
	Diaminschwarz BH	„	3, 8, 12
	Diaminogen B	„	10, 12
	Diaminogen ex	„	10, 12
	Sambesischwarz F	„	12
	Sambesischwarz D	„	12

Farbstoffe in geringen Mengen zum Abtönen im Färbebade siehe S. 49, 2.

Liste der Entwickler der I. G.

Bei den Lösungsvorschriften bedeutet:

a) die Menge für Färbungen bis etwa 2% Farbstoff (1 g/l),

b) die Menge für Färbungen bis etwa 4—5% Farbstoff (2—2,5 g/l), (für Schwarz etwa 50% mehr als bei b).

Ein kleiner Überschuß an Entwickler bei vegetabilischen Fasern schadet nicht.

Die mit * bezeichneten Entwickler sind nicht mehr im Handel. Einzelne andere, z. B. 2, 4 usw., sind ersetzt worden und hinter diesen ist der Ersatzentwickler mit der entsprechenden Nummer angegeben.

*1. Blauentwickler AN: γ-Säure, (2, 6, 8-Amidonaphtholsulfosäure) in Mischung mit Soda.
Lösen: Durch Übergießen mit der 10fachen Menge kalten Wassers und Erwärmen auf 100°.
a) 0,75% (0,4 g/l). b) 1,5% (0,8 g/l).
2. Bordoentwickler: jetzt Entw. BS (siehe 9).
Lösen: $^1/_3$—$^1/_5$ HCl vom Gewicht des Entwicklers mit diesem zusammenbringen und mit heißem Wasser (50fache Menge) in Lösung bringen.
a) 0,5% (0,25 g/l). b) 1% (0,5 g/l).
3. Betanaphthol (siehe auch 8).
Lösen: Mit der gleichen Menge Natronlauge, 40° Bé konz. anteigen und mit heißem Wasser übergießen (1 : 10) = mit der 10fachen Menge).
a) 0,7—1% (0,3—0,5 g/l). b) 1—1,5 (0,5—0,8 g/l).
4. Diaminpulver CS, jetzt Entw. H konz.: m-Toluylendiamin (siehe 12).
Lösen: Versetzen mit $^1/_3$ vom Gewicht des Entwicklers Soda calc. und mit der 10fachen Menge heißem Wasser lösen.
a) 0,4—0,75% (0,2—0,4 g/l). b) 0,75—1,5% (0,4—0,8 g/l.
5. Dianilentwickler G, jetzt Entw. Z (siehe 14).
Lösen: Mit der 10fachen Menge heißen Wassers.
a) 1% (0,5 g/l). b) 2% (1 g/l).
*6. Dianilentwickler 3 G.
Lösen: Mit 2% (1 g/l) Soda calc. vom Gewicht der Ware und mit der 10fachen Menge heißem Wasser.
a) 1% (0,5 g/l). b) 2% (1 g/l).
*7. Echtblauentwickler AD: Amidodiphenylamin.
Lösen: Mit HCl konz. ($^4/_{10}$ vom Gewicht des Entwicklers) und heißem Wasser.
a) 0,75% (0,35 g/l). b) 1% (0,5 g/l).
8. Entwickler A: Betanaphtholnatrium. Wird nur mit der 10fachen Menge heißen Wassers gelöst[1].
a) 0,8—1% (0,4—0,5 g/l). b) 1—1,5% (0,5—0,8 g/l).
9. Entwickler BS: Salzsaures Salz von Äthyl-β-Naphthylamin.
Lösen: Mit der 10fachen Menge heißem Wasser, bei Trübung HCl tropfenweise hinzu bis zur Klärung.
a) 0,75% (0,35 g/l). b) 1,5% (0,75 g/l).
10. Entwickler F: Resorcinnatrium (siehe auch 18 und 22).
Lösen: Mit der 10fachen Menge heißem Wasser.
a) 0,8% (0,4 g/l). b) 1,75% (0,9 g/l).
*11. Entwickler G (siehe auch 1).
12. Entwickler H konz. (m-Toluylendiamin).
Lösen: Siehe 4.
a) 0,75% (0,4 g/l). b) 1,5% (0,8 g/l).
13. Entwickler J (Phenolnatrium, siehe auch 21).
Lösen: Mit der 10fachen Menge heißem Wasser.
a) 0,3% (0,2—0,1 g/l). b) 0,6—0,8% (0,3—0,4 g/l).
14. Entwickler Z: Phenylmethylpyrazalon.
Lösen: Mit der 10fachen Menge heißem Wasser.
a) 0,75% (0,4 g/l). b) 1,5% (0,8 g/l).
15. Gelbentwickler C, jetzt 14.
Lösen: Mit der 10fachen Menge heißem Wasser.
a) 0,5% (0,25 g/l). b) 1% (0,5 g/l).

---
[1] Es ist mit Natronlauge bereits umgesetztes β-Naphthol (siehe auch 3).

16. Naphthylamināther, jetzt Entw. N: Amidonaphtholäther.
Lösen: Mit $^1/_5$ HCl konz. versetzen und mit heißemWasser übergießen (1 : 50).
a) 0,75% (0,4 g/l). b) 1,5% (0,8 g/l).
17. Nerogen D, jetzt Entw. D: Cl-m-Phenylendiamin.
Lösen: Gleiches Gewicht HCl und Entwickler nehmen, 3% Soda calc. ins Bad geben.
a) 0,4% (0,2 g/l). b) 0,75% (0,4 g/l).
*18. Orangeentwickler R: Resorcinnatrium (siehe auch 10 und 22).
Lösen: Mit der 10fachen Menge heißem Wasser. Dem Bade 1—3% Soda calc. zusetzen.
a) 0,75% (0,4 g/l). b) 1,5% (0,8 g/l).
19. Oxaminentwickler B, jetzt Entw. BS (siehe 9).
20. Oxaminentwickler MX, jetzt Entw. CS (Salzs. m-Phenylendiamin).
Lösen: Mit der $1^1/_2$fachen Menge Soda calc. versetzen und mit der 10fachen Menge heißem Wasser lösen.
a) 0,7% (0,35 g/l). b) 1,5% (0,75 g/l).
21. Phenol: Oxybenzol (Carbolsäure), Gelbentwickler (siehe auch 13).
Lösen: Mit der gleichen Menge Natronlauge konz. anteigen und mit der 10fachen heißemWasser übergießen
a) 0,3% (0,15 g/l). b) 0,6% (0,3 g/l).
22. Resorcin: m-Dioxybenzol (siehe auch 10).
Lösen: Mit Natronlauge konz. (1—$1^1/_2$ ccm auf 1 g Resorcin) anteigen und mit der 10fachen Menge heißem Wasser übergießen.
a) 0,4% (0,2 g/l). b) 0,75% (0,4 g/l).
23. Toluylendiamin, jetzt Entw. H (siehe 12) mit der $1^1/_2$fachen Menge Soda calc. versetzen und mit der 10fachen Menge heißem Wasser in Lösung bringen.
a) 0,7% (0,35 g/l). b) 1,5% (0,8 g/l).

Phenole und Diamine können miteinander gemischt bei der Entwicklung zur Herstellung besimmter Nuancen verwendet werden. So z. B.

β-Naphthol	und	Toluylendiamin, Entwickler H, Resorcin, Diamin CS,
Resorcin	und	Toluylendiamin, Diamin CS.

Nachbehandlung von Diazotierungsfarbstoffen mit Kupfervitriol.

Die Nachbehandlung geschieht wie beschrieben S. 35ff. und dient auch hier zur Erhöhung der Lichtechtheit bzw. Waschechtheit.

Nachstehende Farbstoffe sind geeignet für eine nachträgliche Behandlung mit Kupfervitriol:

Die β-Naphthol-entwicklungen von:	Diaminazoscharlach 2 BL ex
	,, 8 B ex
	Diazoechtschwarz 3 B
	Naphthogenreinblau 4 B
	Naphthogenblau B
	Naphthogenblau 2 R
	Sambesiviolett R
	Sambesischwarz D
	Sambesischwarz F (auch m. Chromkali zusamm.)
	Diazoreinblau 3 G, 3 GL.

8. Kupplungsfarbstoffe.

Hier spielt sich der umgekehrte Vorgang ab wie bei den Diazotierungsfarben. Diese Farbstoffe, die meist Resorcin oder m. Phenylindiamin enthalten, können mit einer in Lösung befindlichen diazotierten Base (Paranitranilin) gekuppelt werden. Auch hier wird Erhöhung der Waschechtheit erzielt.

Beispiel: Paraschwarz R:

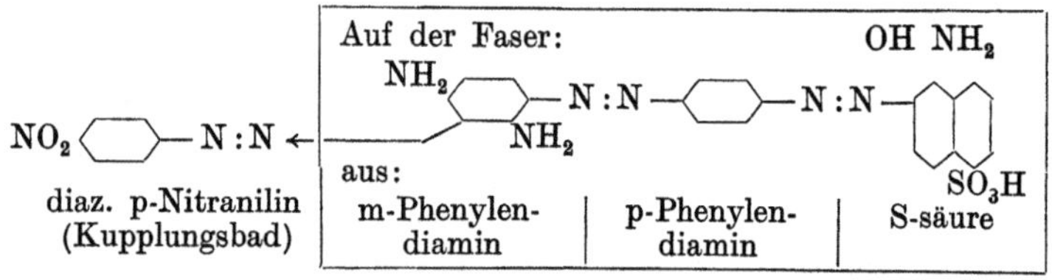

Man kann die Kupplung entweder mit selbst diazotiertem Paranitranilin oder mit fertig in den Handel gebrachten Diazoniumsalzen der Base vornehmen. Durch diese Körper wird das Arbeiten etwas erleichtert. Das Diazotieren fällt fort, es ist kein Eis notwendig, und die Verbindungen sind im Gegensatz zur selbsthergestellten Lösung gut haltbar. Nach der Lösung in Wasser muß nur die Salzsäure abgestumpft werden. Bei Nitrosaminrot, das ein Alkalidiazotat ist, ist zunächst durch Salzsäure das Diazoniumsalz zu bilden, und dann die überschüssige Salzsäure mit Acetat abzustumpfen[1].

Die annähernden Stärkeverhältnisse der einzelnen Produkte zueinander stehen auf S. 84.

Handelsnamen.

Para-
Paranil-
Diaminnitrazolfarben u. a.

I. Färben wie bei Seite 29.

II. Kuppeln. Nach dem Färben klar spülen, evtl. lauwarm, und $^1/_2$ Stunde kalt behandeln mit:

A. selbst diazotiertem Paranitranilin oder

B. mit bereits fertig im Handel befindlichen diazotierten Paranitranilinmarken, z. B.:

1. Parazol FB
2. Paranil CF
3. Nitrazol CF
4. Azophorrot PN
5. Nitrosaminrot Teig.

---

[1] Diazotat: Diazoniumsalz (entsteht immer beim Diazotieren eines Amins):

Flotte 1:20.

A. Kuppeln mit selbst diazotiertem Paranitranilin. 1 g P wird mit 2,5 g HCl, 20° Bé angerührt und durch Aufkochen mit etwa 4 ccm heißem Wasser in Lösung gebracht. Nach etwa 1/2 Stunde gibt man 30 ccm kaltes Wasser zu, worauf sich das P. wieder abscheidet. In die möglichst kalt gehaltene Flüssigkeit (Einstellen in ein Gefäß mit Kältemischung, siehe S. 95) gießt man jetzt unter gutem Umrühren auf einmal eine Lösung von 0,55 g Nitrit in 3 ccm Eiswasser. Nach etwa 1/2 Stunde (immer kalt halten) ist bis auf geringe Mengen Verunreinigung alles gelöst und die Flüssigkeit klar oder ganz wenig getrübt. Man gießt den berechneten Teil dieser Lösung in das kalte Kupplungsbad (Filter).

Kurz vor Eintauchen der gefärbten Baumwolle setzt man diesem 1 g essigsaures Natrium kryst. und 0,5 g Soda, beide in wenig kaltem Wasser gut gelöst, hinzu. Das Wasser zum Lösen nimmt man am besten aus dem zur Kupplung bestimmten Bade vor Zusatz der Diazolösung. Das Bad muß nach Zusatz von Soda und Acetat blaues Lackmuspapier röten, darf aber Kongopapier nicht bläuen. Die Baumwolle wird hierin etwa 1/2 Stunde behandelt, gut gespült und kochend geseift mit den üblichen Zusätzen an Soda und Seife. Für 1 kg Baumwolle sind nötig bei Flotte 1:20 (für längere Flotten ist entsprechend umzurechnen, siehe g/l):

	helle Töne	dunkle Töne
Paranitranilin	7,5 g (3,5 g/l)	10 g (5 g/l)
Salzsäure 20° Bé . .	20 g (10 g/l)	25 g (12,5 g/l)
Nitrit	4,1 g (2,1 g/l)	5,5 g (2,8 g/l)
Essigsaures Natrium .	7,5 g (3,5 g/l)	10 g (5 g/l)
Soda calc.	3,7 g (1,9 g/l)	5 g (2,5 g/l).

Für das Färben von Pararot gelten andere Zusätze (s. S. 84).

Für die im Laboratorium gefärbte Anzahl Strähne wird die erforderliche Menge der Zutaten durch Umrechnen festgestellt. Man rundet dabei das Gewicht von Paranitranilin nach oben ab und setzt für alle Färbungen eine gemeinsame Diazolösung an. Auch Soda und Natriumacetat werden für alle Ausfärbungen zusammen gelöst, und die drei Lösungen (abgerundetes Maß) werden auf die für jeden Farbton besonders angesetzten Kupplungsbäder verteilt, wobei die Diazolösung durch ein leicht durchlässiges Tuch zu gießen ist.

B. Arbeiten mit fertig diazotiertem Paranitranilin:

1. Parazol FB. 2. Paranil CF. 3. Nitrazol CF. Man rührt einen der vorgenannten Entwickler durch Verrühren mit wenig kaltem Wasser an, zerdrückt evtl. die Klumpen und bringt durch Übergießen mit reichlich kaltem Wasser vollständig in Lösung.

Darauf wird die berechnete Lösung sowie hinterher die Lösungen von Soda und Acetat dem Kupplungsbade zugesetzt. Das Bad darf nicht stark sauer reagieren. Kongopapier darf nicht gebläut werden, andernfalls muß noch etwas Acetat und Soda nachgefügt werden.

Die gefärbte und gut gespülte Baumwolle wird $^1/_2$ Stunde darin umgezogen und wie oben beschrieben fertiggestellt.

Man braucht für 1 kg Ware:

Flotte 1:20	a)	b)
Entw. 1, 2 oder 3	20 g (10 g/l)	30—40 g (15—20 g/l)
Soda calc.	2 g (1 g/l)	3—4 g (1,5—2 g/l)
Acetat	1 g (0,5 g/l)	1,25 g (0,7 g/l)

4. Azophorrot PN. 5 g Azophorrot PN werden mit 30 ccm kaltem Wasser gleichmäßig angerührt, bis nach etwa 20—30 Minuten alles gelöst ist. Man läßt etwa 1—2 Stunden stehen, filtriert den Schaum ab (Lösung 1), wäscht den Rückstand mit etwa 10 ccm Wasser aus und filtriert wieder (Lösung 2). Man erhält (Lösung 1 und 2 zusammengegossen) etwa 40 ccm. Jetzt wird neutralisiert mit etwa 10 ccm verdünnter Natronlauge 40° Bé (1:10). Man gießt die Lauge allmählich solange unter ständigem Rühren in die Azophorlösung, bis die anfangs entstehende Ausscheidung sich fast ganz wieder gelöst hat. Von dieser Lösung setzt man die berechnete Menge dem Kupplungsbade zu, das etwa 1—2% (0,5—1 g/l) Azophorrot enthalten soll.

Die Entwicklung dauert etwa $^1/_2$ Stunde. Darauf wird gut gespült und heiß geseift.

5. Nitrosaminrot Teig. 10 g N. werden mit etwa 250 ccm Wasser (max. 25° warm) gut angeteigt, und dazu gibt man 4,6—5 g Salzsäure konz. unter ständigem Rühren. Man läßt $^1/_2$ Stunde stehen und neutralisiert kurz vor dem Gebrauch mit 5 g Natriumacetat, gelöst in etwa 25 ccm Wasser und verdünnt auf 1,5 l. Von dieser Lösung mißt man die berechnete Menge ab. Man braucht etwa 3% (1,5—2 g/l) Nitrosaminrot Teig für eine Färbung. Die Ausführung ist die gleiche wie oben. Man achte auf die kongoneutralen Reaktionen der Bäder.

Die gekuppelten Färbungen sind gut wasch-, walk-, überfärbe- und lichtecht.

Farbstoffe (Musterkarte C 1005 d. I. G.):

Rot:	Oxaminrot BN	**Gelb:**	Primulin
	Diazanilscharlach BA		Diaminechtgelb A
	Parascharlach G ex		Thiazolgelb 3 G
	Paragranat G	**Grün:**	Diaminnitrazolgrün BB
Orange:	Paraorange G		Diaminnitrazolgrün GF, G
	Toluylenorange G		

	Paralichtgrün B	**Braun:**	Naphthaminbraun 8B
	Paraolive D		Paranilbraun G
Blau:	Columbiaschwarzblau G		Diaminnitrazolbraun G
	Diamineralblau CVB		Diaminbraun G
	Paralichtblau B, 6B	**Schwarz:**	Paranilschwarz 2B
	Naphthaminblau BE		Direkttiefschwarz E ex
Violett:	Diaminnitrazolviolett R		Diaminnitrazolschwarz B
	Paraviolett 3BL		Paraschwarz R

Farbstoffe zum Abtönen — in geringen Mengen — s. S. 50.

Substantive Farbstoffe für besondere Zwecke.

1. Kalt oder lauwarm lassen sich gut färben:

Rot:	Siriusscharlach B	**Blau:**	Diamineralblau CVB
	Siriusrubin B, R		Chicagoblau 6B
	Siriusrot BB, 4B		Benzoreinblau
	Siriusbordo B		Benzochromschwarzblau B
	Siriusrosa BB		Siriusblau B, BRR, G, 6G
	Thiazinrot R	**Violett:**	Brillantbenzoechtviolett 2RL
	Oxaminrot BN		Brillantbenzoviolett 2R
	Erika BN		Diaminheliotrop B
	Benzobordo 6B		Siriusviolett BB, 3B
	Benzoechtrot 9BL		Siriusrotviolett B, BBL, R
	Benzoechtscharlach 4BS		
Orange:	Diaminechtorange EG		
	Benzoechtorange WS	**Braun:**	Diaminnitrazolbraun G
	Chloraminorange G		Diaminbraun M
	Siriusorange G, 5G, 3R		Benzochrombraun B, G
Gelb:	Chloramingelb HW		Benzodunkelbraun ex
	Chrysophenin G		Diamincatechin B
	Thiazolgelb 3G		Siriusbraun BR, G, GR,
	Thioflavin S		Siriusbraun R, 3R
	Diamingelb CP	**Schwarz u. Grau:**	Plutowalkschwarz B
	Diaminechtgelb A		Benzoechtschwarz L
	Siriusgelb G, R ex		Sambesischwarz D
Grün:	Benzogrün FF		Diaminechtgrau BN
	Benzodunkelgrün GG, B		Siriusgrau G, R
	Brillantdianilgrün G		Diaminschwarz BH, HW, RMW
	Oxaminbrillantlichtgrün 3G		Diazoschwarz BHN

Man färbt etwa mit folgenden Zusätzen: 0,25 g/l Soda, 25 g/l Glaubersalz, 2 g/l Farbstoff mit Flotte 1:20 und läßt etwa $1^1/_2$ Stunde ziehen. Beim Färben dunkler Töne läßt man unter der Flotte evtl. bis zum anderen Morgen nachziehen.

2. Nuancierfarbstoffe für Diazotierungsfarben — in geringen Mengen angewandt — sind:

Diaminechtorange EG
Diaminechtgelb A
Diaminechtgelb B
Diamineralbrillantblau B
Diamineralbraun G.

3. Nuancierungsfarbstoffe für Kupplungsfarben (geringe Mengen):

Benzoechtrot FC
Pyraminorange R
Chloraminorange G
Pyramingelb RX
Chloramingelb HW
Benzogrün FF
Benzochromschwarzblau B
Methylenblau B.

Methylenblau am besten dem Kupplungsbade, die andern dem Färbebade zusetzen.

4. Als Untergrund für Indigo eignen sich:

Diamineralbrillantblau B oder andere, Hydronblaus
Schwefelblaus
Oxaminblau RS

5. Untergrundfarbstoffe für Einbad-Anilinschwarz:

Baumwollschwarz E ex
Oxamindunkelblau BG
Diazoschwarz BHN
Benzochromschwarz B
Benzochromschwarzblau B
Direkttiefschwarz E ex
Dianilschwarz CR
Hydronblau G
Schwefelblau B ex, L ex, R ex, 4 R ex
Schwefelschwarz
Hydronschwarzblau G, GG, VG
Sambesischwarz D
Baumwollrot 4B
Benzodunkelgrün B

Schwefelfarbstoffe.

Theoretisches. Die Schwefelfarben werden hergestellt durch Schmelzen der verschiedensten organischen Körper mit Schwefel und Schwefelnatrium. Sie sind unlöslich in Wasser und Alkali. Zum Färben werden sie mit Schwefelnatrium gelöst, und diese „Leukoverbindung" färbt in der stark schwefelalkalischen Flotte Baumwolle an, wenn auch die Affinität nicht so groß ist wie bei den substantiven Farben. Die Flotten ziehen daher auch nicht so gut aus.

Möglicherweise wird durch das starke Alkali die Cellulose irgendwie verändert (vgl. die Vorgänge beim Mercerisieren) und die Verbindung Faser-Farbstoff ist anderer Art als bei den substantiven Farben. Dies könnte zum Teil auch die außerordentlich hohe Waschechtheit der Schwefelfarben — trotz ihrer geringen Affinität — mit erklären. Ausschlaggebend dafür wird wohl in erster Linie die Unlöslichkeit des an der Luft zurückgebildeten Farbstoffmoleküls in Wasser und Alkali sein. Die Konstitution der Schwefelfarben ist nicht vollkommen aufgeklärt, zumal bei der Schmelze die verschiedensten Körper entstehen, die kaum getrennt werden können[1].

Man nimmt an, daß der Schwefel im Molekül in Disulfidform R · S · S · R vorhanden ist und durch Reduktion mit Na_2S in die lösliche Merkaptanform R · S | S — R übergeht, aus der sich an der Luft auf der Faser
H | H
(Na) | (Na)
wieder die unlösliche Form entwickelt[2]. (R = Rest des Farbstoffes.)

Handelsnamen. Schwefelfarbstoffe kommen unter folgenden Namen in den Handel:

a) I. G.-Farben:	Kryogen-	Schwefel-
	Katigen-	Auronal-
	Thiogen-	Immedialfarben
b) Ausländische:	Autogen-	Thiophenol-
	Thio-	Thional-
	Eclips-	Thiophor-
	Pyrogen-	u. a.

Lösungen. Die Lösungen der Schwefelfarben zersetzen sich bald. Man löst daher am besten nur soviel oder nur wenig mehr Farbstoff auf, als man gerade für eine Färbung nötig hat und vermeidet ein längeres Stehenlassen.

Das Lösen geschieht durch Anteigen mit etwas heißem Wasser und einigen Tropfen Netzöl und Aufkochen mit reichlich heißem Wasser nach Zugabe der berechneten Menge Schwefelnatrium.

Vornetzen genau wie bei den substantiven Farben angegeben.

Arbeitsgang. Man versetzt das heiße Färbebad zuerst mit der Soda, kocht kurz auf, gießt dann die nach Vorschrift bereitete Farbstofflösung hinzu, versetzt schließlich mit der berechneten Menge Glauber- oder Kochsalz, kocht evtl. noch einmal auf und beginnt mit dem Färben. Dunkle Farben färbt man nahe bei Kochtemperatur, helle oder besonders geeignete Farben bei 50—70° (siehe S. 57, Abschnitt 8).

Das Färben geschieht am besten auf gebogenen Stäben (siehe

[1] Als Ausgangsstoffe werden z. B. angewandt:
m-Toluylendiamin für gelbe, Dinitronaphthaline für braune,

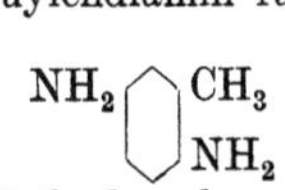

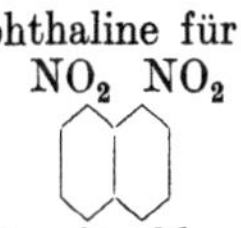

Indophenole oder Indoaniline für blaue Farbstoffe.

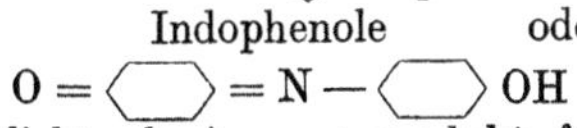

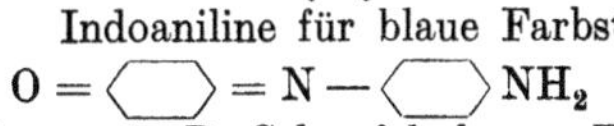

Beliebt als Ausgangsprodukt für schwarz (z. B. Schwefelschwarz T) ist Dinitrochlorbenzol.

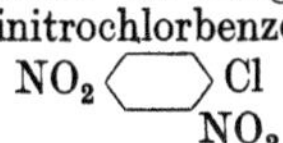

[2] Mayer: Chemie der org. Farbstoffe. 2. Aufl. S. 139. 1924.

Abb. 1, S. 10) und dauert etwa 1 Stunde. Nach dem Färben wird die überschüssige Flotte gut und gleichmäßig abgequetscht und sofort gespült. Dem ersten Spülwasser kann bei dunklen Farben etwa 0,2 g/l Schwefelnatrium zugesetzt werden, um schon oxydierte, oberflächlich auf der Faser sitzende Farbstoffteilchen wieder herunterzulösen. Man spült so lange, bis das Wasser klar abläuft, und oft folgt darauf noch ein heißes Seifen unter Zusatz von Soda wie üblich, um die Lebhaftigkeit zu erhöhen.

Man hantiere langsam, damit nicht zuviel Schaum entsteht, der die Baumwolle zu sehr an die Luft bringt, was möglichst vermieden werden muß, da der Farbstoff sich dort oxydiert und die betreffende Stelle dunkler ausfallen kann. Gegen das „Bronzieren" — Abscheiden von ausgefallenem Farbstoff auf der Oberfläche der Faser — bei dunklen Farben kann dem Bade etwas Monopolseife zugesetzt werden.

Nachbehandlung. Bei einigen Farbstoffen wird direkt anschließend an das Färben zur vollen Entwicklung des Tones nach Entfernung der überschüssigen Flotte durch Abquetschen eine Zeitlang (etwa $^1/_2$ Stunde) an die Luft gehängt (siehe 1, S. 55). Über verschiedene andere Nachbehandlungen siehe S. 55 ff. Diese haben zum großen Teil entweder den Zweck, einer Tonänderung während des langen Lagerns vorzubeugen (Lagerechtheit) oder durch Behandlung mit Metallsalzen Licht-, Wasch-, Koch- und Überfärbeechtheit zu erhöhen. In den meisten Fällen ist aber eine Metallsalzbehandlung nicht erforderlich.

Eigenschaften. Die Farbstoffe dieser Gruppe sind hervorragend wasch-, licht-, säure-, alkali- und bügelecht. Die Chlorechtheit ist ungenügend, mit einzelnen Ausnahmen, z. B. Schwefelgelb G ex, Indocarbon CL konz., CLG konz., u. a. Die Überfärbeechtheit ist nur bei einer Auswahl gut.

Die Farbstoffe greifen Kupfer, Messing, Nickel und ähnliche Metalle an. Als Metall für Färbegefäße in der Praxis wird Eisen verwandt. Die Töne sind mit geringen Ausnahmen durchgehend stumpf. Es gibt kein klares Rot.

Die Farbstoffe färben selten unegal, was einerseits durch die geringe Affinität erklärt werden kann, obgleich beim Färben die schwache Affinität eines Farbstoffes nicht immer parallel geht mit gutem Egalisierungsvermögen, andererseits durch die starke Quellung der Faser in dem stark alkalischen Schwefelnatriumbade begünstigt wird.

Verwendung. Die Schwefelfarben kommen hauptsächlich für Baumwolle in Frage. In geringerem Maße für Kunstseide, Halbseide, Halbwolle, Seide.

Wirkung der Zusätze. Schwefelnatrium reduziert und löst den Farbstoff und hält ihn bei Anwendung größerer Mengen des Salzes mehr in der Flotte zurück. Das Schwefelnatrium wirkt dadurch etwas egalisierend, und die Töne werden bei großem Überschuß heller als sonst.

Die anderen Zusatzmittel, wie Glaubersalz, Soda, Monopolseife usw., wirken hier ähnlich wie beim Färben der substantiven Farben (siehe S. 28). Die Mengen an Schwefelnatrium richten sich nach dem Gewicht des Farbstoffes. Die Zahlen hinter den Farbstoffnamen auf S. 54 geben das Vielfache des Farbstoffgewichtes an, das er an Schwefelnatrium gebraucht. Bei hellen Tönen ist die Schwefelnatriummenge zu erhöhen. Man nimmt dann etwa $^1/_4$ bis $^1/_2$ mal soviel als die Zahlen angeben. Gleichzeitig ist weniger Glaubersalz zu gebrauchen. Ganz helle Töne färbt man ohne Glaubersalz, mit etwas Seife oder einem anderen Egalisierungsmittel, z. B. Monopolseife u. dgl.

Im allgemeinen darf nicht mehr Salz im Bade enthalten sein als einer Konzentration von 6—7° Bé entspricht (spindeln!), da sonst bei dunklen Färbungen der Farbstoff zu stark aus der Lösung gedrängt wird und sich auf der Oberfläche der Faser festsetzt (Bronzieren der Färbung). Das Salz selbst kann auch auf der Faser auskrystallisieren, wenn nicht gründlich gespült wird — sichtbar als weiße Stellen.

Anleitung für Versuche. 1. Einfluß des Schwefelnatriums. Man färbe 3 Strähne getrennt mit einem Farbstoff der Liste S. 54 und den bei 2 angegebenen Zusätzen, aber mit drei verschiedenen Mengen an Schwefelnatrium: mit der $1^1/_2$-, 5- und 10fachen Menge vom Farbstoffgewicht. Die Tiefe der Färbungen ist zu vergleichen.

2. Übungsbeispiele. Man färbe für Schwarz mehrere Strähne und behandle einzelne nach wie S. 56, Abschnitt 5 und S. 56, Abschnitt 6 angegeben. Dann färbe man einige Farbstoffe der Liste S. 54 aus, um die Töne kennenzulernen. Die Zusätze können wie folgt genommen werden:

	bunte Töne	schwarz
Flotte	1:40	1:20
Farbstoff	15% (7—8 g/l)	10—20% (5—10 g/l)[1]
Monopolseife od. dgl.	0,5 (0,25 ccm/l)	1% (0,5 ccm/l)
Soda	0,5—1 g/l	2,5 g/l
Glaubersalz	30—60 g/l	60—100 g/l
Schwefelnatrium . .	siehe die eingeklammerten Zahlen hinter den Farbstoffnamen	

[1] Siehe auch die Zahlen in der Liste S. 55.

3. Prüfung einzelner Färbungen auf Waschechtheit und Chlorechtheit (z. B. Indocarbon CL konz.)

4. Das Übersetzen von Schwefelfärbungen mit basischen Farbstoffen zur Erhöhung der Lebhaftigkeit wird wie bei den substantiven Farben ausgeführt. Flotte 1:50.

Der Schwefelfarbstoff wirkt hier als Beize, ähnlich wie Katanol, das ja auch ein Schwefelungsprodukt ist (siehe das Färben der basischen Farbstoffe S. 19).

Farbstoffe: (Karte 291 C d. I.G.) Farbstoffe mit * können bei 50—60° gefärbt werden. Manche geben dabei lebhaftere Töne. Die Zahlen in Klammern geben das Vielfache der Schwefelnatriummenge vom Farbstoffgewicht an, das zum Lösen nötig ist. 1,5 z. B. bedeutet, daß man als Minimum bei 2 g Farbstoff 2 · 1,5 = 3 g Schwefelnatrium kryst. braucht.

Rot:	*Immedialbordo GF konz. (1,5)
	Thiogendunkelrot R (1,5)
Orange:	Immedialorange C (1,5)
	Thiogenorange RR (3)
Gelb:	Schwefelgelb R ex, G ex (1,5)
	Schwefelgelb 4 G (2)
	Immedialgelb GG (1,5)
	Katigengelb GG ex (2)
	Immedialgelbolive 5 G (1,5)
Grün:	Schwefeldunkelgrün B ex (2)
	Schwefeldunkelgrün FF ex (3)
	Immedialgrünblau CV (1,5)
	Immedialtiefgrün G (1,5)
	Immedialgrün GG ex (1,5)
	Immedialbrillantgrün G ex (1,5)
	Katigenbrillantgrün 3 G (1).
	Schwefelolive FF ex (3)
Blau:	Immedialblau CR ex konz. (2,5)
	Immedialneublau G konz. (2,5)
	Immedialdirektblau BB ex konz. (2,5)
	*Immedialindon B konz. (2,5)
	*Immedialindogen GCL konz. (2,5)
	*Schwefelbrillantblau CLB (2)
	Schwefelblau L ex (3)
	*Thiogenneublau FBL, BL, 3 GL (1,5)
	Katigenchromblau 5 G (muß mit Chrom und Kupfer nachbeh. werden) (1)
	*Katigendunkelblau R ex (2)
	Katigenmarineblau FF ex (2)
Violett:	Immedialindonviolett B konz. (2,5)
	Immedialviolett C (1,5)
	Thiogenviolett B (ohne Salz und Soda färben) (1,5)
	Thiogenpurpur O (ohne Salz und Soda färben) (1,5)
	Kriogenviolett 3 RX (2)
Braun:	Immedialcatechu R, O (1,5)
	Immedialgelbolive G (1,5)
	Immedialdunkelbraun A (1,5)
	Immedialbraun BR (1,5)

Immedialschwarzbraun D konz. (1,5)
*Immedialmarron B konz. (1,5)
*Immedialprune S (1,5)
Thiogenbraun GC konz. (3)
Schwefelbraun 6 G ex (2)
Schwefelkorinth B (1,5)
Schwefelbraun A konz. (1)
Schwefelbraun 2 G (1,5)
Schwefelcatechu R (1,5)
Katigenrotbraun 9 R ex (2)
Katigenbraun V ex (2)

		Farbstoffzusatz mindestens:
Schwarz:	Immedialschwarz V ex (1,5)	15% (7—8 gl/)
	Immedialcarbon B (2,5)	10% (5 g/l)
	Schwefelschwarz T ex (3), 4 B ex (3)	12% (6 g/l)
	Schwefelschwarz FAG ex (3)	9—10% (4—5 g/l)
	Schwefelschwarz AWL ex (1,5)	10% (5 g/l)
	Thiogenschwarz BRR ex stark (3)	9% (4—5 g/l)
	Thiogenschwarz ML ex stark (1,5)	15% (7—8 g/l)
	Thiogenschwarz M flüssig (0,5)	20% (10 g/l)
	Indocarbon CL konz. (3)	8% (4 g/l)
	Indocarbon CLG konz. (3)	8% (4 g/l)
	Indocarbon SN (4)	10% (5 g/l)

Die Indocarbone werden alle zum Lösen mit Netzöl angeteigt.

Besondere Behandlungen von Schwefelfärbungen.

1. Färben und Verhängen.

Einige Farbstoffe erhalten einen lebhafteren Ton, wenn man die Färbungen nach dem Abquetschen und dem ersten Spülen gleichmäßig abwindet und vor weiterem Spülen etwa $^1/_2$—1 Stunde an die Luft hängt, damit der Farbstoff sich dort entwickelt. Nach den Spülbädern wird evtl. kochend geseift.

Die Reibechtheit ist aber weniger gut als bei sofort gespülten Ausfärbungen, deren Ton meist ein wenig heller ausfällt.

Farbstoffe: Immedialindon R konz.
Thiogenneublau BL
Schwefelbrillantblau CLB

Es sind von jeder Färbung 2 Strähne auszufärben: einen verhängen, einen sofort fertig spülen.

2. Nachoxydieren mit Perborat oder Wasserstoffsuperoxyd.

Das Verhängen an der Luft kann durch künstliche Oxydation zum Teil ersetzt werden.

Die Baumwolle wird nach dem Abquetschen gespült wie S. 52 angegeben. Das letzte Spülbad wird auf 40—50° erwärmt und mit 0,5—1 g/l Perborat (Flotte 1:20) unter Umrühren versetzt. 20 Minuten hantieren, abwinden, trocknen. Farbstoffe siehe Nr. 3.

2 Strähne färben und einen zum Vergleich von Waschechtheit und Farbton zurückbehalten und normal spülen.

3. Entwickeln durch warmes Lagern oder Dämpfen.

Bei einzelnen Farbstoffen erreicht man nach dieser Methode eine gute Entwicklung des Farbtones. An ihre Stelle kann mit Erfolg auch mit Perborat behandelt werden.

Farbstoffe: Immedialblau CR ex konz.
Katigenmarineblau FF ex
Schwefelblau L ex
Thiogenneublau FBL, 3 GL
Immedialneublau G konz.

4. Nachbehandlung mit Metallsalzen.

Die meisten Farbstoffe können zur Erhöhung von Licht- bzw. Waschechtheit, Koch- und Überfärbeechtheit mit Chromkali und Kupfervitriol nachbehandelt werden. Außerdem verhindert diese Nachoxydation eine Änderung des Farbtons beim Liegen. Man spült die Färbungen und geht auf ein Bad von 70—80° mit

1—1,5% (0,5—0,8 g/l) Chromkali
0,5—1% (0,3—0,5 g/l) Kupfervitriol
2—3% (1—1,5 ccm/l) Essig- oder
0,4—0,6% (0,2—0,3 ccm/l) Ameisensäure

Man zieht etwa 20—30 Minuten um und spült gut.

Thiogenpurpur O wird nur mit Kupfervitriol nachbehandelt. Man färbe 2 Strähne, behalte einen als Vergleich zurück, der nicht nachbehandelt wird, beobachte die Tonänderung und prüfe evtl. die Echtheiten.

5. Nachbehandlung mit Natriumacetat oder -formiat.

Für alle sehr dunklen Töne und Schwarz, die später nicht in alkalische Behandlung kommen (Appretur) oder später sauer behandelt werden (avivieren, saures Färben von Halbwolle), gibt man dem letzten Spülbade essig- oder ameisensaures Natrium zu, um die etwa später sich in der Ware bildende gefährliche Schwefelsäure zu neutralisieren. Es wird ohne zu Spülen getrocknet. Man nimmt etwa 5—10 g/l Natriumacetat oder -formiat und behandelt einige Minuten bei etwa 35—40°.

6. Avivage.

Bei dunklen Tönen, vor allem bei Schwarz, wird zur Vertiefung des Tones, evtl. Entfernung der Bronze, Erhöhung der Weichheit des Griffes und Erzielung der Blume nach dem Spülen eine „Avivage" erteilt:

z. B. mit	2%	Seife (1 g/l)	20 Min. bei 60—80°, nicht spülen
	1—2%	Olivenöl (0,5—1 g/l)	
	0,25%	Soda calc. (0,2—0,3 g/l)	

Flotte 1:20. Man kocht Soda und Öl erst zusammen auf und gibt die entstandene Emulsion mit der Seife ins Bad. Die Emulsion des Öls kann auch mit Emulgatoren, wie Nekal AEM oder Prästabitöl FE vorgenommen werden (siehe S. 221 bei Avivage der Kunstseide).

Man färbe 2 Strähne und lasse einen ohne Avivage, um vergleichen zu können.

7. Säure im Spülbad.

Einzelne Farbstoffe bedürfen zur vollen Entwicklung der Nuance der Gegenwart von Säure (im letzten Spülbad). Man gibt je nach der Härte des Wassers: für mittlere Härte 2—5% (1 bis 2,5 ccm/l) Essigsäure oder 0,5—2% (0,3—1 ccm/l) Ameisensäure zu, zieht $^1/_4$ Stunde um, windet ab und trocknet.

Farbstoffe: Katigenbraun V ex
Katigenrotbraun 9 R ex
Schwefelgelb 4 G
Schwefelgelb G ex
Immedialgelb GG

2 Strähne färben, einen ohne Säure spülen und beide vergleichen.

8. Färben in lauwarmem Bade.

Folgende Farbstoffe lassen sich gut lauwarm färben oder kalt. Die anderen Zusätze usw. bleiben sonst wie S. 53.

Rot: Thiogendunkelrot R

Orange:

Gelb: Schwefelgelb 4 G, R ex, G ex
Immedialgelbolive 5 G, G

Grün: Katigenbrillantgrün 3 G
Immedialgrün GG ex
Immedialtiefgrün G
Schwefelolive FF ex
Immedialbrillantgrün G ex

Blau: Immedialindon R konz.
Immedialindogen GCL konz.
Schwefelbrillantblau CLB
Thiogenneublau BL
Katigendunkelblau R ex
Immedialgrünblau CV
Schwefelblau L ex

Violett: Immedialindonviolett B konz.

Braun: Immedialcatechu O, R
Immedialmarron B
Immedialprune S
Schwefelkorinth B
Thiogenbraun GC konz.
Schwefelbraun 2 G

Schwarz: Immedialcarbon B
Schwefelschwarz AWL ex
4B ex, FAG ex
Thiogenschwarz BRR ex
stark, ML ex stark, M
flüssig
Färbeweise und Zusätze wie S. 53

Küpenfarben.

Die Küpenfarbstoffe sind den Schwefelfarben in mancher Hinsicht verwandt, weil sie wie diese in Wasser unlöslich sind und mit einem Reduktionsmittel und Alkali in Lösung gebracht werden müssen. Es bildet sich dabei die bei den Küpenfarben meist anders gefärbte Leukoverbindung, aus der sich durch Oxydation an der Luft der eigentliche Farbton entwickelt. Außerdem gibt es eine Anzahl Küpenfarben, die Schwefel im Molekül enthalten und auch durch Schwefelnatrium gelöst werden können, während man sonst Hydrosulfit anwendet, z. B. Thioindigorot (frühere Bezeichnung) und einzelne Hydronfarben.

Mit Hinsicht auf ihre chemische Herkunft und die daraus sich ergebende Färbemethode kann man die Küpenfarben in 3 Gruppen einteilen: 1. Indigo und Verwandte, 2. Anthrachinon- und 3. Carbazolabkömmlinge (Hydronblau).

Die Indigoide, und auch Indigo selbst als Typus, können mit weniger Alkali gelöst und gefärbt werden und kommen so auch neben Baumwolle für das Färben tierischer Fasern in Betracht (Wolle, Seide). Die Anthrachinonfarben erfordern meist eine stärker alkalische Küpe und eignen sich daher mehr für vegetabilische Fasern. Auch Hydronblau ist mehr ein Farbstoff für Baumwolle, obwohl er auch auf tierische Fasern gefärbt werden kann.

Es ist für den Färber aber nicht zweckmäßig, diese Einteilung der Küpenfarben auf die Praxis zu übertragen, weil ihre wichtigsten färberischen Eigenschaften nicht berücksichtigt sind. Für die Färberei überwiegt aber die praktische Seite, und so ist hier die Einteilung der Farbenfabriken nach den Echtheitseigenschaften beibehalten. Man findet daher sowohl bei der Indanthren- als auch bei der Algolgruppe Anthrachinonabkömmlinge und Indigoide. (Über die Helindongruppe siehe bei Wolle.) Einen Gesamtüberblick über die Küpenfarben, sofern er nicht durch neuere Erfindungen überholt ist, geben Bohn, R.: Ber. Bd 43, S. 987 (1910) und Truttwin, H.: Enzyklopädie der Küpenfarben, 1920.

Von den im Handel befindlichen Farbstoffen seien hier die wichtigsten genannt:

Indigomarken, für Baumwolle, Wolle, Seide Indanthrenfarben } hauptsächlich für Algolfarben } Baumwolle Helindonfarben für Wolle Hydronblau usw. hauptsächlich für Baumwolle	Farbstoffe der I. G.

Cibafarben, Cibanonfarben — Ciba, Basel
Thinonfarben, Thinonchlorfarben — Geigy, Basel
Sandozenfarben, Sandoz, Basel.

Der Färbevorgang ist ähnlich wie bei den substantiven Farben auf Baumwolle. Die Küpenfarben haben mit Ausnahme von Indigo schon in der reduzierten, löslichen Form der Leukoverbindung mehr oder weniger große Zugfähigkeit und haften zum Teil schon als Leukobase fest auf der Faser[1]. Aber erst bei der auffolgenden Oxydation und Rückbildung des unlöslichen Farbstoffes erreicht die Färbung ihre hohen Echtheitseigenschaften.

Bei der Reduktion werden die Küpenfarben durch das Alkali (Natronlauge oder Kalk) in das betreffende lösliche Salz der sog. „Küpensäure" übergeführt.

Indigo

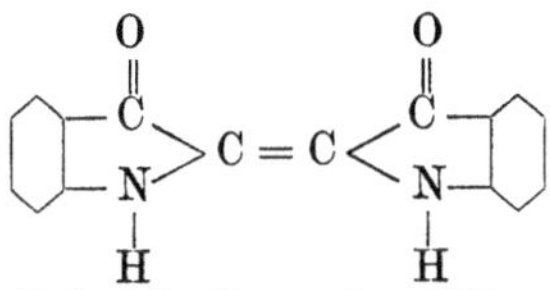

Reduzierter Indigo (Küpensäure.)
Indigweiß.

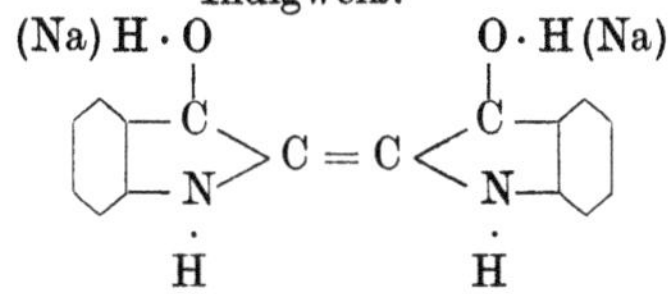

Beispiele für andere Küpenfarben:

a) für Indigoide: Indanthrenviolett RH:

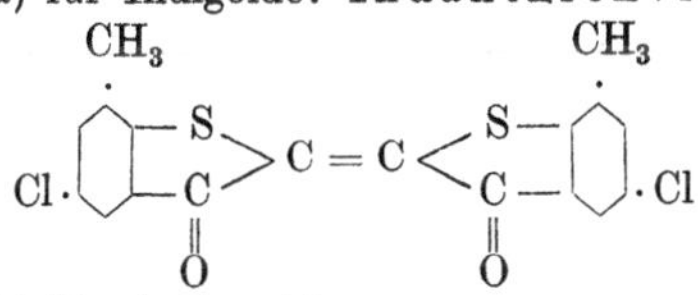

5 · 5′ · dichlor-
7 · 7′ Dimethylthioindigo.

b) für Anthrachinone:

Indanthrenblau 5G:

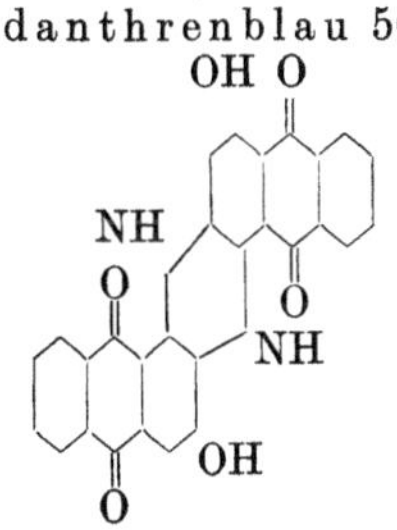

Indanthrenkorinth RK

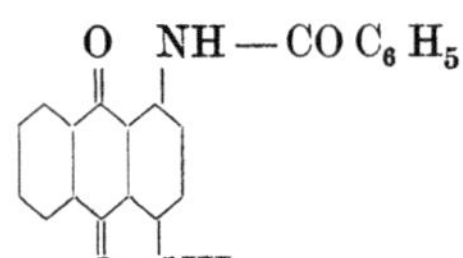

c) für Carbazole: Hydronblau:

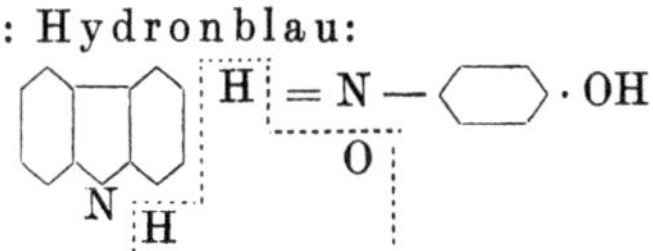

aus Carbazol u. p-Nitrosophenol.

[1] Pummerer: Ber. Bd. 44, S. 1651.

1. Indigo.

Die Küpe. Man unterscheidet hier zwei Arten von Bezeichnungen, die Färbeküpe (Färbegefäß, gleichzeitig auch Färbebad) und die Stammküpe (konz. Farbstofflösung).

Indigo und eine Reihe von anderen Küpenfarben bedürfen einer Stammküpe zur Bereitung der Lösung (Verküpung), weil bei diesen, damit sie in Lösung gehen, eine gewisse erhöhte Konzentration erforderlich ist (siehe die Sondervorschrift S. 68). Diese Stammküpe kann dann nach eingetretener Verküpung ganz oder teilweise in das zum Färben bestimmte Bad gegossen werden. Bei Indigo ist eine Stammküpe außerdem praktisch, weil man meistens in „Zügen“ färbt, d. h. den Farbstoff in mehreren Portionen zusetzt und vor jedem Zusatz die Ware herausnimmt, abquetscht und zur Oxydation eine Weile an die Luft hängt. Man erreicht damit allmählich die gewünschte Tiefe, die man auf einmal schwer und nicht so echt erzielt, weil der Indigo keine so große Affinität zur Faser hat wie die anderen Küpenfarben.

Jede Küpe braucht eine bestimmte Zeit zur Lösung bei einer bestimmten Temperatur. Genaue Angaben siehe S. 61ff.

Die Indigoküpe „steht“, sie ist richtig angesetzt, wenn sie klar gelb ist, wenn sie eine schaumige Blume trägt (die Farbe der Blume hat den Ton der eigentlichen Färbung). Sie braucht dann etwa 10—20 Sekunden zur Vergrünung, d. h. zur vollständigen Oxydation an der Luft, wenn man einen Tropfen auf einer Glasplatte oder Porzellan herunterlaufen läßt. Vergrünt sie viel schneller, so ist zu wenig Reduktionsmittel oder Alkali vorhanden und umgekehrt. Es muß dann mehr Reduktionsmittel und Alkali bei richtiger Temperatur zugegeben werden.

Die Verbesserung einer schlecht stehenden Küpe kann wie folgt geschehen: Man entnimmt 3 Proben aus der Küpe von etwa 50° und prüft, mit welcher man die besten Ergebnisse erhält, wenn man Nr. 1 mit Reduktionsmittel, Nr. 2 mit Alkali und Nr. 3 mit beiden zusammen auffrischt.

Beispiele für Indigoküpen. Der Indigo kann auf verschiedene Arten in Lösung gebracht werden. Hier einige Beispiele:

1. Die Vitriolküpe.
2. „ Zinkstaub-Kalkküpe.
3. „ Zinkstaub-Bisulfitküpe.
4. „ Hydrosulfitküpe.
5. „ Gärungsküpe (nur noch in einzelnen Ländern).

Die Küpen unterscheiden sich in ihrer Herstellung durch das Reduktionsmittel und das Alkali (teilweise).

3 und 4 sind sich ähnlich, bei 4 wird fertiges Hydrosulfit verwandt, bei 3 stellt man es in Lösung beim Ansetzen der Stamm-

küpe selbst her. Ein Überschuß an Alkali ist notwendig, um den reduzierten Indigo in Lösung zu halten. Die Menge von Reduktionsmittel und Alkali ist bei den hier angegebenen Beispielen evtl. für die Arbeiten im kleinen nach Bedarf etwas höher anzusetzen (etwa 25—50% höher als angegeben).

1. Vitriolküpe 2 Strähne (etwa 10 g), Flotte 1:30 bis 1:40, Färben bei 25°.

Beispiel:

3 g	Indigo-Pulver oder
15 g	Indigo-Teig, 20%, werden mit
30 ccm	Wasser von 60° gut angerührt (Reibschale). Vorher
20 g	Ätzkalk mit Wasser (50°) zu einem feinen, dünnen Brei löschen und $^{9}/_{10}$ davon mit dem Indigo vermischen (Rest zum Vorschärfen des Färbebades). Bei 60°. setzt man jetzt
18—20 g	Ferrosulfat kryst. (evtl. mehr) gelöst in
50 ccm	Wasser von 50—60° zu dem Indigokalk, rührt gut um, füllt mit Wasser von 50° auf 300 ccm auf und läßt unter gutem Rühren etwa 4—6 Stunden, evtl. über Nacht stehen. Küpe muß dann grüngelb aussehen. Das Färbebad (25°) schärft man vor, um den im Wasser befindlichen Sauerstoff zu binden, mit
1 g/l	Ferrosulfat kryst. (gelöst) und
1,5 g/l	Ätzkalk (gelöscht, Rest v. oben), gibt nach etwa $1^1/_2$ Stunde (umrühren)
10—15 ccm	Stammküpe hinzu und färbt bei 25° nach 1—3 Stunden Warten, (z. Absetzen) in 3—10 Zügen[1]. Gesamtverbrauch an Stammküpe je nach Tiefe und Zahl der Strähne etwa
30—100 ccm	oder mehr.

Die Eisenvitriolküpe darf keinen großen Überschuß an Eisensalz haben.

Die Temperatur darf nicht zu hoch sein, sonst geht durch zu starke Reduktion Indigo verloren.

Küpe nicht zu lange vor Gebrauch stehen lassen. Ist die Küpe zu grün, so wird am Abend nachgeschärft mit 0,5—1 g/l Ferrosulfat gelöst und 1—1,5 g/l gelöschtem Kalk.

Bodensatz ziemlich groß, auch Verluste an Indigo. Reaktionsgleichung $Fe\,SO_4 + Ca(OH)_2 = Fe(OH)_2 + CaSO_4$

$$2\,H_2O + 2\,Fe(OH)_2 + \text{Indigo} = 2\,Fe(OH_3) + (\text{Indigo}) + 2\,H)$$ [2].

2. Zinkstaub-Kalkküpe 2 Strähne, Flotte 1:30 bis 1:40, Färbebad 25°.

3 g	Indigo-Pulver oder besser
15 g	Indigo-Teig 20% werden mit
30 ccm	Wasser von 60° angeteigt und
3 g	Zinkstaub zugerührt. Vorher hat man
18 g	Ätzkalk mit Wasser (50°) zu einem feinen, dünnen Brei gelöscht und gibt etwa $^{9}/_{10}$ zu dem Indigo-Zink (Rest für das Vorschärfen). Das Ganze auf

[1] Ausführung des Färbens in Zügen S. 63.

[2] Siehe auch Beispiel S. 59.

200—300 ccm	auffüllen, etwa 50—60° warm halten und ab und zu rühren. Dauer etwa 3—5 Stunden oder länger, bis die Küpe gelb aussieht. Inzwischen das Bad vorschärfen mit
0,25 g/l	Zinkstaub (anteigen) und
1 g	Kalk (gelöscht), 1 Stunde warten, dann etwa
10 ccm	Stammküpe unter Rühren zusetzen und in 3—10 Zügen färben, sobald das Bad klar abgesetzt ist. Gesamtverbrauch je nach Tiefe 30—50 ccm und mehr. Falls die Küpe (Färbebad) zu grün ist, nachschärfen mit
0,5 g/l	Zinkstaub und
1 g/l	Kalk (gelöscht), am besten am Abend.

Reduktionsvorgang:

$$Zn + Ca(OH)_2 + \text{Indigo} = ZnO_2Ca + (2\,H + \text{Indigo})$$

siehe bei Vitriolküpe.

Auch bei dieser Küpe bildet sich ein starker Bodensatz, der Anlaß zu Indigoverlusten gibt.

Die Temperatur darf auch hier nicht zu hoch gehen, weil sonst die Farbstoffverluste größer werden.

3. Zinkstaub-Bisulfit-Küpe. 2 Strähne, Flotte 1:30 bis 1:40, Färbebad 25°.

a)	30 ccm	Bisulfit 32° Bé mischen in Portionen mit
	4 g	Zinkstaub, und das Gemisch unter gelegentlichem Schütteln kurze Zeit in Ruhe lassen.
	3 g	Indigo-Pulver oder entsprechenden Teig mit
	15—17 ccm	Natronlauge 40° Bé gut anteigen. Diesen Teig jetzt mit dem Zink-Bisulfit mischen und auf 50° erwärmen. In $1^1/_2$ Stunde ist der Farbstoff verküpt. Evtl. verdünnen. Inzwischen vorschärfen mit
	0,6 ccm/l	Bisulfit 32° Bé und
	0,1 g/l	Zinkstaub, 0,2 ccm/l Natronlauge konz., 1 Stunde warten, dann einen kleinen Teil der Stammküpe in das vorgeschärfte Bad gießen, rühren, absitzen lassen und färben. 3—5 Züge, Gesamtverbrauch je nach Tiefe.
b)	15 g	Indigo-Teig 20% mischen mit
	6 ccm	Wasser kalt und etwa
	12 ccm	Bisulfit 30° Bé. In dieses Gemisch trägt man
	2 g	Zinkstaub, angerührt mit warmem Wasser ein. $^1/_2$ Stunde gut schütteln und noch $^1/_2$ Stunde stehen lassen, dann zusetzen:
	8—10 ccm	Natronlauge konz. und mit heißem Wasser auf etwa
	100 ccm	auffüllen. Inzwischen das Färbebad vorschärfen mit
	0,5 ccm/l	Bisulfit 30° Bé und
	0,1 g/l	Zink, 0,2 ccm/l Lauge konz., eine Zeit warten, dann etwa
	10 ccm	Stammküpe zusetzen, absitzen lassen und färben in 3 bis 10 Zügen.

Falls die Küpe (Färbebad oder Stammküpe) nicht gelb genug ist, muß nachgeschärft werden mit etwa

2 ccm/l	Bisulfit 32° Bé	miteinander evtl. mit Wasserzusatz mischen und der Flotte nach etwa 10—15 Minuten zusetzen.
0,2 g/l	Zink	
0,2 ccm/l	Lauge konz.	

Chemischer Vorgang: Es bildet sich zunächst Hydrosulfit aus Zink und Bisulfit: $Zn + 4\,NaHSO_3 = ZnSO_3 + Na_2SO_3 + Na_2S_2O_4 + 2\,H_2O$. Das Hydrosulfit oxydiert sich unter Aufnahme von Sauerstoff durch Wechselwirkung zwischen Indigo, Hydrosulfit und Wasser, wobei der Indigo reduziert wird und durch die Lauge als Natriumsalz der Leukoverbindung in Lösung geht (siehe S. 59).

4. Hydrosulfitküpe. 2 Strähne, Flotte 1:30 bis 1:40, Färben bei 25—40°.

3 g	Indigo-Pulver oder
15 g	Indigo-Teig 20% werden mit
30 ccm	heißem Wasser (50°) angerührt, dann
10—13 ccm	Natronlauge 40° Bé konz. zugemischt und langsam unter gutem Rühren wenigstens
3 g	Hydrosulfit eingestreut. Die Stammküpe wird etwa auf 200 ccm verdünnt und etwa 1/2 Stunde bei 50° gehalten. Inzwischen wird das Färbebad mit
0,1 g/l	Hydrosulfit und
0,1 ccm/l	Lauge 40° Bé konz. vorgeschärft, 1/2 Stunde gewartet und
ein Teil der	Stammküpe zum 1. Zuge zugesetzt. Man kann sofort zu färben beginnen (3—10 Züge) mit jedesmaligem Nachsatz aus der Stammküpe und Nachschärfen mit etwa
0,2 g/l	oder mehr Hydrosulfit, wenn die Küpe beginnt zu schnell blau zu werden beim Herunterlaufen eines Tropfens auf einer Glasplatte oder Porzellan. (10—15 Sekunden ist etwa normal.)

Der chemische Vorgang ist ähnlich der Reduktion in der Zink Bisulfitküpe, nur daß hier das bereits fertige Hydrosulfit zur Reduktion gebraucht wird.

Die Hydrosulfitküpe wird jetzt viel verwandt, weil sie große Vorteile vor den anderen Küpen bietet.

Sie verursacht keine oder nur ganz geringe Farbstoffverluste.
Sie ist bequem anzusetzen.
Sie ist einfacher zu „führen" (zu kontrollieren und zu korrigieren).
Sie ist bedeutend rascher fertig zum Färben.
Sie hat keinen Bodensatz.
Sie kann evtl. bei schwer durchzufärbender Ware bis auf 35—40° erwärmt werden.

Ausführung des Färbens in Zügen. Je mehr Züge bei einer bestimmten Tiefe gefärbt werden, desto echter wird die Färbung. Sobald die Färbeküpe fertig ist, geht man mit der gut genetzten und abgewundenen, also noch feuchten Baumwolle ein, färbt unter der Flotte etwa 10—15 Minuten, indem man ständig langsam bewegt, nimmt heraus, windet ab, so daß die Flotte in das Bad zurückfließt, lockert gut auf, hängt etwa 20 Minuten an die Luft (draußen), bis alles richtig oxydiert (vergrünt) ist und geht dann zum 2. Zuge ein. Dem Bade hat man inzwischen Stammflotte und evtl. etwas Reduktionsmittel zugesetzt und gut umgerührt.

Nach der Vergrünung des letzten Zuges an der Luft wird gründlich gespült, wobei dem 1. Bade evtl. 1 ccm/l Salzsäure zugesetzt wird. Zum Schluß wird kochend geseift mit 2 g/l Soda und 5 g/l Seife und fertiggestellt.

Für Versuche färbe man — wenigstens bei einer Küpe — mehrere Strähne auf einmal und lasse nach jedem Zuge einen zum Vergleich zurück, oder man schneide von einem Lappen jedesmal ein Stück ab.

Nuancierung. Durch heißes Trocknen oder heißes Dämpfen erzielt man einen rötlichen Stich. Ebenfalls röter wird der Ton, wenn man vor dem letzten Zug säuert, spült und trocknet.

Verwendung. Für Leinen, für Baumwolle: (lose, im Garn und Stück, für die Druckerei, Kopse, Kettbäume, Kreuzspulen), für Wolle und Seide.

Echtheiten. Die Indigofärbungen werden durch das Licht allmählich heller, ohne an ihrer Schönheit einzubüßen. Die Färbungen reiben ab. Sonst ist der Farbstoff gegen alle anderen Einflüsse sehr widerstandsfähig. Einige Echtheiten, z. B. die Chlorechtheit wird merkwürdigerweise durch die einiger substituierter Indigos erheblich übertroffen. Auf Baumwolle ist die Licht-, Reib- und Waschechtheit nicht so gut wie auf Wolle.

Grundierung oder Aufsatz. Man stellt häufig Mischfärbungen her, um die Färbungen billiger zu machen und grundiert entweder den Indigo mit anderen, billigeren substantiven oder Schwefelfarben (die Liste der dazu geeigneten Farbstoffe siehe S. 50), oder man übersetzt z. B. mit substantiven und basischen Farben.

Beispiele. 7 Strähne: Nr. 1 grundieren mit substantiven Farben (1—2%) siehe S. 29; Nr. 2 grundieren mit Schwefelblau (5%); Nr. 3—7 nicht grundieren. Jetzt alle 7 mit Indigo auf einer Küpe blau färben. Strahn 1, 2 und 3 abnehmen. Strahn 4 substantiv überfärben mit blau (2—3%), Strahn 5 substantiv überfärben mit gelb (0,2—0,5%). Strahn 6 und 7 übersetzen mit basischen Farbstoffen, z. B.: Schmackieren mit 2—5% Schmackextrakt (1,5 bis 3,5 g/l), 0,5—1% Brechweinstein (0,5—1 g/l). Spülen und übersetzen wie üblich bei basischen Farben: Strahn 6 mit Blau (Methylenblau), Strahn 7 mit Auramin. Vergleichen der Färbungen im Ton und Echtheiten (Reibechtheit).

2. Die andern Küpenfarben.

Handelsnamen. A. I. G.-Farben:

a) Indanthren[1]- und Algolgruppe. Jene enthält eine Auswahl von Küpenfarben, die die besten Gesamtechtheiten aufweisen.

[1] In die Gruppe der indanthrenechten Farben sind von der I. G. noch etwa folgende wegen ihrer hohen Echtheiten besonders zugelassen: Türkisch-

Zur Algolgruppe gehören alle diejenigen, welche in ihren Gesamtechtheiten den anderen etwas nachstehen, aber in manchen Fällen deren Einzelechtheiten erreichen.

b) Hydronfarben.

B. Einige fremde Farben sind z. B. die Cibafarben (Ci), die Thinon-, Thinonchlorfarben (G), die Sandozenfarben (S).

Vorarbeiten. Netzen, Abkochen usw. geschieht wie bei den anderen Baumwollfarbstoffen.

Zusätze. 1. Gegen hartes Wasser empfiehlt sich, vor dem Färben etwa 10 ccm pro Liter einer Lösung in das Bad zu geben, bestehend aus 10 l Wasser, 10 l Netzöl (Prästabitöl oder ähnliches, Nekal BX trocken, Intrasol usf.), 1500 g Soda calc.

2. Glaubersalz oder Kochsalz wirken etwa wie bei den substantiven Farben.

3. Desgleichen die dort genannten Egalisierungsmittel, ebenso Dekol[1].

4. Hydrosulfit reduziert den Farbstoff zur der betreffenden Leukoverbindung. Ein geringer Überschuß ist nicht schädlich, eher im allgemeinen günstiger, weil dadurch das Färbebad langsamer ausgezogen wird. Die Färbung wird also leichter egal, und man erzielt besseres Durchfärben. Ein großer Überschuß ist zu vermeiden. Bei längerem Stehen an der Luft fällt ein Teil des Farbstoffes wieder aus, und die bereitete Farbstofflösung (Küpe) ist daher möglichst sofort zu verbrauchen.

5. Natronlauge ist zum Lösen des Farbstoffes notwendig[2]. Sie bewirkt bei Überschuß ebenfalls eine Verzögerung der Farbstoffaufnahme. Bei Mangel an einem oder an beiden Lösungsmitteln (4 und 5) wird der Farbstoff nur unvollkommen gelöst und schwimmt als feines Pulver, das die Färbung reibunecht macht, in der Flotte herum. Auch bei falscher Verküpungstemperatur wird meist nur ein Teil des Farbstoffes in Lösung gebracht. Man halte sich daher zur Erzielung einer einwandfreien Küpe möglichst an die S. 65 und 68 gemachten Angaben über Zusätze und Temperatur und beobachte die Verküpung genau.

Die Küpenfarben haben im Gegensatz zu Indigo genügend Affinität zur Baumwolle, so daß man in einem Zuge tiefe Färbungen bekommt.

---

rot (Altrot), Anilinoxydationsschwarz, Indocarbon CL konz., einige Naphtholfärbungen, Algolgelb GC in geringen Mengen als Mischfarbe für Grüntöne in Verbindung mit ganz bestimmten Indanthrenfarben, Indigosolgrün IB (vgl. Rundschr. Nr. 135 C d. I. G.).

[1] Dekol als Kolloid drängt gleichzeitig ein zu frühes Ausscheiden von Farbstoff zurück. [2] Es bildet sich dabei das Natriumsalz der Leukoverbindung (Küpensäure), siehe Beispiel: Indigo, S. 59.

Verwendung. Für Buntgewebe, Buntbleichartikel (Sodakoch-, Wasserstoffsuperoxyd-, Bäuchechtheit und Chlorechtheit), für Stückfärberei (Lichtechtheit), für Druckerei, für Stickgarne, für Effektfäden (Überfärbeechtheit) usw.

Als Fasern kommen in Frage: Baumwolle in jedem Stand der Verarbeitung, Kunstseiden außer Acetatseide, Seide (nur wenige). Auch andere vegetabilische Fasern. Für Wolle: Helindonfarben.

a) Indanthrenfarben.

1. Die meisten Indanthrenfarben werden nach 3 Verfahren gefärbt, die sich nur in den Zusätzen an Lauge, Salz und in der Färbetemperatur voneinander unterscheiden (IN, IW, IK).
2. Sondervorschriften gelten für:
   Indanthrenbrillantrosa B,
   Indanthrenbrillantrosa R,
   Indanthrenrotviolett RH, RRN,
   Indanthrenscharlach B,
   Indanthrengrau 6B,
   Indanthrenbraun RRD
   } mit Stammküpenansatz
3. Indanthrendirektschwarz RB Tg.
4. Indanthrenschwarz BB
   Indanthrenschwarz BGA
5. Indanthrendunkelblau GBE

I. Allgemeine Verfahren.

	IN.	IW.	IK.
Natronlauge (konz.)	**10—12** ccm/l	**3—5** ccm/l	**3—5** ccm/l
Hydrosulfit etwa: (gilt für alle 3 Verfahren)	bei hellen Färbungen (mit 1—10% [0,5—5 g/l] Farbstoffteig): **1—1,5** g/l, bei mittleren Färbungen (mit 10—20% [5—10 g/l] Farbstoffteig): **1,5—2,5** g/l, bei dunklen Färbungen (mit über 20% [10 g/l] Farbstoffteig): **2,5—4** g/l		
Glaubersalz calc. oder Kochsalz	hell: etwa **5** (**10** g/l) Kunstseide: 0—2,5 (0—5) g/l mittel: etwa **0—15** (**0—30**) g/l Kunstseide: 2,5—5 (5—10) g/l dunkel: etwa **15—20** (**30—40**) g/l Kunstseide: 5—10 (10—20) g/l Zahlen in Klammern: Glaubersalz kryst.		doppelte Menge wie IW.
Temperatur und Färbedauer:	alle 3: $^3/_4$—1 Stunde bei: 50—60°	45—50°	Zimmertemp.

Ansatz des Bades. Man enthärtet soweit nötig das Wasser, bringt auf die vorgeschriebene Temperatur, schärft vor mit

0,1 ccm/l Lauge 40° Bé und 0,1 g/l Hydrosulfit, gießt die Lauge zu und streut unter Umrühren das Hydrosulfit langsam hinein. Der sich bildende Schaum wird sorgfältig entfernt, der mit der etwa 10fachen Menge Wassers angerührte Farbstoffteig — richtige Temperatur — wird durch einen Lappen in das Bad gegossen und dieses nach Umrühren etwa 5—10 Minuten zur Lösung stehen gelassen. Nach erfolgter Verküpung[1] — klares Bad von vorgeschriebener Färbung (siehe S. 74) — setzt man das Salz zu, läßt auflösen (umrühren) und beginnt mit dem Färben.

Pulvermarken werden zunächst mit einigen Tropfen Alkohol angefeuchtet, mit etwas Netzöl (Monopolseife; Nekal, Lösung von 50 g/l) zu einem ganz gleichmäßigen Brei verrührt, der mit der etwa 10—20fachen Menge Wasser verdünnt als gleichmäßige Aufschlämmung wie oben angegeben dem Bade zuzusetzen ist, das also schon die Lösungsmittel enthält. Hier dauert die Verküpung etwa 10—20 Minuten, also doppelt so lange. Einige Farbstoffe werden anders in Lösung gebracht, und man beachte daher die S. 68 beschriebenen Sondervorschriften α—δ sowie Anmerkung 10, S. 72. Außerdem ist hinter jedem Farbstoffnamen, wenn nötig, auf die betreffende Anmerkung aufmerksam gemacht.

Das Färben. 1:40. Man taucht die genetzte, abgewundene Baumwolle in das vorbereitete Bad bei angegebener Temperatur — evtl. läßt man etwas abkühlen (siehe S. 68 den Abschnitt über Färben ganz heller Töne) —, zieht anfangs fleißig um und hantiert nachher langsamer, um unnötiges Schäumen zu vermeiden. Die Temperatur muß möglichst beibehalten werden.

Nach etwa $^3/_4$—1 Stunde wird aufgeschlagen (evtl. abgequetscht und verhängt) und sofort gespült. Dem ersten Wasser wird etwa 0,1—0,15 g/l Hydrosulfit beigegeben. Auf 2—3maliges Waschen folgt Absäuern mit etwa 1—2 ccm/l Schwefelsäure 66° Bé zur Entfernung der letzten Laugereste. Das Säuern darf aber erst erfolgen, wenn der Farbstoff schon vollkommen oxydiert ist (die Färbung muß egal aussehen). Die Säure wieder wird durch 1—2maliges Spülen entfernt, und zum Schluß wird der endgültige Farbton durch kochendes Seifen mit etwa 5—10 g/l Seife oder etwa 2—5 g/l Soda (je nach Härte des Wassers) entwickelt. Nach Auswaschen der Seife wird getrocknet.

[1] Man prüfe mit Indanthrengelbpapier (I. G.), das beim Eintauchen blau werden muß. Die Klarheit der Küpe kann auch durch Benetzen einer Glasplatte mit einem Tropfen der Küpe oder durch Eintauchen von Filtrierpapierstreifen geprüft werden. Es dürfen sich keine Körnchen ungelösten Farbstoffes von meist anderer Färbung als die Küpe zeigen, sondern die aufgezogene Schicht auf dem Papier muß ganz gleichmäßig gefärbt aussehen.

Bei ganz hellen Tönen, bei manchen Mischfärbungen und falls man einen unegalen Ausfall fürchtet, setzt man entweder das Salz etwas später zu oder läßt es ganz fort, nimmt Zuflucht zu Egalisierungsmitteln (Dekol usw.) oder beginnt zusammen mit diesen Vorsichtsmaßregeln das Färben bei niederer Temperatur. Man nimmt nur etwa die Hälfte der berechneten Flottenmenge, löst den Farbstoff bei der richtigen Temperatur im Bade auf, gießt die fehlende Menge kaltes Wasser zu und beginnt bei Zimmertemperatur. Während des Hantierens erwärmt man dann langsam auf die vorgeschriebene Höhe.

II. Sondervorschriften.

α) Sondervorschriften für:

Indanthrenbrillantrosa B, R
Indanthrenrotviolett RH, RRN
Indanthrenscharlach B
Indanthrengrau 6B
Indanthrenbraun RRD
} mit Stammküpenansatz

Ansatz der Stammküpe. Man verwende möglichst weiches Wasser (Kondenswasser). Der Farbstoff wird mit etwas Wasser gut durchgerührt. (Pulvermarken vor Anwendung von Wasser mit etwas Alkohol und Netzöl (Monopolseife) zu einer gleichmäßigen Paste anteigen.) Jetzt gießt man die unten angegebenen Mengen Lauge hinein, füllt mit der nötigen Menge warmem Wasser (siehe Tabelle) auf und streut unter Umrühren langsam das Hydrosulfit hinzu. Man läßt die Küpe etwa 20 Minuten stehen und hält dabei auf der vorgeschriebenen Temperatur. Die Lösung muß klar sein und kann bei Zeichen von Trübung oder Anwesenheit von festen Teilchen aufgebessert werden. Man versucht zuerst nur mit einem geringen Zusatz von Lauge oder nötigenfalls mit einem Nachsatz von Hydrosulfit, bis der Farbstoff vollkommen reduziert ist. Die Stamm- und auch die Färbeküpe nachher müssen die vorgeschriebene Färbung zeigen (siehe unten), wenn der Farbstoff richtig reduziert ist. Zum Ansetzen von 10 g Farbstoff in Tg. sind nötig:

	H_2O	NaOH konz. 40°Bé.	Mon.-Seife	Hydr.	Küpe	Bad	Farbe d. Küpe oder d. Bades
	ccm	ccm	g	g			
Ind.-brillantrosa B	120	6	2	3	70°	40—50°	rötl. gelb
Ind.-brillantrosa R	120	6	2	3	70°	40—50°	rötl. gelb
Ind.-rotviolett RH	100	4	2	2,5	60°	50—60°	olive
Ind.-rotviol. RRN	200	16	2	4	75°	50°	klar gelb
Ind.-scharlach B	100	4	1	3	60°	40—50°	olive
Ind.-grau 6B	100	4	4	4	40—50°	40—50°	gelbgrün
Ind.-braun RRD	200	4	2	4	75°	40—50°	gelbolive

Ansatz der Färbeküpe. Weiches Wasser nehmen. Etwas Lauge (0,1 ccm/l) zum Vorschärfen eingießen. Erwärmen auf richtige Temperatur. Etwas Hydrosulfit (0,1 g/l) einstreuen, umrühren. Gelösten Farbstoff durch Lappen in mehreren Teilen zusetzen. Gut umrühren und

Färben wie üblich. Nach Beendigung gleichmäßig abquetschen oder abwinden und zum Oxydieren an die Luft hängen. Dauer etwa $^1/_2$—1 Stunde (Auflockern). Darauf gut spülen und fertigstellen wie S. 67 angegeben.

Mischtöne. Für Mischtöne mit anderen Indanthrenfarben können genommen werden:

Indanthrenbrillantrosa B, R (JW)
Indanthrenscharlach B (JW, JK)
Indanthrenrotviolett RH (JN, W)
Indanthrenrotviolett RRN (JN, W, K)
Indanthrenbraun RRD (JN, W, K)
Indanthrengrau 6B (JW).

Die Farbstoffe müssen aber von den anderen getrennt verküpt werden.

β) Sondervorschrift für Indanthrendirektschwarz RB Tg. Man beschickt das etwa 60° warme Färbebad mit den unten angegebenen Mengen Lauge und Hydrosulfit und gibt den Farbstoffteig durch einen Lappen hinzu. Man rührt etwa 5 bis 10 Minuten vorsichtig um und beginnt mit dem Färben, nachdem man sich überzeugt hat, daß vollkommene Lösung eingetreten ist (dunkelblaue, klare Küpe), und daß die Temperatur noch etwa 60° beträgt. Auch am Boden dürfen sich keine Rückstände mehr absetzen.

Man hantiert etwa 1 Stunde bei gleichzeitigem Erwärmen auf 80°, schlägt auf, spült sofort gründlich, zuerst unter Beigabe von 0,1—0,15 g/l Hydrosulfit. Evtl. heiß seifen (nicht chloren!). Gebogene Stäbe verwenden. Flotte 1:20 (Kunstseide 1:30).

Zusätze	Grau	Schwarz	
		Baumwolle	Kunstseide
Indanthrenschwarz RB Tg.	5% (2,5 g/l)	40% (20 g/l)	etw. 30% (12 g/l)
Natronlauge 40° Bé (konz.)	12 ccm/l	30 ccm/l	färben
Hydrosulfit konz.	1,5 g/l	7 g/l	nach I. N.

γ) Sondervorschrift für Indanthrenschwarz BB und BGA (beide dopp. Teig). (Können auch nach IN gefärbt werden.) Man färbt anfangs bei 60, dann bei 80° etwa 1 Stunde mit den unten angegebenen Zusätzen, schlägt auf oder quetscht ab, spült gründlich, zuerst mit etwa 0,1—0,15 g/l Hydrosulfit.

Der eigentliche Schwarzton wird nun entwickelt mit einer Chlorkalk- oder mit Natriumhypochloridlösung von 0,5° Bé (2—3 g/l aktives Chlor) innerhalb $^1/_2$ Stunde bei gewöhnlicher

Temperatur. Nach dem Chloren wird gespült, gesäuert, gut gespült, durch Antichlor oder Bisulfit (0,5—1 g/l) genommen und heiß geseift. An Stelle von Chlor kann auch mit 2,5% Nitrit (1,3 g/l) und 5% Schwefelsäure 66° Bé (1,5 ccm/l) entwickelt werden, wobei man etwas blauere Töne erzielt. Die Säure wird gut ausgespült, dann wird heiß geseift und kalt gewaschen. Zum Färben gebogene Stäbe verwenden.

Flotte 1 : 20 (Kunstseide 1 : 30)

Zusätze:	Grau	Schwarz Baumwolle	Schwarz Kunstseide
BB dopp. Tg. oder BGA dopp. Tg.	5% (2,5 g/l)	30% (15 g/l	etw. 20% (7,5 g/l) färben
Natronlauge 40° Bé (konz.)	12 ccm/l	30 ccm/l	nach (I. N.)
Hydrosulfit	1,5 g/l	7 g/l	

δ) Sondervorschrift für Indanthrendunkelblau GBE Pulver. Flotte 1:20 (Kunstseide 1:30). Der Farbstoff wird mit der zum Färben nötigen Menge Netzmittel (Monopolseife, siehe unten) und etwas Wasser zu einem gleichmäßigen Brei verrührt, der nun in das nur etwa $^2/_3$—$^3/_4$ der gesamten Flottenmenge enthaltende Bad von etwa 70—75° gegossen wird. Nach etwa 5 Minuten ist der Farbstoff reduziert, die Küpe ist klar und blau. Man kühlt nun möglichst bald durch die fehlende Menge kaltes Wasser bis auf etwa 45—50° ab, schüttet das Salz hinein, läßt auflösen und färbt etwa $^3/_4$—1 Stunde auf gebogenen Stäben. Darauf abquetschen, spülen und nachbehandeln:

	Baumwolle:	Kunstseide mit:	
kochend heiß mit	5—12 ccm/l Indaphor A	2,5—9 ccm/l	bei 70—80°
	(je nach Tiefe der Färbung)		
	2 ccm/l Lauge	2 ccm/l	
	1,5—2 g/l Hydrosulfit	1,5—2 g/l	

Man behandelt 20—30 Minuten, spült, seift kochend heiß (Kunstseide bei 70—80°) und spült.

Farbzusätze:	Baumwolle Mittelblau	Baumwolle Dunkelblau	Kunstseide etwa
GBE Pulver	4% (2 g/l)	8% (4 g/l)	0,5— 2 g/l
Lauge 40° Bé (konz.)	10 ccm/l	20 ccm/l	2,5—10 ccm/l
Hydrosulfit	4 g/l	8 g/l	1— 4 g/l
Monopolseife od. ähnl.	2 g/l	4 g/l	0,5— 2 g/l
Glaubersalz	20—30 g/l	40—60 g/l	1,5— 7 g/l

Anmerkungen.

1. Will man bei Indanthrengelb G oder auch im allgemeinen das Oxydieren beschleunigen, so behandelt man nach voran-

gegangenem Spülen mit 0,5 g/l Chromkali und 1 ccm/l Schwefelsäure oder auch 2—3 g/l Perborat.

2. Bei dunklen Färbungen mit Indanthrenrosa B ist die Lauge (konz.) bis auf 8 ccm/l, bei Indanthrenbrillantrosa B und R bis auf 12 ccm/l bei Indanthrengoldorange G (IW) auf 10 ccm/l; bei Indanthrengelb GF auf 18 ccm/l zu erhöhen. Bei Indanthrenrot RK dagegen ist es zweckmäßig, nur 2—2,5 ccm/l Lauge anzuwenden, weil ein Überschuß daran die Erzielung tieferer Töne verhindert. Färbungen von Indanthrenbrillantrosa B und R können nur in Stärke von 1% Tg. und darüber als indanthrenecht (Indanthrengruppe) gelten.

3. Die mit Indanthrenblau GCD, RK, 3 GT, indanthrenbrillantblau R und besonders Blau RS und 3 G hergestellten Färbungen werden beim Chloren grüner. Der ursprüngliche Ton kehrt jedoch fast vollkommen wieder zurück, wenn man die Färbungen in einem kalten Spülbade mit etwa 0,15 g/l Hydrosulfit behandelt.

4. Indanthrenblau GC, RC und BCS werden am besten nicht über 50° gefärbt, da die Chlorechtheit der bei höherer Temperatur gefärbten Töne geringer ist.

5. Bei Indanthrenblaugrün B ist zur Erzielung guter Egalität und genügenden Durchfärbens ein Zusatz von 20 g/l Dekol oder 1,5 g/l Leim notwendig. Das gleiche ist von Nutzen überall da, wo man einen unegalen Ausfall fürchtet, besonders bei hellen Tönen mit Indanthrenbrillantgrün 4 G, Indanthrenviolett B, Indanthrenbrillantviolett 4 R, RR, 3 B, Indanthrenblau RC, Indanthrenkhaki GG, Algolbrillantgrün 5 G. Siehe auch den Abschnitt über helle Farben S. 68.

6. Bei feuchtem Bügeln oder Betupfen mit Wasser tritt bei Indanthrenviolett B, Indanthrenbrillantviolett 3 B, RR, 4 R, RK, BBK und Indanthrenolive R ein vorübergehender Umschlag im Farbton ein.

7. Sämtliche in der Tabelle S. 74 angeführten Farbstoffe sind für Apparatefärberei geeignet, mit Ausnahme von

Indanthrenbraun RRD	Indanthrengrau G, GK, 6 B und
Indanthrenblau RK	Indanthrenschwarz BB
Indanthrendunkelblau BO	

8. Für Mischungen sind im allgemeinen Farbstoffe von möglichst ähnlichen Eigenschaften zu wählen, also solche, die zum Verküpen annähernd gleiche Laugemengen brauchen, und deren Färbetemperaturen nicht zu weit auseinander liegen. Geeignete Farbstoffe siehe Kunstseide S. 212.

9. Bei Indanthrenblau 5 G ist die Nachbehandlung mit Soda an Stelle von kochender Seife nicht zu empfehlen. Ein Absäuern mit 1 ccm/l Schwefelsäure vor dem Seifen ist bei diesem Farbstoff und auch bei Indanthrenbrillantviolett RK und BBK unbedingt nötig. Indanthrenblau 5 G wird ohne Dekol gefärbt (siehe 11).

10. Indanthrengelb GK
Indanthrengoldorange 3 G
Indanthrenorange RRK
Indanthrenorange 6 RTK
Indanthrenrot BK
Indanthrenrot 5 GK
Indanthrenkorinth RK
Indanthrenblau RK
Indanthrenbraun FFR
Indanthrenbraun G
Indanthrenbraun GG
Indanthrenbraun R
Indanthrenbraun RT
Indanthrengelbbraun 3 G
Indanthrenolive R
Indanthrengrau K
Indanthrengrau GK

werden bei Anwendung des Verfahrens IK mit etwa der 10fachen Menge Wasser von 40—50° angerührt. Dann gibt man die zum Färben berechneten Mengen Lauge und Hydr. zu und läßt nach Umrühren etwa 15 Minuten bis zur Lösung stehen. Die klare, konzentrierte Küpe gießt man dann in die mit Salz versehene Flotte. Indanthrenbrillantviolett RK und BBK wird ebenso behandelt, nur nimmt man zum Anteigen die 20fache Menge Wasser von 60—70°. Auch Indanthrenbraun RRD wird mit 20facher Wassermenge bei 70—80° unter Zusatz von 3—5 g/l Monopolseife (siehe S. 68) angeteigt.

11. Indanthrengrün BB, GT und Indanthrenblau 5 G werden am besten nicht mit Dekol gefärbt, da die Nuance sich ändert (siehe auch 9).

12. Indanthrenscharlach B kann für Mischungen auch nach IW und IK benutzt werden, doch muß vorher, wie S. 68 beschrieben, eine Stammküpe getrennt angesetzt werden.

13. Der Farbstoff braucht etwa 30% mehr Hydr. als für IN angegeben.

Versuche und Ausfärbungen.

Die einmal angesetzten Farbstofflösungen sind möglichst sofort zu verbrauchen. Farbstoffe aus der Liste S. 74 auswählen.

1. Man färbe einzelne Farbstoffe der Liste S. 74 mit Flotte 1:40 auf je einen Strahn in Stärke von etwa 20% (10 g/l) Teig (einfach) aus und seife die Färbungen. Färbeverfahren auf S. 66. Stärkeverhältnis der Teigmarken usw. auf S. 74. Lösen des Farbstoffes und Beschreibung der Ausführung S. 67. Man beachte stets die in der Liste S. 74 bezeichneten Anmerkungen für bestimmte Farbstoffe auf S. 70. Für helle Färbungen nehme man vorgebleichte Baumwolle.

2. Wirkung des Hydrosulfits. 3 Strähne. 1 Farbstoff. Abgekochte Baumwolle. Strähne a, b, c.

Farbstoff 5% Pulver (2,5 g/l),
Lauge nach Vorschrift,
Hydrosulfit a) nach Vorschrift,
b) 2 ml,
c) 4 mal soviel wie die Vorschrift angibt.
Salz nach Vorschrift.
Flotte 1:40.

Bedingungen und Zusätze also überall gleich mit Ausnahme des Hydrosulfitzusatzes. Man vergleiche die Ausfärbungen in bezug auf Ton und Tiefe.

3. Wirkung der Lauge. Dasselbe wie oben, nur die Laugemengen verschieden groß: a) nach Vorschrift, b 2 mal, c) 4 mal soviel wie bei a.

4. Verschiedene Temperaturen. 3 Strähne, 1 Farbstoff. Alle Zusätze nach Vorschrift, nur die Temperatur verschieden. a) 20°, b) nach Vorschrift, c) 70°. Man beobachte das Färbebad und vergleiche die Ausfärbungen.

5. Verbesserung des Egalisierens. Man färbe einige, nicht helle Töne (2—3 g/l Farbstoffteig) mit schlecht egal färbenden Farbstoffen, einzeln oder in Mischung: einmal ohne, einmal mit Anwendung von Maßnahmen zur Förderung des Egalisierens, z. B. Zusätze, Temperaturerniedrigung bei Beginn des Färbens, abweichend von der eigentlichen Färbetemperatur, Erhöhung der Lauge- oder Hydrosulfitmenge, Herabsetzung des Salzzusatzes usw. (siehe S. 68). Geeignete Farbstoffe: Indanthrenorange 4R, Indanthrenviolett B, Indanthrenblaugrün B, Algolbrillantgrün 5G.

6. und 7. Wirkung des Verhängens und des Seifens bei einzelnen Farben. 6. Man färbe 2 Strähne gemeinsam mit einem Farbstoff der Sondervorschrift S. 68. Der eine wird etwa 1 Stunde vor dem Spülen an die Luft gehängt, der andere sofort gespült und dann beide zusammen fertiggestellt. Flotte und Zusätze etwa wie bei Versuch 1. — 7. Man färbe je 2 Strähne gemeinsam mit beliebigen Farbstoffen und stelle sie fertig bis auf das Seifen, das man nur mit einem ausführt, und vergleiche dann die beiden Färbungen.

8. Man stelle mehrere Färbungen mit Farbstoffmischungen, evtl. nach einer Vorlage (Muster) her und halte sich dabei an die Beispiele S. 212, bei Kunstseide (siehe auch die Bemerkungen S. 68).

9. Man prüfe einige der bereits durchgeführten Färbungen auf ihre Chlor- und Sodakochechtheit usw.

Tabelle einiger Indanthrenfarbstoffe.

Farbkarten für Indanthrenfarben Nr. 1 und 4 der I. G.
Farbkarte für Algolfarben Nr. 15 C der I. G.
n: zum Abtönen; Sd: Sondervorschrift; KS: auch für Kunstseide geeignet.
Anmerkungen genau durchlesen!

	Verfahren s. S. 66	Es entsprech. Teile: Teig einf.	Teig dopp.	Pulv.	Farbe der Stamm- und Färbeküpen	Anm. S. 70	
Rot:							
Ind.-bordo B	IW — —	—	8	1	olive	—	KS
Ind.-rot RK	IK evtl. IWn	8	—	1	weinrot	2	„
Ind.-rot BK	IK	8	—	1	bordo	10	„
Ind.-rot GG	IW evtl. IK	—	2	1	violett	—	„
Ind.-scharlach B	Sd S. 68	4	—	1	dunkelolive	12	„
Ind.-scharlach R	IW	5	—	1	rotviolett	—	„
Ind.-rubin R	IN evtl. IW	6	—	1	blaugrün	14	„
Ind.-rosa B	IK evtl. IWn	5	2,5	1	trübviolett	2	„
Ind.-brillantrosa B	Sd S. 68	6	—	1	gelb	2	„
Ind.-brillantrosa R	Sd S. 68	6	—	1	gelb	2	„
Ind.-korinth RK	IK	8	—	1	bordo	10	„
Orange:							
Ind.-goldorange 3G	IW evtl. IK	8	—	1	braun	10	„
Ind.-goldorange G	IN evtl. IW	8	4	1	rot	2	„
Ind.-orange RRK	IK evtl. IW	8	—	1	gelbrot	10	„
Ind.-orange RRT[1]	IN evtl. IW	5	—	1	rotviolett	10	„
Ind.-orange 4R	IN	5	—	1	violett	—	„
Ind.-orange 6RTK	IK	8	—	1	gelbrot	10	„
Ind.-brillantorange GK	IK evtl. IW	6	—	1	rotviolett	—	„
Ind.-brillantorange RK	IK evtl. IW	6	—	1	rotviolett	—	„
Gelb:							
Ind.-gelb 5GK	IK evtl. IW	—	2	1	weinrot	—	„
Ind.-gelb G	IN evtl. IW	—	4	1	blau	1	„
Ind.-gelb GK	IK	8	—	1	bordo	10	„
Ind.-gelb 3R	IW, IN, IK	6	—	1	braunrot	—	„
Ind.-gelb 3GF	IW evtl. IN	—	4	1	graugrün	—	„
Grün:							
Ind.-grün BB	IN — —	8	—	1	grün	11	„
Ind.-grün G	IN — —	—	2	1	dunkelblau	13	„
Ind.-grün GT	IN — —	6	—	1	blaugrün	11	„
Ind.-brillantgrün B	IN, IW, IK	—	2	1	blau	—	„
Ind.-brillantgrün GG	IN, IW, IK	—	2	1	blau	—	„
Ind.-brillantgrün 4G	IN, IW, IK	—	2	1	blau	5	„
Ind.-blaugrün B	IN — —	—	4	1	blauviolett	5	—
Olive:							
Ind.-olive GN	IW — —	6	—	1	rotbraun	—	—
Ind.-olive 3G	IW evtl. IKn	6	—	1		—	—
Ind.-olive R	IW evtl. IK	8	—	1	blaugrau	—	KS
Khaki:							
Ind.-khaki GG	IN — —	8	—	1	rot	—	—

[1] As Pulver RRTS.

	Verfahren s. S. 66	Es entsprech. Teile: Teig einf.	Teig dopp.	Pulv.	Farbe der Stamm- und Färbeküpen	Anm. S. 70	
Blau:							
Ind.-blau 5G	IN — —	8	—	1	grauolive	9,11	KS
Ind.-blau 8GK	IK — —	2	—	1	braunviolett	—	„
Ind.-blau BCS	IN — —	nur Pulver			blau	4	„
Ind.-blau GCD[1]	IN, IW, IKn	—	5	1	GCDN blau	3	„
Ind.-blau RS[1]	IN — —	—	4	1	RSN blau	3	„
Ind.-blau RK	IK — —	8	—	1	rotbraun	3,10	„
Ind.-dunkelblau BOA	IN — —	4	—	1	dunkelviolett	—	„
Ind.-dunkelblau BGO	IN — —	4	—	1	dunkelviolett	—	„
Ind.-marineblau R	IN oder IW	5	—	1	grünlichblau	—	„
Ind.-marineblau G	IN oder IW	3	—	1	blau	—	„
Ind.-dunkelblau GBE	Sd S. 70	nur Pulver			blau	—	„
Ind.-brillantblau 3G	IW evtl. IN	8	—	1	dunkelblau	—	„
Violett:							
Ind.-rotviolett RH	Sd S. 68	$4^1/_2$	—	1	olive, langs. fuchsinrot	—	—
						—	„
Ind.-rotviolett RRN	Sd S. 68 (auch IN z. Nuancieren)	$4^1/_2$	—	1	klargelb	—	„
Ind.-rotviolett RRK	IK evtl. IW	8	—	1	violett	—	„
Ind.-brillantviolett 4R	IN evtl. IW	3	—	1	klarblau	5,6	„
Ind.-brillantviolett RK	IK evtl. IW	8	—	1	rotbraun	9	„
Ind.-brillantviolett 3B	IN evtl. IW	2	—	1	rotbraun	5,6	„
Ind.-brillantviolett BBK	IK evtl. IW	8	—	1	rotbraun	9	„
Ind.-violett FFBN	IW, IN, IKn	4	—	1	grünlich blau	—	„
Braun:							
Ind.-rotbraun 5RF	IW evtl. IK	8	—	1	rotbraun	—	„
Ind.-braun 3R	IW — —	8	—	1	trübviolett	—	„
Ind.-braun FFR	IW — IK	8	—	1	rotbraun	10	„
Ind.-braun GG	IW — IK	8	—	1	„ bei Anwendg. v. IK s. Anmkg.	10	„
Ind.-braun R	IW oder IK	8	—	1	„		„
Ind.-braun G	IW oder IK	8	—	1	„		„
Ind.-braun 3GT	IW evtl. IKn	8	—	1	gelbbraun	—	„
Ind.-braun RRD	Sd S. 68	5	—	1	gelbolive	—	—
Ind.-braun BR	IW evtl. IK	8	—	1	gelbbraun	—	„
Grau:							
Ind.-grau GK	IK — —	8	—	1	gelbbraun	7,10	„
Ind.-grau 6B	Sd S. 68 (z. Nuancieren auch nach IN)	$3^1/_2$	—	1	gelbgrün	7	„
Ind.-grau RRH	IN evtl. IW	3	—	1	blaugrau	—	„
Schwarz:							
Ind.-schwarz BB	Sd S. 69	—	$3^1/_2$	1	dunkelviolett	7	„
Ind.-schwarz BGA	Sd S. 69 (beide evtl. auch nach IN)	—	4	1	blauviolett	—	„
Ind.-direktschwarz RB	IN — — oder Vorschriften S. 69	3	—	1	dunkelblau	—	„

[1] Als Pulver GCDN bezw. RSN.

Das Färben der Algol- und andern Küpenfarben (Ciba-, Cibanon-, Thinonfarben usw.) erfordert kein besonderes Studium, da die Verfahren im allgemeinen die gleichen sind wie bei den Indanthrenfarben, z. B. Algolbordo B Verfahren IW, Algolgelb GC Verfahren IN, IKn, IWn usw. Vergleiche die Farbkarten der Fabriken, z. B. Karte für Algolfarben Nr. 15 C. der I. G. usw.

Die Algolfarben sind, wie schon erwähnt, von etwas geringerer Echtheit als die Indanthrenfarben. Die andern, fremden schon genannten Küpenfarben (S. 65) sind unterschiedlich. Genauere Angaben sind in den Echtheitstabellen und Rundschreiben der einzelnen Fabriken enthalten.

b) Hydronfarben.

Die Hydronfarben sind Küpenfarben, die mit Schwefelnatrium und Hydrosulfit gleichzeitig verküpt werden können. Man arbeitet wie bei den Küpenfarben üblich, und es gelten auch die dort gegebenen Richtlinien.

Das Anteigen der Pulvermarken geschieht mit der berechneten Menge Lauge, und evtl. der $^1/_2$fachen Menge Monopolbrillantöl vom Farbstoffgewicht und Übergießen mit heißem Wasser.

Das Färbebad wird beschickt mit:

Farbstoff Pulv., vorher angeteigt	12% (6 g/l)
Schwefelnatrium kryst.	60% (30 g/l)
Lauge 40° Bé (konz.)	30% (11 ccm/l)
Hydrosulfit	12% (6 g/l)
Glaubersalz	50 g/l

Für Schwarz wird entsprechend mehr Farbstoff genommen (etwa 60% Tg. [30 g/l]). Der angeteigte Farbstoff wird durch einen Lappen in das Färbebad von 40—60° gegossen, und nach der Verküpung beginnt man mit dem Färben. Es wird bei 40—60° oder bei helleren Farben etwas niedriger gefärbt und nach etwa 1 Stunde abgequetscht und gespült. Dem ersten Spülbad kann man etwa

0,1 g/l Schwefelnatrium
0,1 g/l Hydrosulfit und
0,1 ccm/l Lauge

zusetzen.

Zum Abschluß wird 2mal kochend heiß gespült und dabei einige Male umgezogen, oder wenn der Farbton etwas lebhafter ausfallen soll, kann in ein heißes Spülbad von 60—80° etwa (0,5—1 g/l) 1—2% Perborat gegeben und darin $^1/_2$ Stunde umgezogen werden. Ein kochend heißes Seifen ist nicht notwendig.

Farbstoffe: Karte 3513 (Beispiele Muster 1—44) v. Cassella, jetzt I. G.

Hydronblau G, B, R Teig 30% ig Hydronschwarzblau G, GG Teig 30% ig Hydronviolett B, R Teig 20% ig Hydronmarineblau C Teig 30% ig	in bezug auf Pulverstärke

3. Indigosole.

Die Indigosole sind wasserlösliche, esterartige Verbindungen von zunächst vereinzelten Küpenfarben. die eine Vereinfachung des Färbeverfahrens für diese Farbstoffklasse einleiten. Man färbt sie nach Art der substantiven Farbstoffe unter Zusatz von Salz mit nachfolgender Entwicklung in Oxydationsbädern bei gleichzeitiger Verseifung des Esters, hat also keine Küpe mehr nötig.

Die Löslichkeit und die Substantivität (Aufziehvermögen) der Indigosole ist verschieden und im allgemeinen gering. Danach richtet sich der Salzzusatz. Siehe die Tabelle S. 79 und die Anmerkungen S. 78.

Die Entwicklung der Farbtöne kann nach 3 Verfahren durchgeführt werden:

a) mit Nitrit b) „ Bichromat c) „ Eisensalzen[1]	bei Gegenwart von Schwefelsäure.

Färbebad. Flotte 1:8 bis 1:10, da die Bäder wegen der geringen Substantivität der Indigosole konzentriert angewandt werden müssen

Entwicklungsbad 1:20. Man färbe ein Stück gebleichte Baumwolle möglichst in der Breite der Walzen der Klotzmaschine, falls eine solche vorhanden ist. Die für jeden Farbstoff geeigneten Verfahren, sowie die Zusätze für Färbebad und Entwicklung (2 Farbtiefen) sind in der Tabelle S. 79 aufzusuchen

a) Nitritverfahren. Man löst den Farbstoff in höchstens 80° heißem Wasser auf, evtl unter Zusatz von Nekal BX tr (1 g/l). Der Farbstoff wird mit Nekal und wenig Wasser angerührt und dann mit mehr Wasser übergossen. Das Lösen der Indigosole darf nicht unter Kochen erfolgen, da sonst Verseifung und damit Zersetzung eintreten kann.

Inzwischen beschickt man das Färbebad nach der Tabelle S. 79 und geht mit der gut genetzten Baumwolle ein. Färbezeit etwa $^3/_4$ Stunde.

Jetzt quetscht man zwischen Walzen ganz gleichmäßig aus und entwickelt sofort oder trocknet, wenn dieZeit knapp ist, vorher

[1] $FeCl_3$ oder $Fe_2(SO_4)_3$

(Vorsicht beim Trocknen vor Feuchtigkeit, Säure, Sonnenlicht usw.).

Entwicklungsdauer etwa 10 Minuten. Darauf wird gründlich gespült und dem letzten Bade 0,5 g/l Soda zugesetzt. Zum Schluß zur Entwicklung des Tones seift man wie üblich kochend heiß, spült und trocknet.

Bei sehr dunklen Tönen färbt man am besten nach einem der beiden anderen Verfahren, um ein Aussalzen durch den zu hohen Nitritgehalt des Bades zu vermeiden.

b) Bichromatverfahren. Gefärbt wird bei a ohne Nitritzusatz. Ebenso entwickelt man bei den in der Tabelle angegebenen Temperaturen und stellt fertig wie bei a angegeben. Eignet sich nicht für alle Indigosole.

c) Eisensalzverfahren. Ausführung wie bei b. Die Entwicklung dauert hier länger (20—30 Minuten), weil die Eisensalze langsamer wirken, und wird bei etwa 60° durchgeführt. Eignet sich nicht für alle Indigosole.

Verwendung der Indigosole: Für Baumwolle, „ Wolle, „ Seide, „ Kunstseide — meist für Stück.

Anmerkungen. 1. Höchste Glaubersalzmenge[1] für:

	a.	b.	c.	
Indigosolrot	HR		-scharlach	HB
Indigosolgelb	HCG		-rosa	IR ex
Indigosolgrün	IB		-orange	HR
Indigosolviolett	AZB			
Indigosolschwarz	IB			
Indigosol O,	OR	O4B		
Indigosol	AZG	HB		
Bei Farbstoffmengen von	20	20	10 g/l an	
Gl-salz calc bis zu	100	50—75	10—15 g/l (Bei Nitritverfahren kein Salz, da Nitrit schon aussalzend wirkt.)	

2. Die Indigosole egalisieren im allgemeinen gut und färben gut durch. Die Färbungen müssen allerdings ganz gleichmäßig abgequetscht werden. Das gute Egalisieren und Durchfärben kann auf die sehr feine Verteilung des Farbstoffes in der Lösung (Dispersität) zurückgeführt werden.

3. Bei hellen Färbungen mit Indigosol O und OR entwickelt man bei 25—30°.

4. Indigosol O und OR werden nur bei 50° geseift.

5. Die Farbbäder der Indigosole sind gut haltbar.

6. Mischtöne werden bei etwa 45—50° gefärbt und entwickelt bei etwa 50° unter Zusatz von

[1] Man nimmt am besten hier calc. Glaubersalz, um durch den Wassergehalt des krystallisierten Salzes (142:180) die Flotte nicht zu verdünnen.

I. 20—25 ccm/l Schwefelsäure 66° Bé und
20 g/l Eisenchlorid bei hellen oder
25—30 g/l Eisenchlorid bei dunklen Tönen
bei Anwendung des Eisensalzverfahrens.
II. 20—25 ccm/l Schwefelsäure 66° Bé und
10—15 g/l Chromkali oder -natrium
beim Chromverfahren.
III. 20—25 ccm/l Schwefelsäure 66° Bé
bei Anwendung des Nitritverfahrens.
Dem Färbebade werden dann etwa
10 g/l Nitrit für hellere Töne oder etwa
15 g/l Nitrit für dunkle Töne zugegeben.

Man mischt am besten solche Indigosole zusammen, die annähernd gleiche Löslichkeit besitzen, damit sie bei Zusatz von Salz möglichst gleich rasch aufziehen.

Der Salzzusatz richtet sich dann nach der Tiefe der Töne und dem Grad der Löslichkeit der Indigosole (siehe Anmerkung 1, S. 78).

Beispiele für Indigosolfärbungen.

Farbkarte z. B.: Sol 7 B d. I. G. od. Durand-Huguenin, Basel

N: Nitritverfahren Zahlen bedeuten: g/l oder ccm/l Flotte.
Cr: Chromverfahren
Fe: Eisenverfahren

Vor Anwendung eines Farbstoffes: Anmerkung lesen S. 78.

	Färbebad					Entwicklungsbad				
	Verfahren	Farbst.	Glaubersalz calc.	Nitrit	Temp.	Chromkali	oder Ferrisalz	Schwefelsäure 66° ccm/l	Temp.	Anmerkg.
Indigosol-scharlach HB .	N	0,7	15	10	50°	—	—	25	60°	1c, 2
	Cr	1	20	—	50°	10	—			
	N	6	20	15	60°	—	—			
	Cr	6	25	—	60°	10	—			
Indigosolrot HR	N	0,5	30	10	40°	—	—	25	60°	1a, 2
	Cr	0,5	30	—	40°	10	—			
	N	3,5	80	15	40°	—	—			
	Cr	5	100	—	40°	10	—			
Indigosolrosa IR ex.........	N	0,8	15	10	45°	—	—	25	60°	1c, 2
	Cr	0,8	15	—	45°	10	—	25		
	N	12	—	15	60°	—	—	30		
	Cr	12	10	—	60°	10	—	30		

	Färbebad					Entwicklungsbad				
	Verfahren	Farbst.	Glaubersalz calc.	Nitrit	Temp.	Chromkali oder	Ferrisalz	Schwefelsäure 66° ccm/l	Temp.	Anmerkg.
Indigosolorange HR	N			8		—	—	20	55°	
	Cr	0,5	30	—		10	—	20	55°	
	Fe			—		—	20	20	55°	
	N		10	15	40°	—	—	25	60°	1c, 2
	Cr	5	15	—		10	—	25	60°	
	Fe		15	—		—	20	25	60°	
Indigosolgelb HCG	N			8		—	—	20	30°	
	Cr	0,5	30	—		8	—	20	30°	
	Fe			—	30°	—	20	20	55°	1a, 2
	N		100	15		—	—	25	55°	
	Cr	4	80	—		10	—	25	55°	
	Fe		80	—		—	20	25	55°	
Indigosolgrün IB	N	1,2	30	10	40°	—	—	20		
	Fe	1	30	—	40°	—	20	20		
	N	12	100	15	45°	—	—	25	50°	1a, 2
	Fe	10	100	—	45°	—	25	25		
Indigosol O	N	3	50	10	25°	—	—	20	25°	
	Fe	2,5	40	—	25°	—	20	30	25°	1a, 2
	N	20	100	15	40°	—	—	25	40°	3
	Fe	20	100	—	40°	—	25	30	40°	4
Indigosol OR...	N	1,5	30	10	30°	—	—	20	40°	
	Fe	1,5	30	—	30°	—	15	20	40°	1a, 2
	N	20	100	20	40°	—	—	25	45°	3
	Fe	20	100	—	40°	—	25	25	45°	4
Indigosol O4B..	N	0,8	20	10	45°	—	—	25	50°	
	Fe	1,6	30	—	45°	—	25	30	55°	
	N	4	40	15	50°	—	—	30	50°	1b, 2
	Fe	8	80	—	50°	—	30	30	60°	
Indigosol HB ..	N			10		—	—	20	45°	
	Cr	0,6	40	—	45°	10	—	20	45°	
	Fe			—		—	20	25	50°	
	N			15		—	—		50°	1b
	Cr	4,5	70	—	50°	15	—	30	50°	
	Fe			—		—	30		60°	

	Färbebad					Entwicklungsbad				
	Verfahren	Farbst.	Glaubersalz calc.	Nitrit	Temp.	Chromkali oder	Ferrisalz	Schwefelsäure 66° ccm/l	Temp.	Anmerkg.
Indigosol AZG .	N	0,8	30	10	50°	—	—	25	60°	2
	Cr	0,8	40	—		10	—	25	50°	
	Fe	1	40	—		—	20	25	60°	
	N	8	75	15		—	—	30	60°	
	Cr	8	75	—		15	—		50°	
	Fe	8	75	—		—	30		60°	
Indigosolviolett AZB	N	0,5	10	10	45°	—	—	25	60°	1a, 2
	Cr	0,8	25	—		10	—			
	N	3	20	15		—	—			
	Cr	4	30	—		10	—			
Indigosolschwarz IB	N	0,8	40	10	40°	—	—	20	50°	1a, 2
	Fe	0,8	40	—	40°	—	20	20	50°	
	N	12	100	15	50°	—	—	25	60°	3
	Fe	12	100	—	50°	—	30	25	60°	

Beizenfarben (Türkischrot).

Die Beizenfarben haben für Baumwolle keine so hohe Bedeutung mehr. Hauptvertreter ist das Türkischrot[1], das früher nach kompliziertem Verfahren hergestellt wurde, und das lange Zeit zum Färben in Anspruch nahm. Das sehr echte Rot kommt dadurch zustande, daß sich aus Alizarin und Tonerde unter Beteiligung von Türkischrotöl, Kalk- und Zinnsalzen ein sehr echter, unlöslicher Lack auf der Faser bildet. Hier sei für Laboratoriumsversuche ein vereinfachtes, neueres Verfahren angeführt, das Neurotverfahren[2]:

1. Abkochen. Das rohe Garn wird mit 3% calc. Soda oder Wasserglas von 40° Bé im Hochdruckkessel bei 2 Atm. Druck 4 Stunden abgekocht und hierauf gut gewaschen und getrocknet.

2. Ölen. Das getrocknete Garn wird mit 120—150 g Türkischrotöl 50% im Liter geölt und darauf bei 65° C getrocknet.

3. Beizen. 4 kg eisenfreie schwefelsaure Tonerde werden in 16 l Wasser gelöst und nach dem Erkalten mit 450 g calc. Soda, welche vorher in 4 l

[1] Die stärksten Konkurrenten des Türkischrot sind die sehr echten Naphthol AS-Farben.

[2] Meister, Lucius u. Brüning: Ratgeber für das Färben von Baumwolle. S. 136. 1925.

Wasser gelöst wurden, versetzt und hierauf 100 g Schlämmkreide, mit Wasser zu einem Brei angerührt, zugefügt. Nachdem die Kohlensäureentwicklung aufgehört hat, werden 300 ccm Essigsäure 50% zugefügt und vor Gebrauch die konzentrierte Beize mit Wasser auf 8° Bé verdünnt. Das trockene geölte Garn wird durch die auf 30° C angewärmte Beize passiert, über Nacht in einen Bottich eingelegt, ausgeschleudert und bei höchstens 45° C getrocknet.

4. Fixieren. Auf den Liter Fixierflotte werden 5 g Schlämmkreide oder 2,5 g Schlämmkreide und 2,5 g phosphorsaures Natron angewendet. Das trockene gebeizte Garn wird auf der Wanne $^1/_2$ Stunde bei 50° C umgezogen und gut gewaschen.

5. Färben. Gewöhnlich werden 8% Alizarin 20% angewendet. Bei einem Gebrauchswasser von 6 deutschen Härtegraden setzt man der Farbflotte 10% essigsauren Kalk 18° Bé und 3% Tannin (beides auf Alizarin bezogen) zu, färbt $^1/_2$ Stunde kalt, geht innerhalb 1 Stunde auf 90° C und hält die Temperatur noch $^1/_2$ Stunde auf 90° C. Hierauf wird einmal gespült, ausgeschleudert und getrocknet. Ein Zusatz von 2% Türkischrotöl 50% (vom Garngewicht) zum Färbebad erhöht die Lebhaftigkeit der Farbe.

6. Dämpfen. Man dämpft 2 Stunden bei 1 Atm. Druck.

7. Seifen. Das gedämpfte Garn kann auf der Wanne bei 90° C mit 2 g Seife im Liter Wasser geseift werden; dann wird gewaschen und bei niederer Temperatur getrocknet. Feuriger und echter wird das Rot, wenn im Avivierkessel 2 Stunden bei 1 Atm. Druck mit 2 g Seife, 0,3 g Solvaysoda und 0,1 g Zinnsalz im Liter Wasser gekocht wird.

Entwicklungsfarben.

(Farbstoffe, die durch Vereinigung ihrer Bestandteile oder z. B. durch Oxydation [Anilinschwarz] in der Faser zustandekommen.)

Von den zu dieser Kategorie gehörenden Farbstoffen sollen hier nur zwei Gruppen, die praktisch wichtigsten, zu Ausfärbungen herangezogen werden:

A. Die unlöslichen Azofarbstoffe, gebildet auf der Faser durch Kupplung eines Naphthols (β-Naphthol oder anderer) mit einer diazotierten Base. a. Eisfarben. b. Naphthol AS-Farben.

B. Anilinschwarz, erzeugt durch Oxydation von Anilin u. dgl. auf der Faser.

1. Die Azofarbstoffe.

Tränkt man mehrere Strähne Baumwolle mit einer Lösung von β-Naphthol-Natrium, trocknet sie und taucht jeden in die meist essigsauren Lösungen verschiedener diazotierter Basen, so erhält man eine Reihe von Färbungen verschiedener Nuance, die Eisfarben genannt werden, weil mit Hilfe von Eis die Temperatur der Diazolösung niedrig gehalten wird.

So kann man erzeugen mit

β-Naphthol und der Diazoverbindung von:

Paranitranilin ein Rot	Pararot (Konst. siehe S. 84)
Metanitranilin	m-Nitranilinorange

α-Naphthylamin	α-Naphthylaminbordo
p-Nitro-o-Anisidin	Nitrosaminrosa
Benzidin	Benzidinbraun
Dianisidin	Dianisinblau
usw.	

Nimmt man jetzt an Stelle von β-Naphthol ein komplizierteres Naphthol, z. B. β-Oxynaphthoesäureanilid[1] oder weitere, ähnliche Körper, so kommt man bei Anwendung auch anderer Basen zu den sogenannten

Naphthol AS-Farben, die die Bedeutung von Pararot, Türkischrot usw. wohl wesentlich eingeschränkt haben, weil sie sich durch zum Teil große Lebhaftigkeit und Echtheit auszeichnen.

Bei Pararot ist das Imprägnieren mit β-Naphthol ein einfaches Tränken mit der alkalischen Flüssigkeit, die mit Wasser zum größten Teil wieder ausgewaschen werden kann. Es ist kein „Aufziehen“ des Naphthols wie beim Färben. Die Konzentration der Lösung bleibt konstant. Die imprägnierte Baumwolle muß daher getrocknet werden, damit in der Diazolösung nicht zuviel Naphthol heruntergespült wird und darf während des Trocknens nicht mit Wasser (Tropfen, nasse Hände u. dgl.) in Berührung kommen. Der Vorgang des Grundierens bei den Naphthol-AS-Färbungen gleicht je nach dem Charakter des einzelnen Naphthols schon mehr einer substantiven Färbung, und man ist nicht gezwungen — ausgenommen in einigen Fällen für bestimmte Zwecke — die grundierte Baumwolle zu trocknen. Die Haftfestigkeit ist aber auch hier noch viel zu schwach, um ein Ausspülen der überschüssigen Naphthollösung aus dem grundierten Strahn zu gestatten. Ein Herunterspülen des Naphthols im Entwicklungsbade drängt man zurück durch Konzentrationserhöhung der Flotte mit Kochsalz (siehe die Vorschriften S. 94ff.).

Die „echte“ Färbung entsteht also erst durch die Bildung des vergrößerten, unlöslichen Farbstoffmoleküls, wenn durch peinliche Einhaltung der Arbeitsbedingungen dafür Sorge getragen

[1] Beispiel: Eine Rotkombination aus:

β Oxynaphthoësäureanilid und diaz. (2) Nitro- (4) Chloranilin

Naphthol AS — Echtrot 3 GL Base

β · Oxynaphtoësäure

wird, daß der Farbstofflack sich möglichst nur innerhalb der Faser niederschlägt und nicht auf der Oberfläche. Der Vorgang bei der Färbung kann verglichen werden mit einer Niederschlagsbildung, z. B. von Bleichromat (Chromgelb) auf Baumwolle. Hier wird die mit Bleiacetat getränkte Faser bei Behandlung in einer Lösung von Chromkali durch Niederschlag von Bleichromat auf der Faser gelb gefärbt. Allerdings ist dies eine einfache Ionenreaktion, während sich bei der Bildung der Azofarben eine Kondensation unter Austritt von Salzsäure abspielt.

a) Eisfarben.

Beispiel: Pararot

| diaz.: p-Nitroanilin | β-Naphthol

Konstitution:

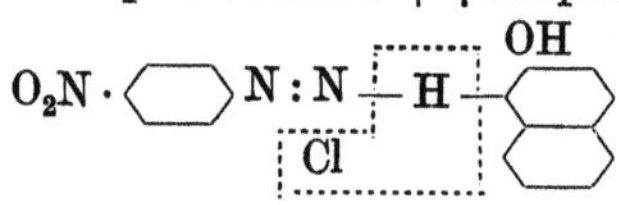

Übungsbeispiel auf Baumwollstück.

Flotte 1:10 bis 1:15 für die Präparation (Grundierung),
1:20 für die Entwicklung.

a) Grundierungsflotte: 1:10—1:15

für gelbes Rot:	22 g/l	β-Naphthol
	16 ccm/l	Natronlauge 40° Bé konz.
	50 g/l	Türkischrotöl oder ähnliche Öle
	3 g/l	Tonerdenatron (in Wasser lösen)
für blaues Rot:	22 g/l	β-Naphthol R oder RC
	16 ccm/l	Lauge 40° Bé konz.
	25 g/l	Paraseife PN (I. G.)
	3 g/l	Tonerdenatron (gelöst)

b) Entwicklungsflotte 1:20

1. mit selbst diazotiertem Paranitranilin (Beschreibung siehe S. 47). Die Menge der Base hängt ab von der Stärke der Grundierung. Auf 1 g Naphthol (Mol. 128) kommt etwa 1,2 g Base (Mol. 138);
2. mit fertig diazotierten Basen („Salzen"), beschrieben auf S. 47, die haltbarer sind als die selbst diazotierten Basen, das Diazotieren ersparen und kein Eis erfordern.

Mengenverhältnisse: Es entsprechen

100	Teile	Parazol FB	etwa	18—20	Teilen Paranitranilin
100	„	Nitrazol CF	„	18—20	„ „
100	„	Paranil CF	„	18—20	„ „
100	„	Azophorrot PN	„	25	„ „
100	„	Nitrosaminrot Teig	„	40	„ „
und 1	Teil	β-Naphthol	„	1,2	„ „

Arbeitsgang. Man rührt die berechnete Menge β-Naphthol mit der konzentrierten Lauge an, gießt kochend heißes Wasser hinzu (es löst sich auf), gibt das Netzöl zu, rührt um, füllt mit kaltem Wasser auf Flottenmenge auf, mißt die Temperatur (40°). Tränkt möglichst sofort die gebleichte oder abgekochte und wieder getrocknete Baumwolle etwa 10 Minuten in der Beize, quetscht durch Gummiwalzen ohne anzuhalten. Die Ware muß etwa 100% schwerer werden, und die Spannung der Walzen ist danach einzustellen. Trocknet rasch bei etwa 55—60° in einem möglichst dunklen Raum und schützt das Stück vor jeder Berührung mit Wasser (nassen Händen). Dauer etwa 4 Stunden, nicht über Nacht, da sonst durch Oxydation des Naphthols Bräunung eintritt. Jetzt evtl. nochmals grundieren wie oben. Altes Bad in verschlossener Flasche aufgehoben, muß klar und hell sein.

Nach dem 2. Trocknen das Stück erkalten lassen und entwickeln, in der Lösung des diazotierten p-Nitroanilins oder eines der genannten Salze, wie auf S. 47 beschrieben. Nach der Entwicklung eine Weile liegen lassen, gut kalt spülen, kochend seifen, wobei sich der Ton erst voll entwickelt (mit 2 g/l Soda und 5 g/l Seife) und spülen. Beim Arbeiten mit Nitrosaminrot kann an Stelle der Seife ein Bad mit 2 g/l Oxalsäure von etwa 50° treten. Dauer $^1/_2$ Stunde. Darauf spülen und trocknen.

Verwendung. Meist für Stücke, weniger für Garne.

Die Echtheiten sind sehr gut mit Ausnahme der Reibechtheit (Lichtechtheit gut). Das Rot sublimiert. Das Abreiben kann durch korrektes Arbeiten verringert werden.

Zusätze. Paraseife PN (Ammoniumrhizinat) gibt einen blaueren Stich. Nuanciersalz (I. G.) (2—7-Naphtholsulfosäure) auch Tonerdenatron befestigt das Naphthol auf der Faser und macht das Rot blauer. Ebenso Türkischrotöl, das gleichzeitig als Mittel zum gleichmäßigen Eindringen des Naphthols in die Faser dient.

Aufbewahren der Diazolösung nur in salzsaurer Lösung, nicht in abgestumpfter Form.

b) Naphthol-AS-Färbungen.

Arbeitsgang. Die Naphthol-AS-Färbungen entstehen wie Pararot usw. durch Behandlung der Baumwolle in 2 aufeinanderfolgenden Bädern.

a) Tränken mit einem „Naphthol“ (Grundieren) und

b) entwickeln mit einer diazotierten Base oder an Stelle dessen mit einem sogenannten „Färbesalz“, das diese diazotierte Base in fertig verwendbarer Form enthält (siehe S. 104).

c) Nachbehandeln. Als Abschluß des Prozesses dient heißes Seifen und bei einigen auch noch eine besondere Nachbehandlung, wie aus den einzelnen Vorschriften ersichtlich ist.

Der Arbeitsgang ist etwa folgender. Die genetzte, abgewundene, gut aufgelockerte Baumwolle (bei Grundierung trockener Baumwolle gibt man dem Bade 1 g/l Nekal BX tr. zu) wird eine Zeitlang (etwa $^1/_2$ Stunde) in dem Naphtholbade umgezogen, gut ausgewunden, (evtl. vollkommen ausgeschleudert — bei größeren Partien Vorschrift) und in diesem feuchten Zustande (seltener getrocknet) eine vorgeschriebene Zeit in dem Bad der Diazobase oder des Färbesalzes entwickelt und gut gespült. Darauf folgt dann im allgemeinen das Seifen (Beispiel siehe S. 109, Abschnitt 3).

Echtheiten. Die Färbungen sind zum großen Teil sehr gut waschecht und echt gegen saures Überfärben. Die Lichtechtheit ist meist gut bis sehr gut. Die Chlorechtheit ist meist ausgezeichnet, ebenso zum Teil die Alkali-, Säure- und Mercerisierechtheit. Einige der Naphtholfärbungen genügen den Ansprüchen der Indanthrengruppe (indanthrenecht) siehe Küpenfarbstoffe S. 64.

Einige halten, weil sie widerstandsfähig gegen Kochen mit Natronlauge sind, eine schwache Beuche unter Druck aus.

Die Reibechtheit ist unterschiedlich. Sie ist abhängig, und zwar in hohem Grade von der genauen Einhaltung der Färbebedingungen, gewissen Zusätzen, und der gründlichen Spülung und Seifung.

Verwendung. Baumwolle in jedem Stadium der Verarbeitung. Mercerisierte Baumwolle. Kunstseide. Edle Seide und Schappe.

Aus dem Anwendungsgebiet der Naphthole sind besonders hervorzuheben: Färben von Inletts, Buntwebeartikel (Bettzeug), Stoffe für Schürzen und Kleider, Handtücher, Tischdecken, Hemdenstoffe, Vorhangstoffe, Fahnentuche, Futterstoffe, Trikot- und Badestoffe, Arbeiteranzüge, Stick- und Nähgarne auch aus Kunstseide, Wäsche aus Kunstseide usw.

Grundierung. Flotte 1:20.

Vorbehandlung. Die Baumwolle wird wie üblich ausgekocht und geschleudert. Trockene Garne werden vorher wie bekannt genetzt.

Herstellung des Bades. Die Naphthole werden mit Lauge und Netzöl (Türkischrotöl usw.) gleichmäßig angeteigt. Das Öl muß frei von Ammoniak sein, andernfalls muß die Laugemenge etwas erhöht werden (siehe die einzelnen Lösungsvorschriften S. 88). Das Anteigen muß möglichst gleichmäßig geschehen, so daß keine Klümpchen zurückbleiben, die sich später nur sehr schwer lösen. Der Teig wird jetzt mit heißem Wasser übergossen und durch Umrühren oder evtl. Aufkochen alles in Lösung gebracht. Es hat sich aus Lauge und Naphthol das entsprechende Naphtholat gebildet.

Formaldehyd. Zum Schutz des auf der Faser aufgezogenen Naphthols beim längeren Lagern nach der Grundierung wird den

Naphtholbädern (mit zwei Ausnahmen) Formaldehyd beigegeben. Dieses verhindert die Hydrolyse des Naphtholates durch die Einflüsse der Luft (Kohlensäure usw.), weil diese Verbindung, aus einer starken Base und einer schwachen Säure entstanden, wie alle solche Salze sehr leicht hydrolysiert wird. Formaldehyd begünstigt gleichzeitig das Aufziehen der Naphthole.

Türkischrotöl. Man setzt im Allgemeinen etwa 3—6 ccm/l Flotte zu. Bei einzelnen wird die Menge etwas erhöht (siehe Vorschriften). Man kann auch andere ähnliche Öle verwenden. Auch Nekal wird als teilweiser Ersatz empfohlen. Das Türkischrotöl usw. muß ammoniakfrei sein.

Salzzusätze. Zur möglichst guten Erschöpfung des Bades wird etwa 10—50 g/l und mehr Glaubersalz kryst. je nach der Tiefe des Tones und der Substantivität und Löslichkeit des Naphthols beigegeben. Das Salz wird gelöst und evtl. in mehreren Teilen in die Flotte gegossen. Man setzt, vor allem bei helleren Tönen das Salz später — nach 10 Minuten — zu. Bei den Naphtholen AS-SW und AS-BR ist wegen deren starkem Aufziehvermögen bei hellen Tönen vorsichtig mit dem Zusatz von Salz umzugehen. Je substantiver ein Naphthol ist, das heißt je besser es aufzieht, desto weniger Salz ist für die gleiche Farbtiefe notwendig.

Konzentration. Die Stärke der Bäder für die Farbtiefen sind auf S. 107 für einige Beispiele zusammengestellt. Siehe auch die betreffenden Musterkarten (133 C der I. G.).

Wasser. Die Naphtholbäder sind mit möglichst weichem Wasser anzusetzen, da der Kalk des harten Wassers zu Koagulationen führt, die die Färbekraft des Naphthols herabsetzen, zu „mechanischen" Ablagerungen auf der Faser beitragen, und so die Färbung reibunechter machen. Als Vorbeugemittel gegen dieses Ausfallen mit dem Kalk des Wassers werden Textilöle empfohlen, z. B. Intrasol, Stockhausen und andere.

Temperatur. Die Temperatur spielt beim Tränken mit Naphthol eine gewisse Rolle, weil sie bei einer bestimmten Temperatur die größte Substantivität (Aufziehvermögen) haben. Mit dieser hängt die Tiefe der Färbung und auch die Reibechtheit eng zusammen. Denn Farbtiefe und Reibechtheit werden dann ein Maximum, wenn das Bad in einem Zustande ist, in dem ein Farbstoff am energischsten von der Faser angezogen wird. Die Substantivität der Naphthole ist im allgemeinen in der Kälte am geringsten und steigt an mit der Temperatur. Die Grundierungstemperatur für abgekochtes Material ist etwa 25—30°, für rohe Baumwolle etwa 35—40°. Abweichungen sind bei den betreffenden Naphtholen angegeben.

Entwässern. Das grundierte Garn muß ganz gründlich abgewunden werden, damit nur möglichst wenig Flotte zwischen den Fasern zurückbleibt. In manchen Fällen, um die Reibechtheit zu erhöhen, wird auch nach dem Grundieren getrocknet, namentlich in der Stückfärberei. Das getränkte Garn darf nicht mit nassen Händen oder mit Wasser (Tropfen) in Berührung kommen, weil sonst an den Stellen ein Teil der Lösung herausgewaschen wird und so hellere Flecken entstehen. Auch Chlor- und Säuredämpfe sind schädlich, ebenso direktes Sonnenlicht.

Helle Töne. Man gibt kein Salz zu. Bei Rosatönen wird nur weiches Wasser verwendet und das Bad mit 2 ccm/l NaOH vorgeschärft. Die Stärke der Flotten schwankt zwischen 0,01—0,5 g/l Naphthol.

Mercerisiertes Garn. Ungebleichtes Garn netzt man mit etwa 1—2 g/l Nekal BX tr. bei etwa 50° und windet ab. Gebleichtes Garn nur bei hellen Tönen vornetzen. Die Bäder werden nur etwa halb so stark gemacht, um die gleiche Farbtiefe zu erreichen wie auf gewöhnlicher Ware, weil mercerisierte Baumwolle bedeutend besser aufzieht. An Öl nimmt man nur etwa 2—3 ccm/l max., damit der Glanz möglichst erhalten bleibt. (Möglichst kalkbeständige Öle verwenden!)

Verzeichnis der Naphthole.

1.	Naphthol	AS-G	S. 89	7.	Naphthol	AS-BS	S. 91
2.	„	AS	S. 90	8.	„	AS-TR	S. 91
3.	„	AS-D	S. 90	9.	„	AS-BO	S. 91
4.	„	AS-OL	S. 90	10.	„	AS-E	S. 92
5.	„	AS-RL	S. 90	11.	„	AS-SW	S. 92
6.	„	AS-BG	S. 91	12.	„	AS-BR	S. 92

Die Reihe ist nach der Substantivität aufgestellt, wobei AS-G am schwächsten zieht.

Lösungsvorschriften für die Naphthole.

Die Naphthole können mit Ausnahme von AS-BR und AS-BS in der Kälte mit Hilfe von Spiritus in Lösung gebracht werden. AS-BR und AS-BS müssen nach dem älteren Verfahren zur vollständigen Lösung erwärmt und evtl. aufgekocht werden.

Die Vorteile der Lösung in der Kälte bestehen darin, daß die Anlagerung des Formaldehyds an das Naphthol, die den Schutz bei Luftlagerung des grundierten Garnes bildet, bedeutend schneller erfolgt als bei der Lösung in der Wärme ohne Sprit, und daß das Arbeiten erleichtert wird.

Lösen in der Kälte. Man stellt zunächst eine konzentrierte Lösung von Naphthol in Sprit, Wasser und Natronlauge her und rührt sie langsam in das mit Lauge und einem Schutz- und Netzöl vorbereitete Bad. Das Schutzmittel hat die Aufgabe, einen Ausfall von Naphthol möglichst zu verhüten, der durch zu hohe Konzentration, durch Schwerlöslichkeit des Naphthols oder durch den Kalkgehalt harten Wassers unvermeidlich wäre, und außerdem netzend auf die Baumwolle wirken. Bei manchen Schutzölen (Schutzkolloiden) ist die netzende Wirkung nicht ausreichend, so daß man in diesen Fällen noch etwas Netzmittel (z. B. Nekal) zusetzen muß. Als Schutzmittel und zum Netzen für weiches Wasser genügt Türkischrotöl oder Monopolbrillantöl, für hartes Wasser werden Spezialpräparate empfohlen, z. B. Intrasol (Stockhausen & Co.), Eunaphthol K (I. G.), Naphtholöl T ex (Böhme, Dresden) und andere.

Vorgehen bei weichem Wasser. Man mischt die bei den einzelnen Vorschriften unten angegebenen Mengen Türkischrotöl und Lauge gut zusammen, gießt wenig heißes Wasser darüber, bis alles gelöst ist und rührt die Lösung in das Bad, welches nun aufnahmefähig für das mit Lauge und Sprit inzwischen gelöste Naphthol ist. An Türkischrotöl usw. nimmt man 3—6 g/l Flotte.

Vorgehen bei hartem Wasser. Bei Verwendung von Eunaphthol K z. B. ist das Verfahren genau so wie mit Türkischrotöl. Auch hier braucht man kein Netzmittel mehr, da das Produkt gut netzend wirkt (3—6 g/l). Intrasol muß getrennt von der Lauge zugesetzt werden. Ein Zusatz von 1—2 g/l Nekal BX ist erforderlich, und das Material muß abgekocht sein. Von Intrasol nimmt man etwa 1,5—3 g/l Flotte. Über weitere in gleicher Richtung wirkende Schutzmittel siehe die Inserate in den Fachzeitschriften und die Rundschreiben der Fabriken.

Lösung von Naphthol AS-BR und AS-BS in der Wärme. Das Lösen in der Wärme geschieht so, daß man das Naphthol mit dem Schutzmittel und Lauge anrührt, mit heißem Wasser übergießt und dann alles durch Aufkochen in Lösung bringt. Diese Lösung wird dann durch Verdünnen mit kaltem Wasser auf richtige Temperatur und Flottenvolumen gebracht, nachdem die noch nötigen Zusätze gemacht worden sind (siehe Vorschriften 7 u. 12). Der Zusatz von Glaubersalz oder Kochsalz geschieht am besten erst einige Zeit nach Beginn des Grundierens, vor allem bei helleren Färbungen.

1. Naphthol AS-G:[1]

1 g	Naphthol wird mit einer Mischung von
1 ccm	Sprit den. und

[1] Beim Kuppeln dieses Naphthols mit Färbesalzen ist die Bemerkung S. 105 zu beachten.

0,53 ccm	Lauge 40° Bé (konz.) und mit
2 ccm	kaltem weichem Wasser angerührt. Nach kurzer Zeit ist alles gelöst, und man gießt nun das Ganze in ein Bad mit 20 ccm Wasser
1,73 ccm	Lauge 40° Bé (konz.)
1,5—3 g/l	Schutzmittel und für Seide
2 g	Protektol Agfa II (1:20). Zum Schluß beschickt man mit
14 g/l	Kochsalz.

2. Naphthol AS.

1 g	Naphthol wird mit
1 ccm	Sprit den. angeteigt,
0,38 ccm	Lauge 40° Bé (konz.) dazugerührt, und verdünnt mit
1,5 ccm	weichem kaltem Wasser, wobei nach kurzem Rühren eine klare Lösung eintritt. Jetzt setzt man
0,5 ccm	Formaldehyd 33% ig zu, läßt etwa 5 Minuten stehen und rührt langsam in das mit etwa 20 ccm Wasser,
0,75 ccm	Lauge 40° Bé (konz.) und
1,5—6 g/l	Schutzmittel beschickte Bad, das man mit Zusatz von
10—60 g/l	Glaubersalz (kryst.) (1:5 gelöst) auf Flottenmenge auffüllt.

(Besser während des Grundierens, nach 10 Minuten zusetzen, ebenso bei den anderen Naphtholen.)

3. Naphthol AS-D:

1 g	Naphthol wird mit
1 ccm	Sprit den. angeteigt,
1,5 ccm	weiches kaltes Wasser zugesetzt und unter Rühren
0,38 ccm	Lauge 40° Bé (konz.) eingetragen, bis klare Lösung eingetreten ist. Jetzt kommt
0,5 ccm	Formaldehyd 33% ig (1 ccm bei Seide) dazu, und nach etwa 5 Minuten gießt man das Ganze in ein Bad mit 20 ccm Wasser,
0,75 ccm	Lauge (konz.), (für Seide noch
2 g	Protektol Agfa II, 1:20 gelöst zusetzen) und
1,5—6 g/l	Schutzmittel. Zum Schluß beschickt man mit einer Lösung von
10—60 g/l	Glaubersalz kryst. (während des Grundierens) und füllt auf.

4. Naphthol AS-OL:

1 g	Naphthol wird mit
1 ccm	Sprit den. und
0,3 ccm	Lauge 40° Bé (konz.) angeteigt. Man verdünnt unter Rühren mit
1 ccm	weichem, kaltem Wasser, wobei nach kurzer Zeit klare Lösung eintritt. Jetzt kommt
0,5 ccm	Formaldehyd 33% ig hinzu, und dann gießt man nach etwa 5 Minuten in ein Bad mit 20 ccm Wasser,
0,81 ccm	Lauge 40° Bé (konz.) (für Seide noch
2 g	Protektol Agfa II [1:20 gelöst]) und einem Schutzmittel. Jetzt beschickt man noch mit einer Lösung von
10—60 g/l	Glaubersalz kryst. (während des Grundierens) und füllt auf.

5. Naphthol AS-RL:

1 g	Naphthol wird mit
1 ccm	Sprit den. angerührt, und dann unter Rühren
0,38 ccm	Lauge 40° Bé (konz.) zugegeben und mit

2 ccm	weichem, kaltem Wasser verdünnt, wobei bald klare Lösung eintritt. Jetzt wird
0,5 ccm	Formaldehyd 33%ig zugesetzt. Nach etwa 1/2 Stunde gießt man unter Rühren in ein Bad mit 20 ccm H_2O,
1,9 ccm	Lauge 40° Bé (konz.) und
1,5—6 g/l	Schutzmittel. Man füllt auf, und während des Grundierens gibt man noch
10—60 g/l	Glaubersalz kryst. hinzu.

6. Naphthol AS-BG:

1 g	Naphthol wird mit
1 ccm	Sprit den. und
0,3 ccm	Lauge 40° Bé (konz.) angerührt und unter Bewegen
2 ccm	kaltes, weiches Wasser zugesetzt. Nach kurzer Zeit ist alles gelöst. Man gibt
0,5 ccm	Formaldehyd 33%ig zu und rührt das Ganze nach 1 bis 2 Minuten in ein Bad mit 20 ccm Wasser,
1,95 ccm	Lauge 40° Bé (konz.) und
1,5—6 g/l	Schutzkolloid. Man füllt auf und setzt während des Tränkens allmählich
10—60 g/l	Glaubersalz kryst. hinzu.

7. Naphthol AS-BS:

1 g	Naphthol wird mit
2—6 ccm/l	Türkischrotöl (oder ähnlichem) und
1,25 ccm	Lauge 40° Bé (konz.) angeteigt und mit
15 ccm	heißem Wasser evtl. unter Aufkochen klar gelöst. Durch Zugabe von
15 ccm	kaltem Wasser kühlt man auf etwa 50° ab und gibt
1 ccm	Formaldehyd 33%ig zu. Nach etwa 5 Minuten füllt man auf, und während des Grundierens gibt man
10—60 g/l	Glaubersalz kryst. (gelöst) hinzu.

Temperatur: 25—30° (für nicht abgekochtes Garn: 35—40°).

8. Naphthol AS-TR:

1 g	Naphthol wird mit einer Mischung von
1 ccm	Sprit den. und
2 ccm	kaltem, weichem Wasser angerührt und
0,38 ccm	Lauge 40° Bé (konz.) zugegossen. Man rührt, bis klare Lösung eintritt und setzt
0,5 ccm	Formaldehyd 33%ig zu. Nach 1—2 Minuten gießt man das Ganze in ein Bad mit 20 ccm Wasser,
1,125 ccm	Lauge 40° Bé (konz.), (für Seide noch
2 g	Protektol Agfa II 1:20 gelöst) und Schutzmittel. Nach Auffüllen kommt
10—60 g/l	Glaubersalz kryst. (gelöst) während des Grundierens dazu.

9. Naphthol AS-BO:

1 g	Naphthol wird mit
1,5 ccm	Sprit den. angeteigt und der Paste unter Rühren
0,45 ccm	Lauge 40° Bé (konz.) zugesetzt. Darauf verdünnt man mit
1,5 ccm	kaltem, weichem Wasser, wobei klare Lösung eintritt. Man setzt
0,5 ccm	Formaldehyd 33%ig zu, läßt 5 Minuten stehen und rührt das Ganze in ein Bad mit 20 ccm Wasser,
1,05 ccm	Lauge 40° Bé (konz.) und

1,5—3 g/l	Schutzmittel. Man füllt auf und gibt allmählich
10—60 g/l	Glaubersalz kryst. (gelöst) während des Grundierens zu.

10. Naphthol AS-E:

1 g	Naphthol wird mit
1 ccm	Sprit den. angeteigt und der Paste
0,38 ccm	Lauge 40° Bé (konz.) zugerührt. Man verdünnt mit
1,5 ccm	kaltem, weichem Wasser, wobei nach kurzem Rühren klare Lösung eintritt. Jetzt kommt
0,5 ccm	Formaldehyd 33% ig hinzu, und nach etwa 5 Minuten rührt man alles in ein Bad mit 20 ccm Wasser,
1,3 ccm	Lauge 40° Bé (konz.) und
1,5—3 g/l	Schutzmittel. Man füllt auf und setzt während des Grundierens allmählich
10—60 g/l	Glaubersalz kryst. (gelöst) hinzu.

11. Naphthol AS-SW:

1 g	Naphthol wird mit
1,2 ccm	Sprit den. und
0,3 ccm	Lauge 40° Bé (konz.) angeteigt. Der Paste setzt man langsam unter Rühren
1 ccm	kaltes, weiches Wasser zu, wobei nach kurzer Zeit klare Lösung eintritt. Darauf gibt man unter Rühren langsam
0,5 ccm	Formaldehyd 33% ig hinein. Eine evtl. auftretende Trübung verschwindet nach kurzer Zeit. Die nun vollkommen klare Lösung wird nach etwa 5 Minuten in ein Bad mit 20 ccm Wasser,
1,95 ccm	Lauge 40° Bé (konz.),
1,5—3 g/l	Schutzmittel und für Seide noch
4 g	Protektol Agfa II (1:20, gelöst) langsam eingerührt. Man füllt auf, gibt kein Glaubersalz hinein und grundiert.

12. Naphthol AS-BR:

1 g	Naphthol AS-BR wird mit
2—6 ccm/l	Türkischrotöl und
2,25 ccm	Lauge 40° Bé (konz.) gut angeteigt und die Paste etwa $^1/_2$ Stunde erwärmt. Darauf gießt man
30 ccm	heißes Wasser darüber und kocht auf bis zur Lösung. Man füllt nun mit Wasser auf, das
1,5—2,25 ccm/l	Lauge 40° Bé (konz.) und für Seide
2 g	Protektol Agfa II 1:20 enthält.

Kein Salzusatz. Kein Formaldehyd nötig. Das Naphthol zieht in der Wärme besser als in kaltem Bade. Doch fallen die Brauntöne verschieden aus.

Entwicklung. Flotte 1:20.

Schleudern. Das grundierte Material wird entweder in geschleudertem Zustande (feucht) oder trocken entwickelt. In letzterem Fall wird die Reibechtheit besser.

Färbe- oder Entwicklungsbad. Die Färbebäder werden wie bereits erwähnt mit Basen oder mit den diesen Basen entsprechenden „Färbesalzen“ beschickt. Diese lösen sich ohne weiteres in Wasser, die „Basen“ dagegen müssen erst mit Nitrit und Salzsäure in

Lösung gebracht werden (Diazotierung, siehe die Diazotierungsvorschriften).

Man arbeitet beim Diazotieren entweder so, daß man die in Salzsäure gelöste Base in eine Lösung von Nitrit gießt, oder daß man die mit Nitrit und Wasser angeteigte Base in eine Salzsäurelösung einträgt. Dabei ist zu beachten, daß ein zu schnelles Eintragen in die Säure leicht Störungen verursachen kann. Man gibt daher das Gemisch Base-Nitrit möglichst allmählich hinzu.

Temperatur. Man halte sich möglichst an die angegebenen oder noch besser an tiefere Temperaturen (siehe Kältemischungen S.95).

Prüfung des Diazotierens. Die Lösung, in der die Diazotierung der Base vor sich geht, muß auf freie Salzsäure und auf salpetrige Säure untersucht werden. Salzsäure färbt Kongopapier schwarz, salpetrige Säure färbt Jodkalistärkepapier oder -lösung blau. Bereitung der Lösung S. 12.

Abstumpfen im Färbebade. Die freie Salzsäure — notwendig zur Diazotierung — stört bei der Vereinigung von Naphthol und Base und muß daher vor der Verwendung der Diazolösung abgestumpft werden. Das geschieht mit Natriumacetat oder basischem Aluminiumsulfat. In manchen Fällen wird auch Schlämmkreide als Neutralisierungsmittel verwendet. Die vollständige Abstumpfung bzw. Neutralisation der Salzsäure erkennt man an der Reaktion des Bades mit Kongopapier. Es darf jetzt nicht mehr blau gefärbt werden. Die Abstumpfmittel sind bei den Diazotierungsvorschriften jedesmal angegeben und werden am besten erst kurz vor der Verwendung zugesetzt. Die fertigen Diazolösungen sollen möglichst sofort verbraucht werden, da sie in abgestumpfter Form schlecht haltbar sind.

Zerstörung der Natronlauge. Das mit Naphthol und überschüssiger Lauge getränkte Garn wird stets etwas Lauge mit in das Entwicklungsbad bringen und wird der Vereinigung Base-Naphthol, die meist in schwachsaurer Lösung am sichersten vonstatten geht, dann schädlich sein, wenn nicht genügend Säure überschüssig ist, um das mitgeschleppte Alkali zu binden. Bei den Vorschriften ist im allgemeinen soviel Essigsäure bzw. schwefelsaure Tonerde als Zusatz vorgeschrieben, als nötig ist, um ein Alkalischwerden der Flotte zu verhindern, aber trotzdem muß während des Färbens ab und zu auf Säure geprüft werden. Blaues Lackmuspapier muß sich schwach röten, andernfalls muß etwas Essigsäure oder Naacetat nachgegeben werden. Für die Praxis hat die I. G. genauere Angaben in ihrer Broschüre 133 gemacht, um die richtige Menge Neutralisationsmittel zur Zerstörung der Lauge anzuwenden.

Salzzusätze. Um das Ablösen des auf dem Garn sitzenden Naphtholats beim Eintauchen in das Färbebad zu verhindern, wird diesem Salz zugesetzt (siehe S. 83). Der Zusatz schwankt zwischen 10—20 g/l Kochsalz bei Echtgranat GC- und GBC-Base, sonst nimmt man im allgemeinen 20—50 g/l. Bei einigen Basen wird ohne Salz gefärbt (siehe die Vorschriften S. 96). Auch bei getrocknetem imprägnierten Garn unterbleibt eine Beschickung mit Salz.

Arbeitsgang. Man zieht das gut aufgelockerte Material am Anfang rasch um, hantiert dann langsamer und läßt etwa 20 bis 30 Minuten kuppeln. Dann wird gut gespült und geseift.

Konzentration der Bäder. Die Menge der Base hängt ab von der Stärke des Naphtholbades. Auf S. 107 sind die einer bestimmten Grundierung entsprechenden Basenmengen aufgeführt.

Mercerisiertes Garn. In den Entwicklungsbädern wird die schwefelsaure Tonerde zur Erhaltung des Glanzes durch Essig- oder Ameisensäure ersetzt, weil die Bildung von Al-Hydroxyd und Al-Seifen aus Lauge, Öl und Sulfat den Glanz verdeckt. Sonst arbeitet man wie bei Baumwolle, nur sind die Bäder zur Erzielung desselben Tones wie dort schwächer anzusetzen (siehe auch die Grundierung). Das Garn muß nach der Entwicklung gründlich bearbeitet werden, um gut reibechte Färbungen zu erzielen. Nach dem Seifen wird zweimal heiß und einmal kalt gespült und evtl. wie bei Kunstseide mit Ramasit I oder organischen Säuren aviviert, um Seidengriff zu erhalten (siehe Avivage S. 221).

Bemerkung zu den unten folgenden Diazotierungsvorschriften.

Flotte 1:20.

Das Kochsalz muß bei der Entwicklung gleich zu Beginn zugesetzt werden, da es hier nicht aussalzend wirken, sondern das Herunterlösen des Naphthols von der Baumwolle verhindern soll (siehe S. 83).

Die Diazolösungen müssen filtriert werden, wenn sich störende Rückstände bilden.

Die Salzsäure ist stets in konz. Form anzuwenden.

Es ist sehr wichtig, die Diazotierung gut und richtig auszuführen. Man erkennt den glatten Verlauf und das Ende des Prozesses

1. Bei den Diazotierungen, die durch Eingießen des Basenitritgemisches in die Salzsäure eingeleitet werden — an der klaren bzw. fast klaren Lösung (siehe Nr. 5, 8, 9, 11, 13, 14, 16, 17, 22, 25).

2. Bei der andern Methode, wobei die in Salzsäure gelöste Base in die Nitritlösung gegossen wird, muß, wenn man nicht schon ganz sicher ist, eine Prüfung vorgenommen werden. Man stumpft eine kleine Menge der Lösung mit Acetat ab, evtl. auch mit Al-sulfat, und beobachtet, ob sie klar bleibt oder sich trübt. Bei klarer Lösung ist der Prozeß zu Ende, bei Trübung muß vor dem Abstumpfen der ganzen Flotte evtl. noch etwas Salzsäure und Nitrit nachgegeben werden (siehe Nr. 1, 2 3, 4, 6, 7, 12, 15, 18, 19, 20, 21, 23, 24, 26). Nach dem Abstumpfen darf bei keiner Diazolösung mehr Kongopapier blau gefärbt werden.

Kältemischungen. Die Erzielung niedriger Temperaturen kann erreicht werden durch Einstellen der Gefäße in eine der folgenden Mischungen:

1. 1 Teil Kochsalz und 1 Teil Eis oder Eis allein oder in Ermangelung von Eis:
2. 2 Teile Glaubersalz kryst. und 1 Teil Salzsäure konz. techn. (—10°, längere Zeit haltbar).
3. 5 Teile Glaubersalz kryst. und 1 Teil Schwefelsäure konz. (—10°, gut haltbar).
4. 1 Teil Ammonnitrat kryst. und 1 Teil Wasser (—10°, sehr gut haltbar).

Diazotierungsvorschriften.

Verzeichnis von Basen und Färbesalzen.					Näheres über Färbesalze siehe S. 104			
1. Echtscharlach		GGS	Base S.	96	entspricht	Echtscharlachsalz	GG	25%ig
2. „	„	G	„ „	96				
3. „	„	RC	„ „	96	„	„ „	R	25 „
4. „	„	TR	„ „	97		kein Färbesalz		
5. „	rot	GG	„ „	97	„	„ rotsalz	GG	20 „
6. „	„	KB	„ „	97	„	kein Färbesalz		
7. „	„	TR	„ „	98	„	„ rotsalz	TR	20 „
8. „	„	3GL	„ spez.	98	„	„ „	3GL	40 „
9. „	„	GL	„ S.	98	„	„ „	GL	20 „
10.	keine Base					„ „	AL	20 „
11. „	rot	RL	„ „	99	„	„ „	RL	20 „
12. „	„	RC	„ „	99	„	„ „	RC	20 „
13. „	„	B	„ „	100	„	„ „	B	20 „
14. „	bordo	GP	„ „	100	„	„ bordosalz	GP	20 „
15. „	orange	GC	„ „	100	„	„ orangesalz	GC	20 „
16. „	„	GR	„ „	101	„	„ „	GR	20 „
17. „	„	R	„ „	101	„	„ „	R	20 „
18. „	gelb	GC	„ „	101	„	„ gelbsalz	GC	20 „
19. „	granat	GC	„ „	102		kein Färbesalz		
20. „	„	GBC	„ „	102		„		
21. „	blau	BB	„ „	102	„	„ blausalz	BB	20 „
22. „	„	RR	„ „	102	„	„ „	RR	40 „
23. „	„	B	„ „	103	„	„ „	B	20 „
	(nur für Stückware)				(Na-bicarbonat. zum Lösen, Cu-nachbeh.)			

24.	Variaminblau	B Base S. 123	entspricht	Variaminblausalz	B 50%ig
				0,5 g/l Bicarbonat zum Färben)	
25.	Echtviolett	B Base S. 123	entspricht	Echtviolettsalz	B 20 „
26.	Echtschwarz LB	„ „ 124		kein Färbesalz	
27.	keine Base	„		Echtschwarzsalz	K 20 „

Vorschriften.

1. Echtscharlach GGS Base (entspricht Echtscharlachsalz GG).

1 g Base wird mit einer Mischung von
2 ccm Salzsäure 20° Bé und
4 ccm kaltem Wasser angeteigt. Nach etwa 5 Minuten läßt man unter eifrigem Rühren einen feinen Strahl von
0,36 g Na-nitrit gelöst in
2 ccm Wasser zufließen. Die klar gewordene Lösung wird unmittelbar nach dem Eingießen des Nitrits durch einen Lappen filtriert und mit kaltem Wasser verdünnt. Man stumpft jetzt ab mit
2,5 g Na-acetat kryst. gelöst in
5 ccm Wasser. Zum Schluß fügt man eine Lösung von
50 g/l Kochsalz hinzu, füllt auf und entwickelt bei etwa 10—15°.

2. Echtscharlach G Base:

1 g Base wird mit
2 ccm Salzsäure in
10 ccm kochendem Wasser gelöst. In die abgekühlte und mit
15 ccm kaltem Wasser (evtl. Eis) versetzte Lösung läßt man allmählich unter gutem Rühren
0,5 g Nitrit, in
2 ccm Wasser gelöst, einfließen. Nach 10 Minuten ist die Diazotierung zu Ende. Man filtriert, stumpft ab mit
1 g Natriumacetat, in etwa
2 ccm Wasser gelöst und setzt zu:
1 g schwefelsaure Tonerde, in
5 ccm Wasser gelöst. Bei Fortfall der schwefelsauren Tonerde[1] wird an ihrer Stelle
1,2 ccm Essigsäure zugesetzt. Dem Färbebade setzt man noch etwa
50 g/l Kochsalz zu und stellt ein. Temperatur 10°.

3. Echtscharlach RC Base:

1 g Base wird mit
0,9 ccm Salzsäure 20° Bé und
1 ccm kaltem Wasser gut angeteigt und unter gutem Rühren
18 ccm kaltes Wasser zugesetzt. Nach erfolgter Lösung gießt man rasch unter Umrühren
0,34 g Nitrit, gelöst in kaltem Wasser, zu. Nach etwa 20 Minuten ist die Diazotierung beendet. Man filtriert, stumpft ab mit
0,67 g Na-acetat, gelöst in etwa
2 ccm Wasser und setzt
0,67 g Al-sulfat (schwefelsaure Tonerde) in etwa
4 ccm Wasser gelöst hinzu. Bei Fortfall der Tonerde[1] setzt man an deren Stelle

[1] Siehe die Bemerkungen bei mercerisiertem Garn S. 94 und bei Kunstseide S. 209.

0,8 ccm	Essigsäure zu. Zum Schluß
50 g/l	Kochsalz zusetzen (gelöst). Temperatur 10—15°.

4. Echtscharlach TR Base:

1 g	Base wird mit etwa
20 ccm	kaltem Wasser gelöst. Der Lösung setzt man
1 g	Salzsäure zu, mischt gut und läßt unter eifrigem Rühren
0,4 g	Nitrit, gelöst in
2 ccm	kaltem Wasser, einfließen. Die Diazotierung ist nach etwa 30 Minuten erfolgt. Man löst jetzt getrennt
0,3 g	Soda calc. und
0,5 g	Al-sulfat in je der 4fachen Menge Wasser und rührt die Sodalösung langsam in die Tonerdelösung ein.
0,75 g	Natriumacetat und
0,2 ccm	Essigsäure zu.
(50 g/l	Kochsalz, Temperatur etwa 10—12°). Diese basische Tonerdelösung setzt man der Diazolösung zu und prüft mit Kongopapier. Bei Blaufärbung wird noch etwas Sodalösung nachgegossen. Bei Fortfall der Tonerde (siehe bei merc. Garn und Kunstseide) gibt man an deren Stelle.

Wird während des Färbens die Flotte alkalisch (rotes Lackmus wird blau), so muß vorsichtig bis zur schwach sauren Reaktion mit Essigsäure korrigiert werden. Der Säureüberschuß darf nicht zu groß werden, da einige Basen dann zu schlecht kuppeln und zu helle Färbungen liefern.

5. Echtrot GG Base:

1 g	Base wird mit
1,5 ccm	heißem Wasser gut angeteigt und
0,54 g	Nitrit zugegeben. Nach Lösung des Nitrits kühlt man die Paste ab und gießt sie unter Rühren schnell in ein Gemisch von
30 ccm	kaltem Wasser und
2,15 ccm	Salzsäure. Man rührt bis zur Lösung der Base, filtriert, stumpft ab mit
1,1 g	Na-acetat in etwa
2 ccm	Wasser gelöst, und gibt
1,1 g	Al-sulfat in etwa
5 ccm	Wasser zu und füllt auf, nachdem man mit
50 g/l	Kochsalz (gelöst) beschickt hat. Temperatur etwa 10°. Bei Fortfall der Tonerde (siehe bei merc. Garn und Kunstseide) gibt man an deren Stelle
1,1 ccm	Essigsäure zu.

6. Echtrot KB Base:

1 g	Base wird durch langsames Zufügen von
10 ccm	kochendem Wasser gut angeschlämmt und
1 ccm	Salzsäure zugesetzt. Hierbei tritt Lösung ein. Die heiße Lösung wird durch einen Lappen gegossen, und zurückbleibende Klumpen der Base werden zerdrückt und nochmal mit dem Filtrat übergossen. Man verdünnt mit kaltem Wasser auf
25 ccm	und hält auf etwa 10—12°.
0,4 g	Nitrit, in
1 ccm	kaltem Wasser gelöst, werden dann in diese Lösung gegossen, während man bis zur Lösung eines durch den

Säurezusatz etwa entstehenden Niederschlages fleißig rührt. Nach etwa 30 Minuten ist die Diazotierung beendet. Man filtriert, stumpft ab mit

0,75 g Na-acetat in

2 ccm Wasser gelöst und setzt

0,75 g Al-sulfat in etwa

3 ccm Wasser gelöst hinzu. Zum Schluß

50 g Kochsalz (gelöst) beigeben und auffüllen. Temperatur 10—12°. Bei Fortfall der Tonerde (siehe bei merc. Garn und Kunstseide) gibt man an deren Stelle

0,9 ccm/l Essigsäure zu.

Anmerkung. Bei Herstellung von Gelbtönen mit der Base werden dem Bade pro g Base 1,65 g Al-sulfat und 2 ccm Essigsäure 30%ig zugesetzt, und zwar anstatt der oben angegebenen Mengen (0,75 g) Al-Sulfat.

7. Echtrot TR Base:

1 g Base wird mit etwa

20 ccm kaltem Wasser gelöst. Zusatz von

1 ccm Salzsäure. Gut mischen und mit weiterem Rühren

0,4 g Nitrit, gelöst in

2 ccm kaltem Wasser, eingießen. Diazotierung etwa 30 Minuten.

0,3 g Soda calc. und

0,5 g Al-sulfat werden je mit der 4fachen Menge Wasser getrennt gelöst und die Soda in die Tonerde eingerührt. Diese Mischung gibt man in die Diazolösung und prüft mit Kongopapier (bei Blaufärbung etwas Soda nachsetzen). Bei Fortfall der Tonerde (siehe bei merc. Garn und Kunstseide) gibt man an deren Stelle

0,75 g/l Natriumacetat und

0,2 ccm Essigsäure zu. Nach Zusatz von

50 g/l Kochsalz (gelöst) wird aufgefüllt. Temperatur 10—12°.

Während des Färbens ist auf Reaktion zu prüfen. Bei alkalischer Flotte muß vorsichtig Essigsäure (nicht zu viel) nachgesetzt werden, damit das Bad schwach sauer wird.

8. Echtrot 3GL Base spezial:

1 g Base wird mit

2 ccm heißem Wasser gut angerührt und

0,22 g Nitrit zugegeben. Nach vollständiger Lösung des Nitrits trägt man die kalte Paste langsam unter ständigem Rühren ein in

10 ccm kaltes Wasser (evtl. in Eis) mit

0,86 ccm Salzsäure. Man läßt etwa $^1/_2$ Stunde stehen und rührt öfter um. Mit

0,43 g Natriumacetat, gelöst in etwa

1 ccm Wasser, wird abgestumpft und mit

0,43 g schwefelsaurer Tonerde, in etwa

3 ccm Wasser gelöst, versetzt. (Als Ersatz für die Tonerde gibt man an deren Stelle

0,5 ccm Essigsäure.) Das Färbebad erhält

50 g/l Kochsalz. Temperatur 10°.

9. Echtrot GL Base:

1 g Base wird mit

2 ccm heißem Wasser gut angeteigt und

0,5 g Nitrit zugegeben. Nach vollständiger Lösung des Nitrits kühlt man die Paste ab und gießt sie unter eifrigem Rühren langsam (in kleinen Teilen) in

20 ccm	kaltes Wasser und
2 ccm	Salzsäure. Man läßt unter öfterem Umrühren etwa 1/2 Stunde stehen und füllt mit kaltem Wasser auf etwa
40 ccm	auf.
0,4 g	Soda calc. und
1,66 g	Al-Sulfat werden je mit der 4fachen Menge Wasser getrennt gelöst und die Soda in die Tonerde eingerührt. Diese basische Tonerdelösung wird der Diazolösung beigegeben und mit Kongo die Flotte geprüft. Bei Blaufärbung noch etwas Soda nachsetzen. Bei Fortfall der Tonerde (siehe bei merc. Garn und Kunstseide) gibt man an deren Stelle
0,5 g	Natriumformiat und
0,45 ccm	Ameisensäure zu. Beschicken mit
50 g/l	Kochsalz (gelöst) und auffüllen. Temperatur etwa 15°.

11. Echtrot RL Base:

1 g	Base wird mit
2 ccm	heißem Wasser gut angeteigt und
0,5 g	Nitrit zugegeben. Nach Lösung des Nitrits kühlt man die Paste ab und trägt sie in kleinen Portionen unter ständigem Rühren in
30 ccm	kaltes Wasser und
2 ccm	Salzsäure ein. Das Ganze läßt man unter öfterem Rühren etwa 1/2 Stunde stehen, filtriert, stumpft ab mit etwa
1 g	Na-acetat, in etwa
2 ccm	Wasser gelöst, und gibt
1 g	Al-sulfat in etwa
5 ccm	Wasser gelöst hinzu. Bei Fortfall der Tonerde (siehe bei merc. Garn und Kunstseide) gibt man an deren Stelle
1,2 ccm	Essigsäure zu. Zum Schluß wird mit
50 g/l	Kochsalz (gelöst) beschickt und aufgefüllt. Temperatur etwa 15°.

12. Echtrot RC Base:

1 g	Base wird mit
1 ccm	heißem Wasser angeteigt und mit etwa
10 ccm	kaltem Wasser versetzt, wobei der größte Teil sich löst. Man gibt
1 ccm	Salzsäure zu und läßt unter Rühren
0,4 g	Nitrit, gelöst in etwa
2 ccm	Wasser, einfließen. Nach 30—40 Minuten ist alles gelöst. Die Lösung muß jetzt salzsauer sein (Kongopapier wird blau). Man gießt jetzt eine Lösung von
0,3 g	Soda in
1 ccm	Wasser unter Rühren zu einer Lösung von
1 g	schwefelsaurer Tonerde in
4 ccm	Wasser und stumpft mit dieser Mischung aus Soda-Tonerdesulfat die Diazolösung ab. (Als Ersatz für Tonerde gibt man an deren Stelle
0,75 g	Natriumacetat und
0,2 ccm	Essigsäure.) Das Färbebad erhält
50 g/l	Kochsalz. Temperatur 10°.

13. Echtrot B Base:

1 g	Base wird mit
1,5 ccm	heißem Wasser angeteigt und
0,43 g	Nitrit zugegeben. Nach Lösung des Nitrits kühlt man die Paste ab und gießt sie unter Rühren ganz langsam in eine Mischung von
20 ccm	kaltem Wasser und
1,7 ccm	Salzsäure. Das Ganze läßt man unter öfterem Umrühren etwa $^1/_2$ Stunde stehen, filtriert, stumpft ab mit
0,85 g	Na-acetat, gelöst in
2 ccm	Wasser, und gießt eine Lösung von
0,85 g	Al-sulfat in etwa
5 ccm	Wasser hinzu. Bei Fortfall der Tonerde (siehe bei merc. Garn und Kunstseide) gibt man an deren Stelle
1 ccm	Essigsäure zu. Als Abschluß beschickt man mit
50 g	Kochsalz (gelöst) und füllt auf Flottenvolumen auf. Temperatur etwa 10—15°.

14. Echtbordo GP Base:

1 g	Base wird mit
1,5 ccm	Wasser heiß angeteigt und
0,43 g	Nitrit zugegeben. Nach Lösung des Nitrits wird die Mischung abgekühlt und unter fleißigem Rühren ganz langsam in eine Lösung von
1,7 ccm	Salzsäure in etwa
20 ccm	kaltem Wasser gegossen. Man läßt etwa $^1/_2$—1 Stunde stehen, rührt öfters um während der Zeit, filtriert, stumpft ab mit
0,85 g	Na-acetat in etwa
2 ccm	Wasser gelöst, gießt noch eine Lösung von
0,85 g	Al-sulfat in etwa
5 ccm	Wasser hinein und beschickt schließlich mit
50 g/l	Kochsalz (gelöst). Bei Fortfall der Tonerde (siehe bei merc. Garn und Kunstseide) gibt man an deren Stelle
1 ccm	Essigsäure zu. Nachdem das zum Flottenvolumen fehlende Wasser zugefüllt ist, kann bei 10—15° entwickelt werden.

Bei Herstellung von Gelbtönen mit dieser Base müssen anstatt der oben angegebenen Mengen Al-sulfat zugesetzt werden pro g Base:

1,95 g	Al-sulfat und
2,4 ccm	Essigsäure.

15. Echtorange GC Base:

1 g	Base wird mit
5 ccm	heißem Wasser und
1,2 ccm	Salzsäure angerührt, durch
15 ccm	kaltes Wasser gelöst, auf 5° abgekühlt (Eis) und unter Rühren
0,46 g	Nitrit, in etwa
2 ccm	Wasser, versetzt. Nach 15 Minuten (Lösung muß salzsauer sein!) stumpft man ab mit
0,9 g	Natriumacetat, in
2 ccm	Wasser gelöst, und setzt zu
0,9 g	Tonerdesulfat, in etwa
5 ccm	Wasser gelöst. (Bei Fortfall der Tonerde gibt man an deren Stelle

1,1 ccm	Essigsäure.) Das Färbebad erhält
50 g/l	Kochsalz. Temperatur 5—10°.

Bei Herstellung von Gelbtönen wird diazotiert wie Echtgelb GC Base.

16. Echtorange GR Base:

1 g	Base wird mit
1,5 ccm	kaltem Wasser gut angeteigt und
0,54 g	Nitrit zugegeben. Nach Lösung des Nitrits wird abgekühlt und unter Rühren rasch in eine Lösung von
2,14 ccm	Salzsäure in etwa
30 ccm	kaltem Wasser eingegossen. Man läßt etwa 15 Minuten Zeit zum Diazotieren, rührt dabei öfter um, filtriert, stumpft ab mit
1,1 g	Na-acetat in
2 ccm	Wasser, gießt noch
1,1 g	Al-sulfat, gelöst in etwa
5 ccm	Wasser, hinzu. Bei Fortfall der Tonerde (siehe bei merc. Garn und Kunstseide) gibt man an deren Stelle
1,1 ccm	Essigsäure zu. Schließlich beschickt man mit
50 g/l	Kochsalz (gelöst) und füllt auf Flottenmenge auf. Temperatur etwa 12°.

17. Echtorange R Base:

1 g	Base wird mit
1,5 ccm	heißem Wasser gut angerührt und
0,54 g	Nitrit zugegeben. Nach erfolgter Lösung kühlt man ab und fügt den Teig in
30 ccm	kaltes Wasser und
2,14 ccm	Salzsäure. Nach 15 Minuten (öfter umrühren) filtriert man, stumpft ab mit
1,1 g	Natriumacetet in etwa
2 ccm	Wasser gelöst, und setzt noch
1,1 g	Tonerdesulfat in etwa
5 ccm	Wasser gelöst hinzu. (Bei Fortfall der Tonerde gibt man an deren Stelle
1,12 ccm	Essigsäure.) Das Färbebad erhält noch
50 g/l	Kochsalz. Temperatur 12°.

18. Echtgelb GC Base:

1 g	Base wird mit
5 ccm	heißem Wasser und
1,2 ccm	Salzsäure angeteigt, durch Zusatz von etwa
15 ccm	Wasser abgekühlt und unter Rühren mit
0,46 g	Nitrit, gelöst in
2 ccm	Wasser, versetzt. Die Diazotierung erfolgt innerhalb 15 Minuten. Durch Abstumpfen mit
0,9 g	Na-acetat, in
2 ccm	Wasser gelöst, und Eintragen einer Lösung von
2 g	Al-sulfat in
5 ccm	Wasser und
2,41 ccm	Essigsäure (30%) wird das Bad verwendbar. Bei Fortfall der Tonerde (siehe bei merc. Garn und Kunstseide) gibt man an deren Stelle
3,4 ccm	Essigsäure zu. Man beschickt schließlich mit
50 g/l	Kochsalz (gelöst) und füllt auf. Temperatur 5—10°.

19. Echtgranat GC Base:

1 g	Base wird mit
2 ccm	heißem Wasser und
0,7 ccm	Salzsäure gut angeteigt und nach einer Weile mit
10 ccm	kaltem Wasser und evtl.
5 g	Eis angerührt. Jetzt wird langsam unter Rühren eine Lösung von
0,28 g	Nitrit, in Wasser gelöst, eingegossen. Man rührt öfter um, läßt etwa $^1/_2$ Stunde stehen. Die Diazotierung ist dann beendet, und man kann mit
0,53 g	Na-acetat in etwa
1,5 ccm	Wasser gelöst, abstumpfen. Zusatz von
0,53 g	Al-sulfat in etwa
1,5 ccm	Wasser. Bei Fortfall der Tonerde (siehe bei merc. Garn und Kunstseide) gibt man an deren Stelle
6,3 ccm	Essigsäure zu. Zum Schluß Beschickung mit
10—20 g/l	Kochsalz macht das Bad verwendbar. Man füllt auf Flottenvolumen auf. Temperatur 5°.

Bei Herstellung von Gelbtönen mit dieser Base sind pro g Base 1,15 g Al-sulfat und 1,4 ccm Essigsäure zuzusetzen, an Stelle der oben angegebenen 0,53 g Sulfat.

20. Echtgranat GBC Base:

1 g	Base wird mit
2 ccm	heißem Wasser und
0,7 ccm	Salzsäure angeteigt und nach einiger Zeit mit
15 ccm	Wasser (kalt) und
5 g	Eis angerührt. Jetzt langsam unter Rühren eingießen
0,28 g	Nitrit, gelöst in etwa
2 ccm	Wasser. Man läßt $^1/_2$ Stunde unter öfterem Rühren stehen, filtriert. Lösung muß jetzt salzsauer reagieren (prüfen!) Jetzt stumpft man ab mit
0,53 g	Natriumacetat, in etwa
1,5 ccm	Wasser gelöst, und setzt zu
0,53 g	Tonerdesulfat in
1,5 ccm	Wasser. (Bei Fortfall der Tonerde setzt man an deren Stelle
0,64 ccm	Essigsäure.) Das Färbebad erhält etwa
10—20 g/l	Kochsalz. Temperatur 5°.

21. Echtblau BB Base:

1 g	Base wird mit
20 ccm	kaltem Wasser übergossen und
1 ccm	Salzsäure zugegeben. Man rührt gut und setzt unter Rühren
0,25 g	Nitrit, gelöst, hinzu. Nach etwa 10—15 Minuten ist die Diazotierung erfolgt. Man neutralisiert unter Zusatz von
0,17 g	in Wasser aufgeschlämmtem Zinkoxyd, stellt mit kaltem Wasser ein und setzt noch
0,7 g	Zinksulfat, gelöst, hinzu. Prüfung mit Kongopapier. Das Färbebad erhält etwa
20—50 g/l	Kochsalz. Temperatur 15—18°.

22. Echtblau RR Base:

1 g	Base wird mit
2 ccm	heißem Wasser gut angerührt, dann

0,28 g	Nitrit zugegeben. Nach Lösung des Nitrits trägt man die Mischung in
20 ccm	kaltes Wasser und
1,1 ccm	Salzsäure ein (Geruch nach salpetriger Säure). Nach Lösung wird mit
20 ccm	kaltem Wasser verdünnt, darauf mit
0,37 g	Natriumbicarbonat neutralisiert und
1 g	Magnesiumsulfat zugegeben. Das Färbebad erhält etwa
20 g/l	Kochsalz.

Das Grundierbad beim Färben dieser Base wird am besten so angesetzt, daß etwa 7,5 ccm/l Lauge 40° vorhanden sind.

Echtblau RR Base läßt sich kombinieren mit Echtviolett B Base, indem man der Violettbase geringe Mengen Blau RR Base zumischt und nach den Angaben bei Echtviolett B Base diazotiert.

23. Echtblau B Base:

1 g	Base wird mit
2,4 ccm	Salzsäure in
20 ccm	kochendem Wasser gelöst. Nach der Abkühlung gibt man
15 g	Eis und
5 ccm	Wasser zu. In diese Lösung gießt man allmählich unter Rühren
0,63 g	Nitrit, in etwa
2 ccm	Wasser gelöst. Nach 10 Minuten filtriert man und stumpft mit
1,25 g	Natriumacetat ab.

Die Base kommt nur für Stückfärbungen in Frage. Für Garn nimmt man das Echtblausalz B (S. 105). Temperatur 5—10°.

24. Variaminblau B (besondere Nachbehandlung siehe S. 105):

1 g	Base wird durch allmählichen Zusatz von
2 ccm	kochendem Wasser ganz gleichmäßig angerührt. Die Aufschlämmung wird unter Rühren in eine Lösung von
1 ccm	Salzsäure in
40 ccm	kaltem Wasser (evtl. Eiszusatz) gegossen. In diese Mischung läßt man einlaufen die Lösung von
0,5 g	Nitrit in
2 ccm	Wasser, am besten unter die Flotte, und läßt der Diazotierung bei öfterem Bewegen etwa $^1/_2$ Stunde Zeit. Dann werden zum Neutralisieren der Salzsäure nach Beigabe von
1 g	Zinksulfat kryst. in
5 ccm	Wasser gelöst
0,3 g	Na-bicarbonat in
5 ccm	Wasser gelöst, zugegossen. Schließlich zum Schutz der Grundierung
28 g/l	Kochsalz als Lösung zusetzen und auffüllen. Temperatur 10—12°.

25. Echtviolett B Base:

1 g	Base wird mit
2 ccm	heißem Wasser angeteigt und mit
0,3 g	Nitrit gut verrührt. Nach Lösung des Nitrits gießt man die Mischung in
15 ccm	kaltes Wasser und

1,15 ccm	Salzsäure. Dauer der Diazotierung etwa 15—30 Minuten. Während des Stehens rührt man öfter um und verdünnt weiter mit
15—20 ccm	kaltem Wasser. Zur Neutralisierung streut man vorsichtig
0,4 g	Na-bicarbonat ein, bewegt, bis die Kohlensäure entwichen ist, gibt
1,05 g	Mg-sulfat zu, beschickt am Schluß mit
50 g/l	Kochsalz und füllt auf. Temperatur 17—18°.

26. Echtschwarz LB Base:

1 g	Base mit wird
0,8 ccm	Ameisensäure 85% unter Umrühren gelöst, dann unter Rühren in eine Lösung von
1 ccm	Salzsäure in
30 ccm	Wasser gegossen und sofort mit
0,26 g	Nitrit, gelöst in etwa
1 ccm	Wasser, versetzt. Man verdünnt jetzt, läßt aber Platz für eine Lösung von
1 g	Na-acetat in dem Rest Wasser, mit der man auf das richtige Flottenverhältnis auffüllt.

Kein Salzzusatz! Für jede Partie muß ein frisches Entwicklungsbad angesetzt werden. Temperatur etwa 10°.

Färbesalze.

Die Färbesalze können an Stelle der entsprechenden Basen verwandt werden (siehe S. 95). Sie sind in bereits diazotierter Form. Für einzelne Basen sind noch keine Färbesalze im Handel. Aus der Liste auf S. 95 ist auch das Stärkeverhältnis von Base zu Salz zu sehen. Die „Salze“ erleichtern das Arbeiten und beschleunigen das Färben, weil sie sich leicht in Wasser lösen und weil die umständliche Arbeit des Diazotierens fortfällt. Sie sind bei Aufbewahrung in kühlen, vor Sonnenlicht geschützten Räumen gut haltbar.

Das Färbebad. Die Salze werden mit der etwa fünffachen Menge Wasser von 25—30° gut und gleichmäßig angerührt und durch Übergießen mit mehr kaltem Wasser in Lösung gebracht. Die mit warmem Wasser hergestellte Paste muß möglichst bald verbraucht werden, weil sie in dieser Form nicht lange haltbar ist. Beim Färben sind die Bedingungen wie bei den Basen einzuhalten. Man füllt den berechneten Teil der Farbsalzlösung auf Flottenvolumen auf, setzt etwa 20—50 g/l Kochsalz zu (mit Ausnahmen siehe unten), läßt auflösen und beginnt mit dem Färben.

Einzelheiten. Echtrotsalz AL wird gelöst, indem man 1 g des Salzes mit 2,56 ccm einer 22:100 verdünnten 30%igen Essigsäure bei etwa 40—50° gut anrührt und durch Übergießen mit 15 ccm kaltem Wasser klar löst. Das Färbebad wird wie üblich mit 20—50 g/l Kochsalz beschickt und aufgefüllt.

Echtblausalz B muß nach erfolgter Lösung mit Natriumbicarbonat versetzt werden. Man rechnet für:

mittlere	dunkle Töne
3,6 g/l	5,5 g/l Salz und
1,5 „	2,5 „ Bicarbonat

Zur Erzielung einer besseren Lichtechtheit müssen die Färbungen von Echtblausalz B mit Kupfervitriol nachbehandelt werden. Man arbeitet $^1/_2$ Stunde bei etwa 100° mit 2 g/l Kupfersalz und 3,5 ccm/l Essigsäure, spült und seift evtl.

Variaminblausalz B erhält in das Färbebad etwa 0,5 g/l Bicarbonat. Nach dem Färben muß abgesäuert werden und dem kochenden Sodaseifenbade gibt man 3 g/l Schwefelnatrium kryst. oder 1 g/l Variaminentwickler A zu.

Echtrotsalz AL und Echtschwarzsalz K werden ohne Zusatz von Kochsalz gefärbt.

Naphthol AS-G grundierte Baumwolle wird mit Färbesalzen ausgefärbt, indem man dem fertigen Bade etwa 6 ccm/l Essigsäure zusetzt.

Nachbehandlung.

1. Waschen und heiß Seifen. Die entwickelten Färbungen müssen einer ganz gründlichen Nachbehandlung unterzogen werden, die einerseits die auf der Faser abgelagerten Salze und Farbstoffteilchen mechanisch entfernen soll, andererseits aber auch einzelne Echtheiten verbessern kann. Die Garne werden zunächst mit etwa 2 ccm/l Schwefelsäure gut abgesäuert, um die Salze aus dem Entwicklungsbad zu lösen. Die überschüssige Säure wird dann gründlich wieder ausgespült und zum Schluß wird mit etwa 2 g/l Soda calc. und 5 g/l Seife $^1/_2$ Stunde lang heiß behandelt, und darauf nochmals gut heiß und kalt gespült. Das möglichst heiße Seifen und auch das Spülen hat den Zweck, möglichst alle Farbstoffteilchen, die nicht in die Faser eingedrungen sind, zu entfernen, die Färbung also reibechter zu machen. Gleichzeitig wird aber auch — durch Vorgänge innerhalb des Farbstoffmoleküls? — eine Erhöhung der Chlor- und der Lichtechtheit erreicht.

Die Temperaturen, bei denen das Seifen zu geschehen hat, sind verschieden, weil einzelne Naphtholfärbungen das Seifen bei Kochhitze nicht aushalten und heller werden. Die Tabelle S. 106 gibt Auskunft über diesen Punkt.

2. Variaminentwickler. Färbungen mit Variaminblau B erhalten zum kochenden Seifensodabad einen Zusatz von 3 g/l Schwefelnatrium kryst. oder 1 g/l Variaminentwickler A. Behandlung sonst wie oben.

3. Nachkupfern. Die Färbungen mit Echtblau B Base oder Echtblausalz B haben keine hohe Lichtechtheit. Durch Nachkupfern kann sie jedoch verbessert werden. Man hantiert $^1/_2$ Stunde in einer kochend heißen Lösung von 2 g/l Kupfersulfat und 3,5 ccm/l Essigsäure 30% ig, oder man kocht die Färbungen 2—3 Stunden in Wasser ohne jeden Zusatz unter $^1/_2$ oder 1 Atm. Druck.

4. Mercerisiertes Garn. Die Nachbehandlung geschieht etwa wie bei Baumwolle. Nach dem Seifen wird am besten zweimal gründlich heiß gespült, dann kalt mit 2—3 ccm/l Salzsäure abgesäuert, um den Glanz wiederherzustellen, und schließlich gespült und evtl. aviviert (siehe S.120). Das Bad muß deutlich sauer schmecken.

Temperaturen der Sodaseifenbäder:

k: kochend, o: bei 70° seifen.
ô: wird bei kochendem Seifen heller, aber besser lichtecht.

Naphtole	AS	-D	-OL	-RL	-BG	-BS	-TR	-BO	-SW	-BR	-G	-E
Echtscharl. GGS Base	k	k	k	k	k	k	ô	o	k	k	k	k
Echtscharl. G Base	k	k	k	k	k	k	k	k	k	k	k	k
Echtscharl. RC Base	k	k	k	k	o	k	k	k	k	k	k	k
Echtscharl. TR Base	o	k	k	o	o	k	k	k	k	k	k	k
Echtrot GG Base	o	o	k	o	o	o	k	o	o	o	k	k
Echtrot KB Base	o	k	k	o	k	o	k	k	k	k	k	k
Echtrot TR Base	o	k	k	ô	o	o	k	k	o	k	k	k
Echtrot 3 GL Base spez.	k	k	k	o	k	k	k	k	k	k	k	k
Echtrot GL Base	k	k	k	k	k	k	k	k	k	k	k	k
Echtrot RL Base	o	k	k	k	k	o	k	k	ô	k	k	k
Echtrot RC Base	k	k	k	k	k	k	k	k	k	k	k	k
Echtrot B Base	k	k	k	k	k	k	k	k	o	k	k	k
Echtbordo GP Base	k	k	k	o	k	k	k	k	k	k	k	k
Echtorange GC Base	o	k	k	o	k	o	k	o	o	k	k	—
Echtorange GR Base	k	k	o	k	k	k	k	k	k	k	k	k
Echtorange R Base	o	o	o	o	o	o	o	o	k	k	k	—
Echtgelb GC Base	ô	k	o	k	o	ô	o	ô	ô	k	k	k
Echtgranat GC Base	k	k	k	k	k	k	k	k	k	k	k	k
Echtgranat GBC Base	k	k	k	k	k	k	k	k	k	k	k	k
Echtvariaminblau B	k	k	k	k	k	k	k	k	k	k	k	k
Echtviolett B Base	k	k	k	k	k	k	k	k	k	k	k	k
Echtschwarz LB Base	k	k	k	o	k	k	k	k	k	k	k	k
Echtblau RR Base	k	—	—	—	—	—	k	k	k	—	—	—
Echtblau BB Base	k	—	—	—	—	—	k	—	—	—	—	—

Färbesalze

Echtrotsalz AL
Echtblausalz B
Echtschwarzsalz K
} Alle Kombinationen kochend.

Die Kombinationen mit den anderen Färbesalzen sind zu behandeln wie bei den entsprechenden Basen angegeben.

Beispiele für Naphthol AS-Färbungen.

I.: Färbung ist „indanthrenecht".

Die Zahlen hinter den Naphtholen bzw. Basen geben die Konzentration (g/l) an. (In Klammern helle Töne.) Die Angaben gelten nur für das erste Bad. Für die laufenden Bäder in der Praxis sind von der I. G. genaue Tabellen ausgearbeitet (Broschüre 133 A). Farbkarte für Naphthole: A 1059 der I. G.

Rot und bordo:

	Naphthol	AS	7 (2)	Echtscharlachsalz GG 8,25 (4)
	„		7 (2)	Echtscharlach G Base 1,5 (0,75)
	„		7 (2)	Echtscharlach RC Base 2,3 (1,2)
I.	„		7 (2)	Echtrot 3 GL Base spez. 3,5 (1,8)
	„		7 (2)	Echtrot GL Base 1,5 (0,7)
	„		7 (2)	Echtrot B Base 1,75 (0,9)
	„		7 (2)	Echtgranat GC Base 2,75 (1,4)
	„	AS-OL	7 (2)	Echtrotsalz AL 11 (5,5)
	„		7 (2)	Echtscharlachsalz GG 8,25 (4)
	„		7 (2)	Echtscharlach RC Base 2,3 (1,2)
	„		7 (2)	Echtrot RC Base 2 (1)
	„		7 (2)	Echtrot 3 GL Base spez. 3,5 (1,8)
	„		7 (2)	Echtbordo GP Base 1,75 (0,9)
	„		7 (2)	Echtgranat GBC Base 2,75 (1,4)
	„	AS-TR	4,5 (1,5)	Echtscharlach TR Base 2 (1,2)
	„		4,5 (1,5)	Echtrot TR Base 2 (1,2)
	„		4,5 (1,5)	Echtrot 3 GL Base spez. 3,5 (2)
	„		4,5 (1,5)	Echtrot RL Base 1,5 (0,8)
	„		4,5 (1,5)	Echtbordo GP Base 1,75 (1)
	„		4,5 (1,5)	Echtgranat GBC Base 2,75 (1,5)
	„	AS-SW	2 (0,7)	Echtscharlach RC Base 2,3 (1,4)
	„		2 (0,7)	Echtrot KB Base 2 (1,2)
	„		2 (0,7)	Echtrotsalz AL 11 (6,5)
	„		2 (0,7)	Echtrot RL Base 1,5 (0,9)
	„		2 (0,7)	Echtrot 3 GL Base spez. 3,5 (2)
	„		2 (0,7)	Echtrot B Base 1,75 (1,1)
	„		2 (0,7)	Echtrot GL Base 1,5 (0,9)
	„		2 (0,7)	Echtbordo GP Base 1,75 (1,1)
	„	AS-BO	4 (1,5)	Echtorange GR Base 1,4 (0,8)
	„		4 (1,5)	Echtrot GL Base 1,5 (0,9)
	„		4 (1,5)	Echtrot 3 GL Base spez. 3,5 (2,1)
I.	„		4 (1,5)	Echtrot B Base 1,75 (1,1)
	„		4 (1,5)	Echtgranat GC Base 2,75 (1,7)
	„		4 (1,5)	Echtbordo GP Base 1,75 (1,1)
	„		4 (1,5)	Echtgranat GBC Base 2,75 (1,7)
	„	AS-BS	5 (1,7)	Echtscharlach G Base 1,5 (1)
	„		5 (1,7)	Echtscharlach RC Base 2,3 (1,5)
	„	AS-D	7 (2)	Echtorange GR Base 1,4 (0,7)
	„		7 (2)	Echtrot 3 GL Base spez. 3,5 (1,8)
	„		7 (2)	Echtrot B Base 1,75 (0,9)
	„		7 (2)	Echtrot RL Base 1,5 (0,75)
I.	„	AS-RL	5 (1,7)	Echtrot GL Base 1,5 (0,8)
I.	„		5 (1,7)	Echtrot RL Base 1,5 (0,8)
I.	„		5 (1,7)	Echtrot B Base 1,75 (1)

Naphthol	AS-RL	5 (1,7)	Echtbordo GP Base 1,75 (1)
„		5 (1,7)	Echtgranat GC Base 2,75 (1,6)
„	AS-BG	4,5 (1,5)	Echtrot RL Base 1,5 (0,75)
„		4,5 (1,5)	Echtrot B Base 1,75 (0,9)
„		4,5 (1,5)	Echtbordo GP Base 1,75 (0,9)
„	AS-BR	2 (0,7)	Echtrot B Base 1,75 (1,1)
„		2 (0,7)	Echtgranat GBC Base 2,75 (1,7)

Orange:

Naphthol	AS	7 (2)	Echtorange GC Base 1,65 (0,8)
„		7 (2)	Echtorange GR Base 1,4 (0,7)
„	AS-OL	7 (2)	Echtorange GC Base 1,65 (0,8)
„	AS-TR	4,5 (1,5)	Echtorange GC Base 1,65 (1,1)
„		4,5 (1,5)	Echtscharlachsalz GG 8,25 (5)
„	AS-D	7 (2)	Echtorange GC Base 1,65 (0,8)
„		7 (2)	Echtscharlachsalz GG 8,25 (4)
„	AS-RL	5 (1,7)	Echtscharlachsalz GG 8,25 (5)

Gelb:

Naphthol	AS-G	3 (0,5)	Echtgelb GC Base 1,65 (0,8)
„		3 (0,5)	Echtscharlachsalz GG 8,25 (4)
„		3 (0,5)	Echtrot KB Base 2 (1)
„		3 (0,5)	Echtrot RL Base 1,5 (0,75)
„		3 (0,5)	Echtrot B Base 1,75 (0,9)
„		3 (0,5)	Echtrotsalz AL 11 (5,5)

(Bei Naphthol AS-G-Grundierung setzt man mind. 14 g/l Kochsalz zu.)

Braun:

Naphthol	AS-SW	2 (0,7)	Echtorange GR Base 1,4 (0,8)
I. „	AS-BG	4,5 (1,5)	Echtscharlachsalz GG 8,25 (4)
„	AS-BR	2 (0,7)	Echtscharlachsalz GG 8,25 (5)

Blau:

Naphthol	AS	7 (2)	Echtblausalz B 5,5 (3,6)
„	AS-BO	4 (1,5)	Echtblausalz B 5,5 (3,6)
„	AS	5 (3)	Echtblau RR Base 2 (1,4)
„	AS-TR	2 (1)	Echtblau RR Base 2 (1,4)
„	AS-E	1,8 (0,9)	Echtblau RR Base 2 (1,4)
„	AS-SW	1,4 (0,7)	Echtblau RR Base 2 (1,4)
„	AS-SW	1 (0,5)	Echtblau BB Base 2,25 (1,7)
„	AS-TR	2 (1)	Echtblau BB Base 2,25 (1,7)
„	AS	4 (2)	Echtblau BB Base 2,25 (1,7)

Violett:

Naphthol	AS	4 (2)	Echtviolett B Base 2 (1)
„	AS-TR	1,5 (0,8)	Echtviolett B Base 2 (1)
„	AS-RL	2,4 (1,2)	Echtviolett B Base 2 (1)

Schwarz:

Naphthol	AS-BG	8 (2)	Echtschwarzsalz K 12,5 (6)
„	AS-SW	2,5 (0,7)	Echtschwarzsalz K 12,5 (6)

Beispiele für Mischungen.

Rot:

Naphthol	AS-SW	2 (0,7)	Echtrot KB Base 1,8 (1,1) mit Echtrot RC Base 0,2 (0,1)
Naphthol	AS-TR	4,5 (1,5)	Echtscharlach TR Base 1 (0,6) Echtrot TR Base 1 (0,6)

Außerdem kann Violett B Base mit geringen Mengen Echtblau RR Base gemischt werden (siehe Diazotierung von Echtblau RR Base S. 102).

Anleitung für Versuche und Ausfärbungen.

1. Vergleichen von Naphthollösungen (siehe S. 88) in hartem und weichem Wasser. Man löse zur Übung einige Naphthole nach den Vorschriften S. 88.

a) mit kondensiertem oder destilliertem Wasser mit und ohne Verwendung von Türkischrotöl,

b) mit hartem Wasser ohne Schutzkolloid (Intrasol usw.),

c) mit hartem Wasser mit Verwendung von Schutzkolloid.

Hartes Wasser stellt man sich her durch Zusatz von etwa 10 ccm gesättigtem Kalkwasser zu etwa 100 ccm Weichwasser. Kleine Bechergläser zu 100 ccm. — Konzentration der Lösung etwa 0,5 zu 100.

2. Ausfällen eines Farbstofflackes in Lösung aus Naphthol und Base, in

a) diazotierter Base mit freier Salzsäure (nicht abgestumpft), bl. Lackmus: rot, Kongo: blau),

b) diazotierter Base mit freier Essigsäure (abgestumpft mit Na-acetat, bl. Lackmus: rot, Kongo: unverändert).

Man löse etwa 0,5 g eines Naphthols und gieße die Lösung langsam (je die Hälfte) in die oben beschriebenen Diazobäder ein (Verhältnis von Naphthol zu Base siehe S. 107).

3. Beispiel einer Rotfärbung mit 4,5 g/l Naphthol AS-TR und 2 g/l Echtrot TR Base.

a) Grundieren: 10 g Baumwolle, Flotte 1:20 = 200 ccm, 0,9 g Naphthol AS-TR für 200 ccm Flotte. Man löse 0,9 g oder eine größere Menge Naphthol AS-TR nach der Vorschrift S. 91, messe davon die 0,9 g entsprechende Anzahl ccm ab, verdünne mit etwas Wasser, setze 50 g/l = 10 g für 200 ccm, Glaubersalz in Wasser gelöst hinzu, daß 200 ccm erreicht werden. Jetzt stelle auf die richtige Temperatur ein und tränke unter Bewegung die getrocknete oder genetzte, abgewundene Baumwolle $^1/_2$ Stunde lang. Darauf winde man gut ab und färbe feucht aus.

b) Ausfärben: 10 g Baumwolle, 200 ccm Flotte, 0,4 g Echtrot TR Base. Man diazotiere eine abgewogene Menge Base (1—3 g) nach den Vorschriften S. 98 unter Kühlung mit einer Kältemischung (siehe S. 95). Davon messe man die 0,4 g Base entsprechende Anzahl ccm ab, verdünne etwas mit kaltem Wasser, setze 50 g/l (10 g) Kochsalz, in kaltem Wasser gelöst, hinzu, so daß 200 ccm Flotte entstehen. Man läßt die Baumwolle etwa 30 Minuten in der Lösung bei der angegebenen Temperatur (etwa 10—12°), spült dann gründlich und seift schließlich kochend.

Beim Arbeiten mit Färbesalz (Echtrotsalz TR, 20%ig) löst

man das Salz — in diesem Falle 0,4 · 5 = 2 g — nach den Angaben auf S. 104, füllt auf 200 auf und verfährt wie mit der Base.

Weitere Kombinationsmöglichkeiten siehe in der Zusammenstellung auf S. 107.

Für die nächsten Versuche wähle man eine je andere Kombination aus der obigen Tabelle mit den dort angegebenen Zusätzen pro Liter und arbeite mit Flotte 1:20.

4. Grundierung von trocknem und feuchtem Garn. 2 Strähne. Man grundiere einen Strahn trocken und einen feucht (abgewunden) in getrennten Grundierungsbädern[1]. Darauf winde man ab und färbe gemeinsam aus. Beispiel: Naphthol AS mit Echtrot TR Base oder -Salz. Man vergleiche die beiden Färbungen.

5. Grundieren bei verschiedenen Temperaturen: 2 Strähne grundieren mit Naphthol AS-SW, einen bei 25°, einen bei 65°, oder 2 Strähne grundieren mit Naphthol AS-BR, einen bei 25°, einen bei 65°. Man grundiere getrennt, winde ab, färbe feucht in gemeinsamem Entwicklungsbade.

6. Wirkung von Wasser auf die Grundierung. Man grundiere 1 Strahn, binde einen Teil ab und ziehe eine Hälfte ein paarmal durch Wasser oder bespritze den Strahn tüchtig. Darauf winde man ab und entwickle.

7. Wirkung von Formaldehyd. 3 Strähne.

Nr. 1 mit Formaldehydzusatz grundieren, abwinden, über Nacht liegen lassen,

Nr. 2 ohne Formaldehydzusatz grundieren, abwinden, über Nacht liegen lassen,

Nr. 3 ohne Formaldehydzusatz grundieren, abwinden und sofort entwickeln.

Für Strähne 1 und 2 gemeinsames Naphtholbad ansetzen und teilen, Naphtholbad für 3 am nächsten Morgen ansetzen. Darauf alle drei gemeinsam entwickeln und vergleichen. Es kommen nicht in Frage die Naphthole AS-BR und AS-G.

8. Haltbarkeit der Naphtholbäder mit und ohne Formaldehyd. 2 Strähne. Ein Grundierungsbad für diese herrichten, in 2 Teile teilen und in das eine Formaldehyd nach Vorschrift zusetzen. Beide über Nacht stehen lassen, am Morgen die beiden Strähne grundieren und gemeinsam färben. Vergleichen.

9. Wirkung von Glaubersalz beim Grundieren.

[1] Bei Anwendung getrennter Bäder ist stets erst ein gemeinsames Bad anzusetzen und dann für die einzelnen Strähne aufzuteilen, damit überall die gleichen Bedingungen vorherrschen.

2 Strähne. Man grundiere getrennt, den einen ohne, den andern mit 30—50 g/l Glaubersalz und entwickle beide gemeinsam.

10. Wirkung von Laugeüberschuß im Entwicklungsbad. 2 Strähne. Man grundiere einmal nach Vorschrift und quetsche gut aus und einmal mit 2—3fachem Überschuß an Lauge und winde nur wenig ab (getrennte Bäder). Das Entwickeln geschehe auch getrennt und gleichzeitig.

11. Einfluß der Temperatur auf die Entwicklung mit Basen. 2 Strähne. Gemeinsam grundieren. Getrennt entwickeln. Einmal bei Normaltemperatur, einmal bei 20—30°. Diazolösungen etwa 1 Stunde vor Benutzung stehen lassen.

Beispiel:	Echtgranat GC Base: etwa	5°	normal.
	Echtgelb GC Base etwa:	5—10°	„

12. Haltbarkeit der Diazobäder. a) In salzsaurer Lösung, b) in abgestumpfter Lösung. 3 Strähne. Nr. 1 für salzsaure, Nr. 2 und 3 für die abgestumpfte Lösung. Strahn 1 mit einem Naphthol grundieren, eine nicht abgestumpfte, salzsaure Diazolösung ansetzen für 3 Strähne und diese in 3 Teile teile n. Teil 1 und 2 abstumpfen, Teil 3 nicht. Mit Teil 1 sofort den grundierten Strahn 1 entwickeln. Teil 2 und 3 über Nacht stehen lassen. Am Morgen Strähne 2 und 3 mit genau denselben Zusätzen grundieren wie den ersten, Teil 3 jetzt erst abstumpfen und die beiden Strähne sofort in Teil 2 und 3 entwickeln. Vergleichen. Genau arbeiten. Substanzen möglichst im Wägezimmer abwägen.

13. Einfluß verschiedener Arbeitsbedingungen auf die Reibechtheit. 8 Strähne.

Nr. 1	gemeinsam grundieren	mäßig	abwinden,	feucht	entw. in getrennten Bädern	nicht seifen
Nr. 2		restlos		feucht		nicht seifen
Nr. 3		restlos		feucht		seifen
Nr. 4		restlos		trocken		seifen

Nr. 5 mit weichem Wasser, ohne Türkischrotöl	grundieren	getrennt entw. und alle seifen
Nr. 6 mit weichem Wasser, mit Türkischrotöl		
Nr. 7 mit hartem Wasser, ohne Öl		
Nr. 8 mit hartem Wasser, mit Schutzkolloid (s. S. 88)		

Mit 2 Naphtholen ausführen (1—4 und 5—8). Man prüfe die Färbungen auf Reibechtheit.

14. Wirkung der Abstumpfung beim Diazotieren. 2 Strähne. Gemeinsam grundieren. Mit und ohne Abstumpfung der Diazolösung färben.

15. Wirkung von Kochsalz beim Entwickeln. 2 Strähne. Gemeinsam grundieren. Getrennt entwickeln (färben) a) mit 50 g/l Kochsalz, b) ohne Salzzusatz. Sonst normal behandeln. Vergleichen.

2. Anilinschwarz.

Das Schwarz entsteht durch Einwirkung von Sauerstoff (Luft und Oxydationsmittel) auf Anilin, das als salzsaures Salz auf die Faser gebracht wird.

Die Oxydation wird beschleunigt durch Anwendung von sauerstoffreichen geeigneten Salzen und wird unterstützt durch Sauerstoffüberträger, z. B. Kupfervitriol, Schwefelkupfer, Eisenchlorid, Vanadinsaures Ammoniak (Katalysatoren). Geeignete Sauerstofflieferanten sind chromsaure und chlorsaure Salze. Außer diesen Zusätzen werden noch andere Mittel angewandt, die den Ausfall der Färbung beeinflussen und teils die schädigende Wirkung der Säure aufheben sollen.

Das Schwarz wird in der Praxis, je nach der Art des Arbeitens auf drei Wegen hergestellt. Man unterscheidet: Einbadschwarz (Aufnahme des Anilins und Oxydieren in einem Bade). Oxydationsschwarz (Tränken mit Anilin usw. und nachträgliches Entwickeln). Dampfschwarz (für die Druckerei) nur für Stücke.

Eigenschaften. Das Schwarz gehört, wenn es als Oxydationsschwarz hergestellt wird, in die Gruppe der indanthrenechten Farben (siehe S. 64). Es ist gut chlorecht, besser als alle andern Schwarz mit Ausnahme einzelner Küpenfarben und Indocarbon. Es ist licht-, wasch-, wetterecht und sehr widerstandsfähig gegen Chemikalien. Die Reibechtheit ist bei Oxydationsschwarz besser als bei Einbadschwarz, wo ein Teil des Farbstoffs, bedingt durch den Färbevorgang, nur mechanisch auf der Faser haftet. Die Höhe der Reibechtheit hängt zum Teil von der Einhaltung der richtigen Arbeitsbedingungen ab.

Das Schwarz zeichnet sich durch große Schönheit, außerordentliche Fülle und Tiefe aus. Es gibt der Baumwolle einen gewissen vollen Griff und erschwert sie gleichzeitig um etwa 10%.

Das Oxydationsschwarz ist schöner, echter und begehrter als das Einbadschwarz, aber es schädigt die Faser mehr als dieses. Durch geeignete Mittel und durch Einhaltung der Arbeitsbedingungen gelingt es, diese Faserschädigung möglichst zurückzudrängen.

Im Laufe der Zeit nimmt die Färbung beim Tragen der Kleidungsstücke einen grünlichen Schimmer an, sie vergrünt. Es ist aber gelungen, durch geeignete Zusätze und entsprechende Arbeitsweise diesen Übelstand fast ganz zu beseitigen und ein praktisch unvergrünliches Schwarz zu erhalten (siehe S. 116, Abschnitt 6). Das Einbadschwarz steht auch in dieser Hinsicht unter dem Oxydationsschwarz, das langsamer vergrünt.

Bildung von Farblack unter verschiedenen Bedingungen.

Versuche. 1, Man stelle folgende 3 Lösungen nebeneinander in Bechergläsern her:

a) 10 g Anilinsalz, 3 g Kaliumchlorat } in 100 Wasser
b) 10 g Anilinsalz, 3 g Kaliumchlorat, 1 g Kupfervitriol } in 100 Wasser
c) dasselbe wie bei b mit 10 ccm Essigsaurer Tonerde 10° Bé in 100 Wasser.

Man löse die Substanzen in wenig warmem Wasser, lasse abkühlen, gieße in 3 Bechergläser zusammen, fülle auf 100 auf, erhitze gleichmäßig und beobachte bei den 3 Lösungen die Bildung des Farblackes.

2. Schädlichkeit des Zusammengießens der heißen Lösungen. Man nehme die Zusätze von Versuch 1b, löse einzeln in je etwa 30 ccm kochend heißem Wasser und gieße in die Kupfersalzlösung jetzt nacheinander heiß die Chlorat- und die Anilinsalzlösung. Man beobachte, was geschieht. Der Farblack fällt bei heißem Zusammenfügen sofort aus und kann sich nicht auf der Faser bilden. Zu schnelles Erhitzen beim Färben von Einbadschwarz ist daher schädlich. Je langsamer sich die Färbung entwickelt, desto echter wird das Schwarz.

a) Einbadschwarz.

Als Oxydationsmittel dienen Natrium- oder Kaliumbichromat. Unter den vielen, in der Praxis angewandten Verfahren seien hier 2 Beispiele genannt:

1. Flotte 1:15. 2—3 Strähne (etwa 10 g Baumwolle). Zusätze: 6,5 g/l Anilinsalz in warmem Wasser lösen, 8,5 ccm/l Salzsäure 20° Bé, verdünnen, 7 g/l Na-bichromat 1:50 in heißem Wasser lösen.

Die Zusätze werden jeder für sich gelöst. (Anilinsalz und Oxydationsmittellösungen dürfen bei allen Anilinschwarzfärbungen nie heiß zusammenkommen.) Man läßt abkühlen und gießt in der Reihenfolge wie oben in das Bad, das kalt sein muß (nicht über Nacht stehen lassen). Die gut genetzte Baumwolle wird eingetaucht und etwa 1—1$^1/_2$ Stunden umgezogen (evtl. über Nacht stehen lassen und unterstecken). Jetzt erwärmt man langsam auf etwa 50°, behandelt etwa noch 1 Stunde und steigert die Temperatur nach dieser Zeit langsam bis auf etwa 80—90°. Man läßt etwa $^3/_4$ Stunde ziehen, hängt evtl. 1 Stunde an die Luft, säuert ab mit 1 ccm/l H_2SO_4, spült kalt, heiß, kalt und seift schließlich

1 Stunde kochend mit etwa 0,5 g/l Soda (evtl. aufgekocht mit 0,1—0,5 g/l Olivenöl und Wasser), und 5 g/l Seife, windet ab und trocknet.

Das Natriumbichromat kann auch allmählich während des Färbens zugegossen werden, um die Oxydation möglichst allmählich zu erreichen. An Stelle von Anilinsalz kann auch treten: 4,75 g/l Anilinöl, gelöst in 5,35 ccm/l Salzsäure 20° Bé und warmem Wasser[1].

2. Flotte 1:15. Zusätze: 2,9 g/l Anilinöl und 3 ccm/l Salzsäure 20° Bé in warmem Wasser lösen, 5 g/l Natriumbichromat in heißem Wasser lösen, 3,4 ccm/l Schwefelsäure 66° Bé verdünnt und 1—2 ccm/l Eisenbeize konz.

Man arbeite wie oben angegeben. Je langsamer der Prozeß vor sich geht, desto besser wird das Schwarz. Ist der Ton noch nicht genügend entwickelt, so kann mit 1—2 g/l Chromkali oder -natrium und 0,5 ccm/l Schwefelsäure 66° Bé bei 70° $^1/_2$ Stunde nachbehandelt werden.

Zur Verbesserung des Tones kann der Seifenflotte noch etwa 1% (0,5 g/l) Blauholzextrakt zugesetzt werden.

Außerdem kann das Schwarz nuanciert und die Reibechtheit verbessert werden durch Grundieren der Baumwolle mit substantiven oder Schwefelfarben, wobei aber bei Anwendung substantiver Farben die allgemeinen Echtheiten geringer werden.

Beispiel für Grundierung von Anilinschwarz:

3. a) Mit substantiven Farben 2—4% (1—2 g/l) Farbstoff (S. 50). Flotte 1:20. Zusätze wie üblich (siehe S. 30).

b) Mit Schwefelfarben 5—10% (2,5—5 g/l). Farbstoff (S. 50). Flotte 1:20. Färben wie üblich (siehe S. 51).

c) Übersetzen: Die vorgefärbte und gut gespülte Baumwolle wird mit der Hälfte oder mehr der Zusätze einer der oben beschriebenen Flotten mit Anilinschwarz übersetzt.

Man geht kalt ein, hantiert eine Weile, treibt langsam zum Kochen und färbt nahe der Kochtemperatur etwa $^1/_2$ Stunde aus. Bei Schwefelschwarzgrund muß nach dem Seifen eine Behandlung mit Natriumacetat folgen (siehe S. 56, Abschnitt 5).

b) Oxydationsschwarz.

Theoretisches. Hier liegen die Verhältnisse ähnlich wie bei der Bildung von Pararot usw.

Die Baumwolle saugt die Beize ein, die leicht wieder auswaschbar ist. (Die Ware darf nicht mit Wasser in Berührung kommen.) Durch die Oxy-

[1] Aus der Salzsäure und dem unlöslichen Anilinöl bildet sich dabei wasserlösliches „salzsaures" Anilin ($C_6 \cdot H_5 \cdot NH_2 \cdot HCl$).

dation schlägt sich in der Faser das sehr vergrößerte, widerstandsfähige Anilinschwarzmolekül nieder, das außerdem durch Unlöslichkeit die Echtheit bewirkt.

Die Zusammensetzung des Moleküls ist nicht vollständig erforscht. Um die Bildungsweise des Anilinschwarz zu erklären, nimmt man an, daß sich mindestens 8 Benzolkerne zu einer fortlaufenden Kette verknüpfen und etwa in dieser Anordnung im Molekül vorhanden sind:

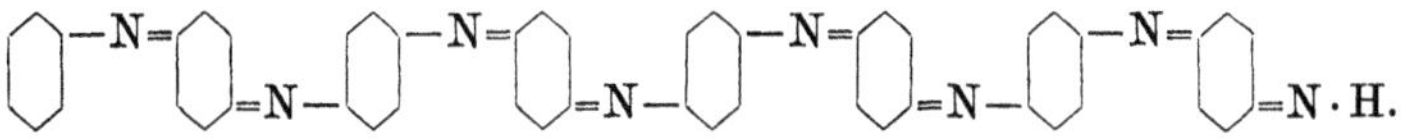

Es sind aber auch andere Deutungen des Zusammentritts der Benzolringe möglich[1].

Die Herstellung dieses Schwarz ist langwierig und umständlich, da die Oxydation des Anilins hier nicht mit dem Aufziehen auf die Faser gleichzeitig erfolgt, sondern in nachträglicher Behandlung durchgeführt wird.

Der ganze Arbeitsprozeß umfaßt 4 Phasen:

Tränken mit Anilinbeize,
Trocknen und feuchtwarm oxydieren,
Nachoxydieren (chromieren),
Nachbehandeln.

Als Sauerstoffträger in der Beize werden Chlorate, zum Nachoxydieren Bichromate genommen.

Als Überträger (Katalysatoren) sind erprobt:

Kupfervitriol,
Schwefelkupfer,
Vanadate,
Eisensalzlösungen u. a.

Beispiele von Beizflotten. Die Zusammensetzung der in der Praxis erprobten Beizflotten ist außerordentlich schwankend, da jeder Betrieb seine eignen Erfahrungen verwertet und die Anforderungen an das Schwarz in bezug auf Charakter, Tiefe und Echtheiten, sowie das Färben von verschiedenartigen Geweben (Halbseide, Halbwolle) und der Baumwolle in den einzelnen Veredlungsstadien manche Änderungen des Verfahrens notwendig machen.

Es seien hier einige Beispiele aus der Praxis, gebrauchsfähig für das Arbeiten im Kleinen, angeführt: Die Beizflotten sind kurz, etwa 1:10 bis 1:15 zu halten. Man färbe etwa 10 g Baumwolle. Chromierungsflotte 1:20.

Anilinöl zum Neutralisieren:

1. 22 g Anilinsalz
8 g Kaliumchlorat

[1] Siehe Fierz-David: Künstl. Farbst. Bd. III d. Technologie der Textilfasern. Herausg. v. R. O. Herzog. S. 346. 1926.

3 g Kupfervitriol
1 g Weizenstärke (aufgekocht)
etwa 1,4 ccm Anilinöl zum Neutralisieren
Einstellen auf 6—8° Bé (insgesamt etwa 150 ccm Beizflotte).

Zusatz essigsaurer Tonerde:

2\. 24 g Anilinsalz
8 g Kaliumchlorat
3 g Kupfervitriol
8—10 ccm Essigsaure Tonerde 10° Bé
1 g Weizenstärke (aufkochen)
Einstellen auf 5—6° Bé (Menge: etwa 150 ccm Flotte).

Verwendung von Salmiak:

3\. 24 g Anilinsalz
8 g Kaliumchlorat
1 g Salmiak
0,8 g Kupfervitriol
25 ccm Essigsaure Tonerde 14° Bé
Einstellen auf 7—8° Bé (Menge: etwa 150 ccm Flotte).

Schwefelkupfer als Katalysator:

4\. 20 g Anilinsalz
8 g Na-chlorat
2 g Weizenstärke (aufkochen)
Auf 7° Bé einstellen (etwa 150 ccm Flotte).

Sauerstoffüberträger Schwefelkupfer vorher auf die Faser bringen: 1. Bad: 20 g/l Kupfervitriol, abwinden, 2. Bad: 100 ccm/l $(NH_4)_2S$-Lösung spülen, abwinden und tränken mit der Beize.

Verwendung von Weinsteinsäure:

5\. 27 g Anilinsalz
1,2 g Weinsteinsäure
9 g Kaliumchlorat
3 g Salmiak
3 g Kupfervitriol
3 g Dextrin (in kochendes Wasser streuen und rühren)
Einstellen auf 6—7° Bé (Menge: etwa 150 ccm Flotte).

Zusatz von Toluidin:

6\. Beize für unvergrünliches Schwarz (I. G.):

I.		II.	
13,5 g	Anilinsalz	5,55 g	Eisenbeize 40° Bé
3,9 g	Toluidin	18 ccm	Wasser
2 ccm	Essigsäure	8,1 ccm	Kupfervitriollösung (1:5)
5,6 ccm	Na-chlorat		
155 ccm	Wasser		

Man gießt 160 ccm von Lösung I mit 20 ccm von Lösung II zusammen und tränkt.

Zusatz von Vanadat und Kollamin.

7\. 75—85 g Anilinsalz
35 g Natriumchlorat
15 g Vanadinsaures Ammoniak (1:1000)
35—40 g Kollamin (F. Sager, Mannheim).

Einstellen auf 1 l Beizflotte. Für 10 g Baumwolle etwa 20% der obigen Mengen abwiegen und auf 200 ccm einstellen. Nachoxydieren mit Chromkalisoda (siehe unten) bei 70°.

8. Zusatz von „Eumol neu“ (I. G.).

Als Sparmittel für Anilinschwarzflotten setzt man für den Ansatz etwa 6 g/l zu und kann etwa 10—15% an den anderen Zusätzen sparen. Die Arbeitsweise ist die gleiche wie sonst.

Chromierungsflotte 1:20: Die Flotte zum Nachoxydieren kann enthalten:

2—3 g/l	Bichromat (K oder Na) oder
2—3 g/l	,, und 2—3 g/l Soda oder
2—3 g/l	,, und 0,5 ccm/l Schwefelsäure 66° Bé oder
2—3 g/l	,, und
0,5 ccm/l	Schwefelsäure 66° Bé und
2 g/l	Eisenbeize konz. oder
2—3 g/l	Bichromat und
0,5 ccm/l	Schwefelsäure und evtl.
0,25 g/l	Anilinsalz

Arbeitsgang. Tränken mit Beize. Die für die Beizflotte errechneten Zusätze, jeden für sich, heiß lösen (Säuren kalt verdünnen), erkalten lassen, Lösungen in der Reihenfolge wie aufgeführt zusammengießen, einstellen mit Wasser auf die angegebene Konzentration, prüfen auf neutrale Reaktion mit Methylvielett (1:10000) evtl. Zusatz von Anilinöl bis zur neutralon Reaktion. Methylviolett darf nicht blau werden oder grün Die Beizlösung muß klar sein und darf keine Ausscheidungen haben. Eingehen mit gut genetztem und gut abgewundenem Garn, etwa 10—15 Minuten fleißig hantieren, abquetschen, abwinden bis auf Doppelgewicht (100% Zunahme), egalisieren (Flotte durch Winden gleichmäßig in der Faser verteilen), Farbe des getränkten Garns darf kaum verändert, darf nicht grün oder rußig sein. Auflockern und Oxydieren.

Oxydieren. Möglichst rasch bei etwa 35° trocknen. Dann bis zu 12 Stunden aufhängen in feuchtwarmer Luft von etwa 25—35° (bei kleinem Trockenschrank müssen die Gase abgesaugt werden). (Flache, große Schale mit Wasser im Trockenschrank.) 2—3mal umwenden und auflockern. Sobald das Garn gleichmäßig dunkelgrün ist, herausnehmen und

Chromieren, mit einer der oben angeführten Chromierungsflotten bei 45—50° etwa $^1/_2$ Stunde (Flotte 1:20). Darauf gut spülen und mindestens 1 Stunde evtl. über Nacht liegen lassen, am Morgen kalt, heiß, kalt spülen und

Seifen mit 3—5 g/l Seife, 0,5—2 g/l Soda und evtl. 0,1—0,3 g/l Olivenöl heiß bis kochend etwa $^1/_2$ Stunde. Abwinden, trocknen.

Soda und Öl werden mit Wasser zu einer Emulsion verkocht, und diese vor der Seife in das Bad gegossen.

Anhang.

Verwendung. Meistens für Baumwolle: Lose Baumwolle, Garne, Wirkwaren, Strümpfe, Gewebe (Druckerei), Kunstseide. Aber auch für Halbwolle (Wolle entweder sauer vorfärben, oder nachher sauer überfärben. Das Schwarz wird dann säurekochecht gemacht, indem man der Chromflotte 10 g/l Anilinsalz zugibt und über Nacht liegen läßt) und für Halbseide.

Nuancierung. Zusatz von viel Anilinöl zur Beizflotte macht den Ton brauner.

Zusatz von Anilinsalz zur Chromflotte macht das Schwarz brauner, tiefer (es beteiligt sich bei der Oxydation noch mit an der Bildung des endgültigen Farbstoffs).

Ein volleres, brauneres Schwarz erzielt man auch, wenn man an Chlorat etwas abbricht und an Kupfervitriol etwas zugibt.

Ein blaues Schwarz resultiert, wenn man beim Chromieren etwas weniger Chromsalz (2 g/l) nimmt und Anilinsalz fortläßt.

Röter, brauner wird das Schwarz auch durch erhöhten Chromzusatz und Fortlassen von Anilinsalz aus der Chromflotte.

Ein Blauschwarz erreicht man durch schwächere Beizflotte.

Blau- und Gelbholz in der Seife kann ebenfalls zum Tönen benutzt werden (etwa 1%; 0,5 g/l).

Konzentration der Beizflotte ist je nach der Schwere der Gewebe oder der Feinheit der Garne verschieden.

Leichte Ware und grobe Garnnummern erfordern nicht so hohe Dichte wie schwere Stücke, um die gleiche Tiefe zu erzielen.

Mit der Konzentration wächst die Tiefe und die Bräunung des Tones, gleichzeitig aber die Gefahr der Faserschädigung durch den erhöhten Gehalt an Salzsäure.

Fasermorsche. Der Grad der Faserschädigung hängt zum Teil von der gewissenhaften Einhaltung der erprobten Arbeitsbedingungen ab. Auch Zusätze wirken günstig ein (siehe unten Kollamin).

Zweck und Einfluß der Zusätze.

Anilinsalz im Chrombade siehe Nuancierung (oben).

Chromate dienen, wie schon gesagt, als Sauerstoffträger. Je mehr Bichromat angewandt wird, desto voller und gleichmäßiger wird das Schwarz, je weniger, desto blauer, leerer bleibt es. Die Vergrünlichkeit nimmt ab bei erhöhtem Chromgehalt des Bades und kurzer Flotte. Siehe auch Nuancierung.

Chlorate. Eine erhöhte Menge Chlorat beschleunigt die Oxydation, sie macht den Ton tiefer, und die Vergrünlichkeit nimmt ab.

Kupfervitriol. Vermehrte Zugabe an diesem Salz vertieft das Schwarz, beschleunigt die Oxydation, was nicht immer wünschenswert ist, da die Echtheit darunter leiden kann.

Dextrin dient als Klebemittel, wohl zur Erhöhung der Reibechtheit. Kann reduzierend, verlangsamend (also günstig) auf den Oxydationsvorgang wirken.

Eumol neu. Siehe S. 117, Rezept 8).

Eisenbeize dient als Katalysator und gleichzeitig als Beize beim Überfärben mit Blauholz im Seifenbade.

Kollamin der Firma Sager, Mannheim, ist ein Mittel, um die Schwächung der Faser bei Oxydationsschwarz und Dampfschwarz zu reduzieren. Die Einbuße an Festigkeit soll nach Untersuchungen bei Anwendung von Kollamin etwa 10% geringer sein als bei üblicher Arbeitsweise ohne das Schutzmittel (siehe S. 116, Rezept 7).

Salmiak dient als wasseranziehendes Mittel beim Oxydieren in der Hänge, weil die Anwesenheit von Feuchtigkeit durch die ganze Faser hindurch unbedingt anzustreben ist, damit die Oxydation gleichmäßig durchdringt (siehe S. 116, Rezept 3).

Schwefelkupfer dient als Sauerstoffüberträger (siehe S. 116, Rezept 4).

Stärke wirkt klebend auf den Farbstoff (siehe Dextrin).

Toluidin. Zusatz zur Beize, um unvergrünliches Schwarz zu erzeugen (I. G.) (siehe S. 116, Rezept 6). Einzelheiten über unvergrünliches Schwarz siehe Heermann, Textilveredlung 1926.

Tonerdesalze, z. B. essigsaure Tonerde wirkt abstumpfend auf die Salzsäure, verzögert den Prozeß der Oxydation und verlangsamt so die Schwarzbildung. Überschuß an diesem Salz wirkt nicht günstig auf den Charakter des Tones.

Weinsteinsäure und andere Säuren, wie Milch- und Ameisensäure als Zusätze zur Beize sollen die Wirkung der Salzsäure auf die Faser abschwächen (siehe S. 116, Rezept 5).

Das Färben mercerisierter Baumwolle.

Theoretisches. Baumwolle, vor allem langstaplige, schrumpft durch Behandlung mit konzentrierter Natronlauge bei gewöhnlicher Temperatur (15—20°) ein und erhält bei gleichzeitiger oder kurz darauf erfolgender starker Streckung einen seidenartigen Glanz. Daneben ändert sich ihre chemische Zusammensetzung und ihre färberischen und physikalischen Eigenschaften. Es wird angenommen, daß sich Natroncellulose bildet, die durch auffolgendes Spülen mit Wasser in Hydratcellulose übergeht. An veränderten Eigenschaften sind hervorzuheben: die bedeutend größere Aufnahmefähigkeit für aller Art Farbstoffe, Beizen u. dgl. (Tannin usw.), die bei substantiven Farben um etwa 20—30% durchschnittlich gesteigert wird, und die größere Reißfestigkeit[1].

Färben. Die Färbemethoden sind im allgemeinen die gleichen wie bei Baumwolle. Die starke Affinität für Farbstoffe bedingt größere Vorsicht bei Handhabung der Temperatur und der Salzzusätze. Man arbeitet mit weniger Salz und Farbstoff, beginnt bei niederer Temperatur und setzt evtl. mehr Egalisierungsmittel zu.

Die Farbstoffmengen sind gegenüber denen für Baumwolle um etwa $^7/_{10}$ zu reduzieren, wenn man die gleiche Tiefe wie auf Baumwolle erzielen will.

Für hellere Töne wird gebleicht, und zwar meist nach dem Mercerisieren.

Die mercerisierte Baumwolle verliert leicht ihren Glanz, wenn sich Abscheidungen während der Behandlung aus den Bädern ablagern, wie Kalk, Kalkseifen, Verbindungen von Netzölen mit dem Kalk des Wassers bei Verwendung kalkempfindlicher Produkte, Aluminiumhydroxyd und -seifen bei der Herstellung von Naphtholfärbungen usw. Man arbeitet dementsprechend mit weichem Wasser, kalkbeständigen Ölen, spült die Seife stets gut aus (evtl. in einem warmen Sodabad mit 0,5—1 g/l Soda, dem kaltes Waschen folgt). Evtl. kann abgesäuert werden.

Erzeugung von Seidengriff auf Baumwolle und mercerisierter Baumwolle.

Der gefärbte Strahn wird nach dem Spülen etwa 20 Minuten bei gewöhnlicher Temperatur mit 2—5 g/l Seife behandelt, geschleudert und etwa 10—20 Minuten in frischem kalten Bade mit 2—10 g/l Milchsäure (50%ig) oder einer andern organischen, unschädlichen Säure umgezogen und ohne zu spülen scharf getrocknet.

Die Zusätze richten sich nach der Art des Griffes, den man auch durch Beigabe von 1—1,5 g/l Appreturmittel wie Stärke, Leim, Dextrin in das Säurebad variieren kann. Der Griff mit Essigsäure und Ameisensäure ist nicht so dauerhaft wie der mit Milch-, Weinsäure oder Citronensäure.

[1] Näheres in der einschlägigen Literatur.

Die Färberei der Wolle.

Das Vorbereiten der Wolle zum Färben.

Reinigen. Die Wolle wird meist in der Spinnerei schon gewaschen, und die zum Färben kommenden Garne, die wenig Fett vom Verspinnen enthalten, werden, um ein Filzen möglichst zu verhindern, etwa 1—2 Stunden in kochend heißes Wasser eingelegt (Einbrennen).

Das Waschen der Garne, die etwas fetthaltiger sind, geschieht beispielsweise durch ein warmes Bad von etwa 40° mit etwa 1—3% (0,2—0,6 g/l) Soda, dem evtl. eins der vielen im Handel befindlichen Spezialwaschmittel oder etwas Ammoniak oder Seife zugesetzt wird (siehe die Anzeigen in den Fachzeitschriften). Die Waschlauge wird darauf gut mit warmem oder kaltem Wasser ausgespült.

Bleichen. a) Mit gasförmigem Schwefeldioxyd (in der Kammer). Man bereite sich ein Bad aus Weichwasser mit 1—2 g/l Seife, tränke die Wolle bei etwa 35°, bläue evtl. mit den auf S. 122 angegebenen Farbstoffen schwach an, winde ab ohne zu spülen und hänge feucht in eine Atmosphäre von SO_2-Gas bei gewöhnlicher Temperatur, das man durch Abbrennen von Stangenschwefel unter einer Glasglocke oder in einem dichtem Holzkasten erzeugt (Anzünden des Schwefels mit einem Stück glühenden Eisen). Man lasse über Nacht einwirken, wiederhole evtl. das Bleichen, spüle warm aus, bläue evtl. wie auf S. 122 angegeben und lasse an der Luft trocknen.

Theoretisches. Das Bleichen von Wolle mit schwefliger Säure beruht nicht wie beim Chlorbleichen der Baumwolle auf Oxydation, sondern Anlagerung von SO_2, das mit der Wollsubstanz eine farblose Verbindung eingeht. Nach längerer Zeit vergilben die gebleichten Garne wieder. Dieses Vergilben tritt bei der Sauerstoffbleiche mit Wasserstoffsuperoxyd usw. nicht ein.

Versuch. Man entfärbe eine Fuchsinlösung mit wenig schwefliger Säure und erwärme nach Zusatz von Salzsäure. Die Farbe kehrt wieder.

b) mit gelöster schwefliger Säure. Flotte 1:40—50. Man bereite sich ein kaltes Bad mit 2 g/l Natriumbisulfit Pulver (oder die etwa 3fache Menge Bisulfitlauge von 38—40° Bé) und setze kurz vor Gebrauch (?) etwa 0,5—0,75 ccm/l Schwefelsäure zu. Man beginne kalt mit der feuchten Wolle, bewege einige Zeit, stecke unter und lasse über Nacht im Bade. Am Morgen wird gut gespült, evtl. gebläut wie unten beschrieben, und nicht zu warm getrocknet (am besten bei Zimmertemperatur).

c) mit Kaliumpermanganat und schwefliger Säure. Flotte 1:25. Man stelle die feuchte Wolle (gut gewaschen) auf ein kaltes Bad, entsprechend einer Konzentration von etwa 0,4 g/l Kaliumpermanganat. Zum Schutz der Wolle setze man dem Bade etwa 1,5—2 g/l Bittersalz zu. Man bewege etwa 1 Stunde, winde die braun gewordene Wolle ab und löse den auf der Faser niedergeschlagenen Braunstein in einem Bade mit etwa 4 g/l Natriumbisulfit Pulver (oder die 3fache Menge Bisulfitlauge 38—40°), dem man erst kurz vor Gebrauch 1,5—2 ccm/l Schwefelsäure zusetzt. Man behandele darin solange, bis die Wolle weiß geworden ist. Darauf spüle man in kaltem Wasser und trockne nicht zu warm.

Theoretisches. Kaliumpermanganat zerfällt durch die reduzierenden Substanzen der Wolle bei Abwesenheit von Säure nach der Gleichung:

$$2\,K \cdot MnO_4 + H_2O = 2\,MnO_2 + 2\,KOH + 3O.$$

Der freiwerdende Braunstein lagert sich auf der Faser ab. Das der Wolle schädliche Kaliumhydroxyd wird durch Zusatz von Bittersalz abgestumpft:

$$2\,KOH + MgSO_4 = Mg(OH)_2 + K_2SO_4.$$

Bläuen. Der der Wolle nach der Bleiche noch etwa anhaftende geringe Gelbstich wird durch Anfärben mit blauen oder violetten Farbstoffen aufgehoben. Man gibt dem Bisulfit- oder dem letzten Spülbade von etwa 40° etwa 0,001—0,002 g/l Farbstoff zu, hantiert etwa 10—15 Minuten, spült und trocknet mäßig warm (gewöhnliche Temperatur).

Beispiele:	Brillantwalkblau B,	Cyananthrol R Plv.
	Formylviolett S4B,	Eglantin BBZ
	Viktoriablau B	
	Methylvioletts	
	Säureviolett 6BN, 4BL und viele andere.	

Es kann auch nach dem Spülen im fetten Seifenbade handwarm gebläut werden (5—10 g/l Seife).

d) mit Wasserstoffsuperoxyd. (Flotte 1:40 oder kürzer). Man stelle sich ein Bad mit etwa 200—250 ccm/l Wasserstoffsuperoxyd (3% ig), das heißt mit etwa $^1/_5$ der Bleichflotte her. Das Bad muß durch vorsichtigen Zusatz von Ammoniak zur Abgabe von Sauerstoff schwach alkalisch gemacht werden (rotes Lackmuspapier muß eben gebläut werden). Ausführung siehe unten.

e) mit Natriumsuperoxyd. Flotte 1:40 oder kürzer. Man versetze das kalte Bad mit 7,5—10 ccm/l Schwefelsäure und streue langsam unter fleißigem Rühren 10—13 g/l Natriumsuperoxyd ein. Das Bad muß dauernd saure Reaktion zeigen, andernfalls muß mit gut verdünnter Schwefelsäure unter Rühren vorsichtig angesäuert werden. Erst jetzt wird wie bei Wasserstoffsuperoxyd mit wenig Ammoniak alkalisch gemacht. Das zwischengeschaltete Ansäuren ist wichtig, da sonst — bei Mangel an Säure — die auftretende Natronalkalinität (siehe Gleichung II) die Wolle schädigen würde. Die später hergestellte Ammoniakalkalinität wirkt milder.

$$\text{I. } Na_2O_2 + H_2SO_4 \text{ verdünnt} = Na_2SO_4 + H_2O_2,$$
$$\text{II. } Na_2O_2 + H_2O = 2\,NaOH + O.$$

Die so vorbereiteten Bäder d und e werden nun auf etwa 40—50° erwärmt, und man kann mit dem Bleichen beginnen. Zunächst wird ein paarmal umgezogen und darauf untergesteckt. Man lasse die Wolle etwa 12—15 Stunden im Bade und ziehe während dieser Zeit einige Male um, oder lasse sie über Nacht gut bedeckt unter der Flotte. Das Bad muß während der ganzen Bleichdauer auf schwach alkalische Reaktion kontrolliert werden. Anschließend wird gut gespült und im letzten, evtl. schwach angesäuerten oder im Seifenbade mit den schon angegebenen Farbstoffen gebläut.

Das Färben.

Theoretisches. Für das Färben von tierischen Fasern hat man noch keine eindeutige Erklärung gefunden[1]. Man nimmt allgemein an, daß beim Färben mit basischen und Säurefarben sich eine chemische Reaktion, eine Salzbildung vollzieht zwischen der Farbbase bei basischen und der Farbsäure bei Säurefarben mit den entgegengesetzten Gruppen der Wolle oder Seide, die als Eiweißkörper, gleichzeitig basische und saure, reaktionsfähige Gruppen enthalten.

Beim Färben mit basischen Farben spricht für diese Theorie die Tatsache, daß beim Färben der hydrolytisch gespaltenen, meist salzsauren Salze die Mineralsäure quantitativ im Bade zurückbleibt. Bei den meisten Säurefarben muß, um die Färbung durchzuführen, die Farbsäure des Farbstoffs[2] mit einer stärkeren Säure

[1] Haller: Theorie der Färbung. Enzyklopädie der textilchemischen Technologie. Herausgegeben von Heermann. S. 807. 1930.

[2] Die Farbstoffe sind meist als Natronsalze im Handel.

(Essig-, Ameisen- oder Schwefelsäure[1]) in Freiheit gesetzt werden. Einzelne Säure- und substantive Farben ziehen auch in neutralem Bade gut auf tierische Fasern (siehe S. 134 u. 136).

Die Säurefarben enthalten saure Gruppen, die sie zum Färben von tierischen Fasern geeignet machen (Sulfo-, Carboxyl-, Hydroxylgruppe). Hierzu gehören ihrer chemischen Natur nach hauptsächlich folgende Klassen:

Nitrofarbstoffe, Beispiel Naphtholgelb S:

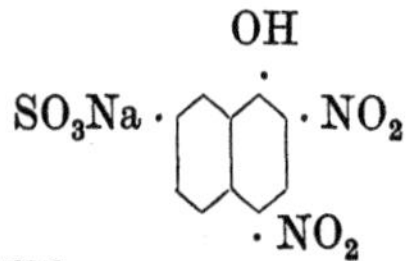

Azofarbstoffe, Beispiel Pouceau 4 GB:

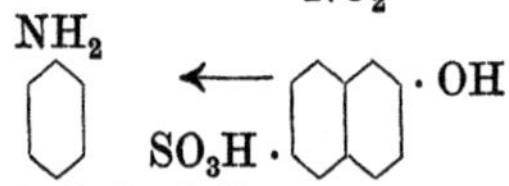

Anilin diaz. und gekuppelt mit 2 Naphthol · 7 · Sulfosäure.

Triphenylmethanfarben, Beispiel Patentblau V:

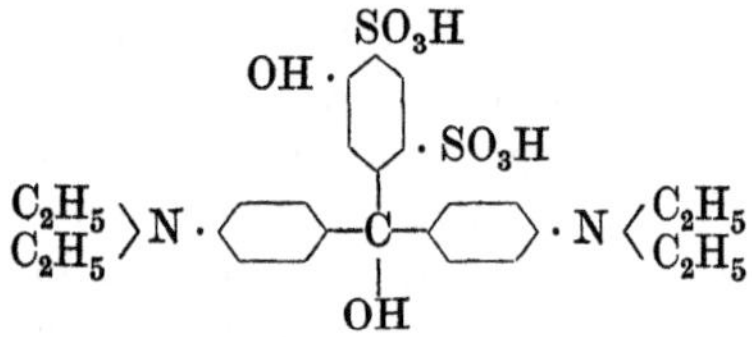

Pyrazolonfarben, Beispiel Flavazin L (?), Echtlichtgelb G:

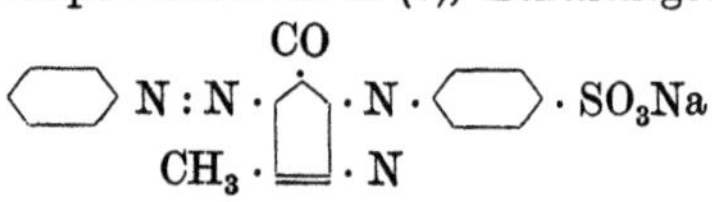

aus Anilin | Methyl-Pyrazolon | Sulfophenylrest.

Phthaleinfarben, Beispiel Eosine.

Anthrachinonderivate, Beispiel Alizarinirisol:

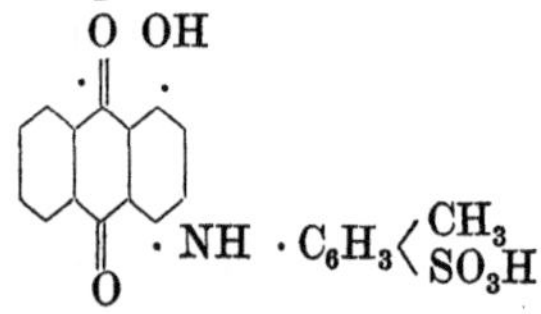

Von praktischen Gesichtspunkten aus müssen die Säurefarben ohne besondere Rücksicht auf ihre chemische Natur nach ihren färberischen Eigenschaften in einzelne, nicht immer scharf getrennte Gruppen eingeteilt werden, so daß in den einzelnen Gruppen Farbstoffe der verschiedensten chemischen Zusammensetzung und Herkunft vertreten sind. Diese Einteilung für die Färberei

[1] An Stelle von Essigsäure kann meist $^1/_4$—$^1/_5$ und an Stelle von Schwefelsäure die gleiche Menge Ameisensäure genommen werden.

wird dadurch bestimmt, wie sich die einzelnen Farbstoffe beim Zusatz von Säuren im Färbebade verhalten.

Wirkung des Säurezusatzes. Bei den meisten Wollfarbstoffen — Ausnahmen siehe bei den Vorschriften (z. B. neutral ziehende oder substantive Farben) wird bekanntlich durch Zusatz von Säure das Aufziehen der Farbstoffe bewirkt. Die angewandte Säure (Essig-, Ameisen-, Schwefelsäure) macht die Farbsäure frei, die als solche von der Wolle aufgenommen wird. Gleichzeitig wird durch Gegenwart der Zusatzsäure die Löslichkeit der freigemachten Farbstoffsäure herabgedrückt und das Gleichgewicht des Systems zugunsten der Farbstoffaufnahme verschoben. Der Charakter eines Farbstoffes bestimmt die Menge und Stärke der Säure, mit der er am günstigsten gefärbt werden kann. Ihre Wirkung kann entweder abgeschwächt werden (z. B. durch Zusatz von Glaubersalz zu Schwefelsäure und Anwendung von sauren Salzen[1]), oder erst allmählich zur Entwicklung gebracht werden durch Anwendung eines Salzes, bei dem im Laufe des Erwärmens die Säure langsam frei wird (Ammonsalze siehe S. 132). Die Erhöhung der Säurekonzentration — bis zu einem gewissen Grade — wird ein rascheres, intensiveres und unter Umständen bei schlechter egalisierenden Farbstoffen unegaleres Aufziehen bewirken und umgekehrt. Man wird also praktischerweise, um möglichst egale Färbungen zu erzielen, zu Anfang des Färbens mit wenig oder schwächerer Säure arbeiten, evtl. auch den Zusatz an Glaubersalz vermehren, und erst nach einiger Zeit die Konzentration erhöhen oder eine stärkere Säure nachsetzen, um ein vollständiges Erschöpfen des Bades zu erreichen. Dieses Verfahren hat allgemein in der Wollfärberei Eingang gefunden.

Glaubersalz schwächt, wie die Formel zeigt[1], die Acidität. Eine Erhöhung der Salzmenge wird also das Färben verlangsamen — ganz im Gegensatz zur Baumwollfärberei —, und die Folgen sind dann meist besseres Egalisieren, besseres Durchfärben und evtl. nicht vollkommenes Ausziehen der Bäder.

Aber das Salz[2] muß darüber hinaus noch einen andern Einfluß auf den Verlauf der Färbung ausüben. Kocht man nämlich eine mit Säurefarben hergestellte Färbung in einem frischen Glaubersalzbade, so wird ein Teil des Farbstoffes von der Faser heruntergezogen, wahrscheinlich weil der Farbstoff sich in dieser Flotte besser löst als in reinem Wasser. Man kann also eine solche zu

---

[1] $Na_2SO_4 + H_2SO_4 = 2\,NaHSO_4$.

[2] Kochsalz an Stelle von Glaubersalz hat sich bei der Wollfärberei nicht bewährt, da es die Eigenschaften der Wolle ungünstig beeinflußt.

dunkel gewordene Färbung durch Kochen mit Glaubersalz (etwa 10—20%) in frischem Bade etwas aufhellen.

Das Salz wird also, da es in gewissem Sinne lösend auf den Farbstoff wirkt, einen Ausgleich zwischen stärker und schwächer mit Farbstoff beladenen Wollteilchen herbeiführen, also — an sich — egalisierend wirken und dem Einfluß von Säure entgegenwirken, auch ohne mit ihr chemisch zu reagieren (Glaubersalz und Essigsäure bei vielen Vorschriften).

Temperatur. Die Erhöhung der Temperatur wirkt im allgemeinen bei Wollfärbungen beschleunigend auf den Färbevorgang ein. Durch Tiefhalten der Temperatur bei Beginn des Färbens erreicht man also ein langsameres Aufziehen des Farbstoffes und erzielt leichter eine egale Färbung. Bei Kochtemperatur quillt die Wolle am meisten auf, das gleichmäßige Eindringen des Farbstoffes wird dadurch erleichtert, und das Ausziehen der Bäder erfolgt in den meisten Fällen fast quantitativ.

Beim Färben der Wolle muß daher in den meisten Fällen gekocht werden — zum Unterschied von Baumwolle und Seide — und die verdampfte Flotte ist im Laufe des Färbens durch Nachgießen von heißem Wasser zu ersetzen.

Die Kunst des Färbens besteht nun darin, in jedem Falle die günstigsten Bedingungen zu wählen, das heißt die Faktoren Säurezusatz, Temperatur, Glaubersalz oder Ammonsalz, Langsamkeit des Erwärmens usw. so geschickt zu variieren, daß unter Ausnutzung des Farbstoffes und Schonung des Faser eine möglichst gleichmäßige Färbung entsteht. Dabei können nötigenfalls Farbstoffe, die bei verschiedenen Vorschriften genannt sind, zusammen gefärbt werden. Nur muß dann stets auf die empfindlicheren Rücksicht genommen werden, indem man z. B. vorsichtig bei Säurezusatz und Erwärmung ist, und die Glaubersalzmenge evtl. erhöht (siehe z. B. die Hilfsfarbstoffe beim Färben mit Chromierungsfarben S. 147).

Säure-, substantive und basische Farben.

a) Säure(-Egalisierungs-)farben für Glaubersalz und Schwefelsäurezusatz,

die sehr gut egal färben, bei hoher Temperatur zugesetzt werden können und sich etwas stärker sauer färben lassen als die nächste Gruppe. Man setzt etwas mehr Schwefelsäure und weniger Glaubersalz zu als dort.

Lösen der Farbstoffe. Man übergießt sie mit kochend heißem Wasser oder mit kochender Flotte. Bei einigen Farbstoffen dagegen ist ein Lösen in saurer Flotte zu vermeiden, z. B. Patentblau A. Dagegen werden am besten in saurer Flotte gelöst z. B. Amidonaphtholrot 6B, Naphthalingrün V, Alizarindirektviolett EBB, Azosäureschwarz 3BL und andere.

Färben. Flotte 1:60—80. Das Färbebad wird beschickt mit: 10—15% (2,5—4g/l) Glaubersalz, 3—5% (0,4—0,7 ccm/l) Schwefelsäure[1], oder an beider Stelle 5—15% (1,5—4 g/l) Weinsteinpräparat (Natriumbisulfat). Darauf gibt man den gut gelösten Farbstoff zu, erwärmt bis etwa 80°, stellt die genetzte Wolle[2] auf, treibt hoch und läßt 1—1¼ Stunde kochen. Darauf wird gespült und getrocknet. Die Bäder können weiter benutzt werden.

Versuche. 1. Man färbe einige Farbstoffe aus der unten stehenden Liste mit je etwa 3% Farbstoff für bunte Töne, 7—8% für Schwarz und mit den oben angegebenen Zusätzen. Zum Erschöpfen des Bades bei Farbstoffen, die nicht gut ausgezogen werden (beobachten!) wird noch etwas Säure nachgesetzt.

2. Man färbe 3 Strähne oder Läppchen getrennt mit dem gleichen Farbstoff aus der Liste S. 129 unter gleichen Bedingungen, aber Nr. 1 ohne Säure und Glaubersalz, Nr. 2 mit Säure (nach Vorschrift), ohne Glaubersalz, Nr. 3 ohne Säure mit 5—10 g/l Glaubersalz. Man verlgeiche zum Schluß die getrockneten Färbungen.

3. Man führe eine Färbung aus mit 3 Strähnen in einem Bade mit einem Farbstoff auf S.128. Darauf koche man einen gefärbten Strahn in einem frischen Bade mit Wasser, den andern in einer Lösung etwa 5—10 g/l Glaubersalz mit der gleichen Flottenmenge ½ Stunde. Der 3. Strahn wird zum Vergleich der 3 Färbungen zurückbehalten.

4. Man färbe einige Strähne nach Vorlagen (z. B. Modefarben) mit einer Mischung aus Blau, Rot, Gelb (z. B. Alizarindirektblau AGG, Guineaechtrot BL, Echtlichtgelb EGG). Man stelle sich zu diesem Zweck 3 Lösungen etwa 1:100 her.

Farbstoffe (Farbkarte Nr. 164 C, 235 B der I. G.).

Die Marken mit * z. B. egalisieren besonders gut und kommen für Mischungen in Frage. Sie können ohne weiteres dem kochenden Bade zugegeben werden.

Rot:	Alizarinrubinol R, GW *Amidonaphtholrot 2B, 6B	*Azofuchsin 4G ex, 6B ex *Guineaechtrot BL

[1] An Stelle von Schwefelsäure kann stets die gleiche Menge Ameisensäure 85%ig genommen werden.

[2] Das Netzen vor dem Färben getrockneter, gereinigter Wolle geschieht bei allen Färbungen, auch später, durch kurze Behandlung in kochend heißem Wasser, bis sie von selbst untergeht.

*Lanafuchsin 6B
Rhodamin B ex (bas.)
*Supraminrot GG, B, 3B
*Radiorot G
*Supraminbordo B
*Azogrenadin S
*Säurefuchsin
*Sulforhodamin B ex
Anthosin 5BN
*Echtlichtrubin BL

Orange:
*Echtlichtorange G
*Orange II, GG konz.
*Orange GR spez.
Mandarin G ex

Gelb:
Echtlichtgelb G, EGG
*Chinolingelb S
Curcumin S, S konz.
*Supramingelb G, 3G, R
*Tartrazin O, SO
*Naphtholgelb S
*Radiogelb R
*Indischgelb G
*Säuregelb AT ex
*Amidogelb E

Grün:
*Guineaechtgrün B
*Wollgrün BS
*Cyanolechtgrün G, GG
*Alkaliechtgrün 3G,10G
*Naphthalingrün V
*Anthracyaningrün BS, 3GS
*Brillantsäuregrün 6B

Blau:
*Alizarinastrol B
*Alizarinsaphirol SE, A3R
*Alizarincyanol BB, BE GSE
*Brillantsäureblau V
*Patentblau V, L
Patentblau A
Viktoriablau B (bas.)
Patentmarineblau LER
*Säuremarineblau A
*Azowollblau SER, C
*Cyanol FF, ex, FFG
*Tetracyanol A
*Alizarindirektcyanin 3GE
Amidoblau GGR, BA
Alizarindirektblau AR, AGG
*Anthracyanin 3FS, FS, 3GS, BS

Violett:
*Alizarinirisol R
*Echtsäureviolett 10B
*Viktoriaviolett 4BS
Alizaringeranol B
*Säureviolett 6BN
*Alizarindirektviolett EBB

Braun:
*Anthracyaninbraun RL
*Anthracyaninbraun RS, GS

Schwarz u. grau:
Azomerinoschwarz BN
Guineaschwarz 3BL ex
Azosäureschwarz 3BL ex
Agalmaschwarz 4BG
Anthracyaningrau GS

Echtheiten. Die Echtheitseigenschaften der ersten beiden Gruppen der Säurefarben sind im allgemeinen nicht hoch. Sie sind wenig wasch- und walkecht. Die Lichtechtheit schwankt zwischen mäßig bis sehr gut. Die Alkali-, Reib- und Dekaturechtheit ist im großen und ganzen gut bis sehr gut (genaue Angaben siehe in den Echtheitstabellen der Fabriken).

b) Andere Säure-(Uni-)farben für Glaubersalz und Schwefelsäurezusatz,

die etwas schlechter egalisieren. Sie erfordern daher einen höheren Zusatz an Glaubersalz und dürfen nicht so stark sauer gefärbt werden, wie die Egalisierungsfarben. Sie sind also zum Abtönen und für Mischungen weniger gut geeignet, und das Färben muß bei niederer Temperatur begonnen werden, um das Aufziehen zu verlangsamen.

Echtheiten siehe die Egalisierungsfarben.

Lösen der Farbstoffe. Man teigt den Farbstoff mit wenig heißem Kondenswasser an und setzt unter Umrühren genügend heißes Wasser nach. Ein Lösen in saurer Flotte ist zu vermeiden.

Flotte 1:80—60.

Färben. Man beschickt das Bad mit 10—20% (2,5—5 g/l) Glaubersalz, 2—3% (0,25—0,4 ccm/l) Schwefelsäure, oder an deren Stelle mit 5—10% (1,25—2,5 g/l) Weinsteinpräparat (Natriumbisulfat), setzt die berechnete Menge Farblösung zu, beginnt bei etwa 50° mit dem Färben, treibt langsam hoch (in etwa $^1/_2$ Stunde) und läßt etwa 1 Stunde kochen oder bis das Bad erschöpft ist. Nötigenfalls setzt man etwas Säure nach (0,5—0,7 ccm/l). Nach dem Färben wird gut gespült und getrocknet.

Bei schwer durchfärbender Ware geht man in der Praxis bei niederer Temperatur ein, treibt noch langsamer zum Kochen, erhöht den Zusatz an Glaubersalz und gibt evtl. die Säure in mehreren Teilen (verdünnt) in das Bad.

Die Farbbäder können für andere Färbungen weiter benutzt werden.

Versuche. Man stelle einige Ausfärbungen her mit Farbstoffen dieser Gruppe. Die Zusätze an Farbstoff sind die gleichen wie bei a, auch für schwarz.

Farbstoffe (Farbkarte z. B. 164 C, 235 B usw. der I. G.).

Rot:	Ponceau 2R, BO ex		Wasserblau R, 3B
	Echtponceau BX		Wollblau R ex
	Krystallponceau		Brillantwollblau FFR ex
	Azorubin S		Echtsäurecyanin 5R
	Croceinscharlach 7B		Brillantsäureblau A, EG
	Alizarinrubinol 3G		Alizarinreinblau G
Orange:	Ponceau 4GB	**Violett:**	Alkaliviolett LR
	Orange IV		Guineaviolett 3BA
Gelb:	Metanilgelb ex		Wollechtviolett B
	Echtlichtgelb 3G		Supraminviolett R, B
	Supramingelb 3GL	**Braun:**	Supraminbraun R, G
Grün:	Aminschwarzgrün B		Echtbraun G
	Naphtholgrün B f. Wolle	**Grau u. schwarz:**	Aminschwarz 4BL
	Alizarincyaningrün EF, G ex, 3G		Naphthylaminschwarz 4B, 10B
	Supramingrün BL, G		Amidoschwarz AGG, ATT
	Radiogrün C		Säurealizaringrau G
Blau:	Alizarinbrillantreinblau R		

c) Palatinechtfarben (I. G.).

Diese Gruppe umfaßt eine Reihe Säurefarben, die gute Allgemeinechtheiten aufweisen, vor allem sehr gut lichtecht sind.

Sie werden unter Zusatz von Schwefelsäure ohne Glaubersalz gefärbt. Die Farbstoffe bilden einen Übergang zu den Chromierungsfarben. Sie enthalten bereits Chrom und sind chromierbare Farbstoffe, die sich beim Kochen in saurem Bade entwickeln (siehe S.138ff.). Ähnliche Farbstoffe sind die Neolanfarben der Ciba.

Vorschrift. Flotte etwa 1:80—1:60. Man setzt dem Bade etwa 5—10% (0,7—1,5 ccm/l) Schwefelsäure und die Farbstofflösung zu, stellt bei etwa 35° auf, treibt langsam zum Kochen und zieht dabei etwa $1^1/_2$ Stunden um. Bei dunklen Tönen setzt man einen Teil der Säure erst bei Beginn des Kochens zu (vorher verdünnen, etwa 1:20). Nach dem Färben wird gespült.

Beispiele. Bunte Töne etwa 3%ig färben, schwarz etwa 8—10%ig.

Farbstoffe (Farbkarte z. B. Nr. D 2881 und Rundschr. 402 B der I.G.). Farbstoffe mit * eignen sich für Mischungen, weil sie besonders gut egalisieren. Sie können dem kochenden Bade zugesetzt werden.

Rot:	Palatinechtrot RN Palatinechtrosa G, B *Palatinechtbordo RN	**Blau:**	Palatinechtblau BN, GR *Palatinechtblau RR, GGN Palatinechtmarineblau RNO, REN
Orange:	Palatinechtorange R *Palatinechtorange GN		
Gelb:	Palatinechtgelb 3GN *Palatinechtgelb GRN	**Violett:**	Palatinechtviolett R
		Braun:	PalatinechtbraunBRRN
Grün:	Palatinechtgrün G *Palatinechtgrün BL konz.	**Schwarz:**	Palatinechtschwarz RRN

d) Säurefarben für Essigsäureanfärbung.

„Schwach saure Farbstoffe", die empfindlicher sind und mit Essigsäure gefärbt werden müssen. Zum Ausziehen der Bäder kann bei einigen Schwefelsäure oder, wie stets, die gleiche Menge Ameisensäure nachgesetzt werden.

Echtheiten. Die Farbstoffe dieser Gruppe zeichnen sich schon durch bedeutend höhere Wasch- und Walkechtheit vor den bisher gefärbten aus. Auch die Lichtechtheit ist im Durchschnitt besser. Reib-, Alkali- und Dekaturechtheit ist gut bis sehr gut. Einzelne Vertreter dieser Gruppe werden als Hilfsfarbstoffe zum Abtönen beim Herstellen lebhafterer Färbungen mit Chromierungsfarben verwandt, da sie, in geringen Mengen den Chromfarben zugesetzt, die Wasch- und Walkechtheit nicht erheblich herabsetzen (siehe die späteren Vorschriften).

Lösen der Farbstoffe geschieht wie üblich.

Färben. Flotte wie üblich. Man beschickt das Bad mit 10% (2,5 g/l) Glaubersalz, 2—5% (0,5—1,25 ccm/l) Essigsäure[1] und der

[1] An Stelle von Essigsäure kann $^1/_4$—$^1/_5$ Ameisensäure genommen werden.

Farbstofflösung, beginnt bei etwa 40—50° mit dem Färben (Schwarz bei 60°), treibt langsam hoch und läßt etwa $^1/_2$—$^3/_4$ Stunde kochen. Darauf setzt man zur Erschöpfung des Bades entweder 2—5% (0,5—1,25 ccm/l) Essigsäure oder 0,5—2% (0,05 bis 0,25 ccm/l) Schwefelsäure oder die gleiche Menge Ameisensäure nach und läßt kochen, bis das Bad ausgezogen ist. Darauf wird gespült und getrocknet.

Versuche. Man stelle einige Ausfärbungen mit den Farbstoffen dieser Gruppe her und halte sich etwa an die Farbstoffzusätze der letzten Gruppen.

Farbstoffe (Farbkarte z. B. 139 B der I. G.).

Rot: Säureanthrazenrot 3B, 3BL
Walkrot GA, 6BA
Brillantwalkrot G, R
Walkscharlach 4R, 4R konz., G, B
Tuchrot 3B ex
Echtrot AV
Supranolrot BB, BR[1]
Supranolscharlach G
Supranolbordo B
Supranolbrillantrot B

Orange: Sulfonorange 5G
Supranolorange GS, RR
Brillantwalkorange G, GR
Walkorange G

Gelb: Walkgelb HG, H5G, O
Sulfongelb 5G, R
Echtbeizengelb G

Grün: Brillantwalkgrün B
Alizarindirektgrün G, 5G
Alizarincyaningrün G ex
Alizarinbrillantgrün SE
Sulfonsäuregrün B

Blau: Alizarinreinblau B, NA
Brillantindocyanin 6B, (wird mit Essigsäure ausgezogen), G
Wollechtblau BL, GL
Sulfonsäureblau B
Brillantalizarincyanin 3G
Lanacylblau BB, RN
Radiomarineblau B
AlizarinbrillantreinblauR
Supraminblau FB, R
Tolylblau NB
Wollblau 2BX

Violett: Sulfonviolett R ex
Lanacylviolett BF
Formylviolett S 4B, 6B
Anthosinviolett B

Braun: Alphanolgelbbraun G
Sulfonsäurebraun 2R
Alphanolbraun B
Supraminbraun R, G
Radiobraun B, S

Schwarz: Gloriaschwarz N
Naphthylblauschwarz N
Alphanolschwarz BG
Sulfoncyaninschwarz 2B
Sulfonsäureschwarz NB ex
Supraminschwarz BR
Radioschwarz ST
Tolylschwarz BG

---

[1] Bei einzelnen Supranolfarben, z. B. Supranolorange RR, -scharlach G, -rot RX, BR und BB, -bordo B ist zur Erhöhung der Reibechtheit das Färbeverfahren etwas abzuändern: Man beschickt das Bad mit etwa 10% (2,5 g/l) Glaubersalz, 10% (2,5 g/l) Ammonacetat, 2—4% (0,5—1 g/l) Intrasol und der Farbstofflösung, treibt langsam zum Kochen und läßt $^1/_2$ Stunde dabei. Darauf kühlt man etwas ab, setzt etwa 3% (0,8 ccm/l) Essigsäure oder 1% (0,25 ccm/l) Ameisensäure zu und läßt durch weiteres Kochen ausziehen (Rundschr. 439 B der I. G.). Über Intrasol siehe die Bemerkungen auf S. 224. Supranolbrillantrot B und -orange GS z. B. liefern dagegen auch ohne Intrasol reibechte Färbungen.

e) Säurefarben für Ammonacetatzusatz.

bei denen die Säure (Essigsäure z. B.) allmählich erst während des Färbens entwickelt wird. Sie dürfen nicht mit direktem Zusatz von Säure gefärbt werden, da sie sonst unegal aufziehen. Man setzt dem Bade Ammonacetat zu, das unter Entweichen von Ammoniak beim Erhitzen die Essigsäure frei macht, so daß also die Farbsäure ihrerseits nur langsam aus dem Farbstoffsalz frei wird und auf die Faser ziehen kann.

Echtheiten. Die Farbstoffe dieser Gruppe — meistens für dunkelblau verwandt — haben sehr gute Echtheiten, wobei aber die Walkechtheit hinter der Waschechtheit zurücksteht.

Lösen der Farbstoffe wie sonst.

Färben. Man bestellt das Färbebad mit 10—20% (2,5—5 g/l) Glaubersalz, 5—15% (1,25—4 g/l) Ammonacetat, flüssig 30%ig[1] und der Farbstofflösung, beginnt bei etwa 40° mit dem Färben der gut gereinigten, genetzten Wolle, erhitzt langsam und färbt schwach kochend bis der Farbstoff ausgezogen ist. Nötigenfalls kann noch etwas Essigsäure oder Ameisensäure nachgesetzt werden.

Versuche. Man stelle Ausfärbungen mit etwa 2—3% eines Farbstoffes der untenstehenden Marken her.

Farbstoffe: Sulfocyanin 5R ex, GR ex
Indocyanin B, BF
× Alfanolblau BR ex, GN, 5RN

Zum Abtönen der Färbungen im selben Bade können in geringen Mengen z. B. folgende Farbstoffe dienen:

Brillantwalkblau B	Wollblau 2BX
Formylviolett S 4B	Patentblau A
Brillantwalkgrün B	Wollschwarz GR
Alfanolschwarz 3BN	

f) Phthaleinfarben,

für Rosatöne, die sich durch große Lebhaftigkeit auszeichnen. Die Lichtechtheit ist ungenügend, die Wasch- und Walkechtheit ist mäßig. Die Reib-, Dekatur-, Alkali-, Schwefel- und Schweißechtheit ist gut bis sehr gut.

Man färbt entweder

a) mit 10% (2,5 g/l) Glaubersalz, 2—5% (0,5—1,25 ccm/l) Essigsäure (je nach Tiefe des Tones) im Flottenverhältnis 1:40. Man beginnt bei etwa 50°, treibt innerhalb 1/2 Stunde zum Kochen

[1] Ammonacetat erhält man in Lösung von etwa 30% durch Neutralisieren von Essigsäure mit Ammoniak. 130 ccm Essigsäure 30%ig und 50 ccm Ammoniak 25%ig geben etwa 180 ccm Ammonacetat 30%ig. Das Ammonsalz darf nicht sauer reagieren, andernfalls muß etwas Ammoniak in geringem Überschuß nachgefügt werden.

und setzt nach etwa $^3/_4$ Stunde schwachen Kochens nötigenfalls noch etwas Essigsäure nach.

b) Oder man bereitet das Bad mit 5% (1,25 ccm/l) Essigsäure, 5% (1,25 g/l) Alaun, 3% (0,8 g/l) Weinstein, kocht die Wolle $^1/_2$ Stunde vor, läßt auf etwa 50° abkühlen, setzt die Farblösung zu, färbt unter Erwärmen auf etwa 80—90° weiter und läßt 20 Minuten ziehen. Evtl. kann Essigsäure nachgesetzt werden. Die Töne werden nach dieser Methode besonders lebhaft.

Farbstoffe: Eosin ex
Erythrosin B
Rose Bengale B, G, GN
Phloxin 2B

Man wende für Ausfärbungen etwa 0,2—1% Farbstoff an. Die Färbungen können zur Belebung des Tones anschließend mit schwefliger Säure gebleicht werden (siehe S. 121). Die Farbstoffe können mit Rhodaminen übersetzt werden, und man achte dann darauf, daß diese nicht zusammen mit ihnen gelöst werden, da sich die beiden Farbstoffgruppen gegenseitig ausfällen könnten.

g) Alkaliblau.

Die Alkaliblaus liefern sehr lebhafte, leuchtende Töne von verhältnismäßig geringer Echtheit[1]. Das farblose Natriumsalz des Farbstoffs zieht in schwach alkalischem Bade auf Wolle, die Farbsäure entwickelt sich anschließend in einem heißen sauren Bade mit dem eigentlichen Farbton.

Versuch. Man löse etwas Alkaliblau in Wasser mit etwas Soda im Reagensglas und versetze die Lösung mit ein paar Tropfen Schwefelsäure 1:1—2 verd. Man beachte die Abscheidung der Farbsäure.

Färben. Flotte 1:80—60. Man besetzt das Färbebad mit 3—6% (0,8—1,6 g/l) Borax und der Farbstofflösung, beginnt bei 60°, treibt in etwa 20 Minuten auf 90° und läßt $^1/_2$—$^3/_4$ Stunde hierbei ziehen. Darauf wird gespült und in einem frischen Bade von 60—70° mit 4—5% (0,5—0,7 ccm/l) Schwefelsäure $^1/_4$ Stunde behandelt. Zum Schluß wird gespült.

Man wende für eine Färbung etwa 1,5% Farbstoff an.

Farbstoffe: Alkaliblau 2B
Alkaliviolett 4BNOO, 6BOO

Zum Abtönen können dienen:
Brillantwalkgrün B
Brillantwalkblau B
Formylviolett S4B
Guinearot 4R

[1] Die Carbonisier-, Wasser-, Dekatur- und Bügelechtheit ist sehr gut.

h) Neutral ziehende Säurefarben,

die ohne Säurezusatz die Wolle anfärben, aber nötigenfalls auch mit Säurezusatz gefärbt werden können. Sie sind wichtig für die Halbwollfärberei, wo sie zusammen mit substantiven Farben einbadig verwendet werden. Fertige Mischungen dieser Farbstoffe sind z. B. als Universalfarben (I. G.) für die Halbwollfärberei im Handel und sind so zusammengestellt, daß tierische und pflanzliche Fasern möglichst gleichmäßig angefärbt werden. Die Echtheitseigenschaften dieser Farbstoffe können nicht genau angegeben werden, da sie verschiedenen Farbstoffgruppen angehören.

Färben. Flotte 1:60—80. Man färbt schwach kochend mit 20% (5 g/l) Glaubersalz, indem man bei etwa 60° mit dem Färben beginnt und etwa 1 Stunde kochen läßt. Man spült dann und trocknet.

Versuch. Man färbe einen Strahn Baumwolle zusammen mit Wolle, oder ziehe einige starke Baumwollfäden durch ein Wollläppchen, oder benutze ein möglichst gemustertes Stück Halbwollstoff zum Färben. Für bunte Töne der untenstehenden Liste nehme man etwa 3% und für schwarz etwa 7—8% Farbstoff auf das Gewicht der Wolle berechnet. Um das zu starke Anfärben der Baumwolle zu verhindern, muß darauf gesehen werden, daß die Flotte ständig schwach kocht. Zum besseren Ausziehen kann evtl. 2—3% (0,5—0,75 ccm/l) Essigsäure kurz vor Schluß zugegeben werden. Einzelne Farbstoffe färben die Baumwolle erheblich an.

Säurefarbstoffe, die in neutralem Bade Wolle gut anfärben, Baumwolle kaum.

Rot: Supraminrot GG
Supraminbordo B
Echtrot AV
Rhodamine
Alizarinrubinol GW, R
Säureanthracenrot 3BL
Tuchrot 3B ex
Guinearubin 4R
Walkrot GA, 6BA
Walkscharlach B

Orange: Mandarin G ex
Walkorange G
Sulfonorange 5G
Orange II

Gelb: Chinolingelb
Sulfongelb R, 5G
Echtlichtgelb G
Metanilgelb ex
Supramingelb G
Walkgelb GA
Echtbeizengelb G

Grün: Aminschwarzgrün B
Naphthalingrün V
Alizarincyaningrün G ex
Alkaliechtgrün 10G
Sulfonsäuregrün B

Blau: Supraminblau FB
Alizarindirektblau B
Wollblau 2BX
Alizarinreinblau B
Brillantsäureblau V
Walkblau 5R ex
Sulfoncyanin GR ex
Alfanolblau BR ex
Alfanolblau GN
Indocyanin B, BF
Brillantwollblau FFR ex
Wollechtblau BL

	Brillantwalkblau B		Wollechtviolett B
	Lanacylblau RN		Alkaliviolett 4BNOO, 6BOO
	Patentblau A	**Braun:**	Sulfonsäurebraun 2R
	AlizarinbrillantreinblauR		Supraminbraun R
	Brillantindocyanin G	**Schwarz:**	Wollschwarz 6B, GR
Violett:	Guineaviolett S4B, R		Supraminschwarz BR
	Formylviolett S4B		Naphthylaminschwarz 4B
	Alizarinirisol R	**Grau:**	Säurealizaringrau G
	Echtsäureviolett 10B		
	Sulfonviolett R ex		

i) Basische Farbstoffe.

Die basischen Farbstoffe färben Wolle und Seide im Gegensatz zu Baumwolle direkt — ohne Beize — an (siehe S. 9). Die Affinität zur Wolle ist allerdings gering, so daß nur die geeignetsten herausgewählt worden sind. Mit Ausnahme von Rhodamin und Viktoriablau, die auch wie die Säurefarben gefärbt werden können (siehe S. 128), arbeitet man in neutralem Bade. Beim Färben von lebhaften, satten Grüntönen kann nach besonderer Vorschrift (siehe unten) verfahren werden, desgleichen zur Herstellung von sogenannten „Schwefel"- und Pastellfarben (siehe unten).

Die basischen Farben werden nach folgender Vorschrift gefärbt: **Lösen der Farbstoffe** siehe bei Baumwolle S. 20.

Färben. a) Flotte 1:40. Man färbt entweder ohne jeden Zusatz, oder mit 10% (2,5 g/l) Glaubersalz, um den Farbstoff auszusalzen, bei 90°. Kalkhaltiges Wasser muß vor dem Färben unbedingt mit Essigsäure korrigiert werden (Verwandlung der Bicarbonathärte in Dauerhärte durch Bildung von Calciumacetat). Für jeden deutschen Härtegrad nimmt man etwa 6 ccm Essigsäure auf 100 l Wasser. Am besten ist es, gleich zu Anfang etwa 2—3% (0,5 bis 0,75 ccm/l) zuzusetzen. Ein kleiner Überschuß ist nicht schädlich, darf aber nicht zu groß werden, da sonst das Bad schlecht erschöpft wird.

b) Viktoriablau B und Rhodamin können auch wie die Egalisierungsfarbstoffe S. 128 gefärbt werden.

Man färbe einige basische Farbstoffe mit etwa 0,5% aus.

Farbstoffe:

Rot:	Rhodamine	**Grün:**	Malachitgrün
	Diamantfuchsin		Brillantgrün
	Rubin	**Blau:**	Viktoriablau B
	Safranin T ex		Türkisblau G
	Brillantrhodulinrot B	**Violett:**	Krystallviolett
Orange:	Chrysoidin krist.		Methylvioletts
	Aurophosphin G		Brillantrhodulinviolett R
Gelb:	Auramin O	**Braun:**	Bismarckbraun FR ex
			Vesuvin B konz.

Grüne basische Farbstoffe
auf Wolle mit kolloid abgelagertem Schwefel.

Flotte 1:80.

Beispiel. Man stellt ein Bad von 45° her und setzt zu: Natriumthiosulfat 15% (etwa 3,5 g/l), Alaun 5% (1,25 g/l). Nach erfolgter Auflösung gibt man noch etwa 3% (0,5 ccm/l) Schwefelsäure zu, stellt die Wolle auf das milchig aussehende Bad (Ausscheidung von kolloidem Schwefel), treibt langsam auf etwa 60° und behandelt 1 Stunde. Man spült gründlich und setzt dem letzten Spülbade etwas Ammoniak zu. Das Ausfärben geschieht wie bei den anderen basischen Farben in schwach essigsaurem Bade mit etwa 3% (0,7 ccm/l) Essigsäure bei etwa 80°.

Farbstoffe: Brillantgrün Malachitgrün.

Man stelle eine Ausfärbung mit etwa 0,5—1% Farbstoff her.

Pastellfarben,

d. h. lebhafte Töne, die in einem Bade hergestellt werden, in dem gleichzeitig ein Niederschlag von Weiß auf die Wolle erzeugt wird, um geringe Spuren von Gelb zu kompensieren. Man kann z. B. mit Schlämmkreide oder mit Bariumsulfat arbeiten.

Beispiel für das Färben mit Bariumsulfat (Flotte 1:10—12). Man löst 10 g $BaCl_2$ in etwa 125 ccm Wasser, hantiert die vorher gebleichte Wolle (etwa 10 g) etwa 10 Minuten darin, gibt dann 20 g Glaubersalz, in 120 ccm Wasser gelöst, und die Farbstofflösung hinzu, hantiert noch etwa $^1/_2$ Stunde und spült. Nach dem Trocknen wird das überschüssige $BaSO_4$ herausgeklopft.

Farbstoffe:

Flavazin E 3 GL
Orange II
Rhodamin B ex
Alizarindirektviolett EBB
Echtsäureviolett ARR
Säureviolett 6 BN
Patentblau A, V
Alizarindirektgrün G
Naphthalingrün V
und andere

k) Substantive Farbstoffe.

Die wenigen substantiven, für Wolle in Frage kommenden Farbstoffe bilden ihrer Zusammensetzung nach einen Übergang zu den Säurefarben und färben Wolle in neutralem Bade, evtl. unter Zusatz von wenig Essigsäure an, ohne aber die Zugkraft der Wollfarben zu erreichen. Die Töne sind nicht so lebhaft, wie man sie mit Säurefarben erzielen kann, aber die Färbungen sind gut waschecht, besonders bei Nachbehandlung mit Metallsalzen.

Färben. Flotte 1:40. Das Bad wird mit der Farbstofflösung und 10—20 g/l Glaubersalz beschickt. Man beginnt bei 60°, treibt innerhalb 20—30 Minuten auf Kochtemperatur und läßt 1 Stunde kochen. In manchen Fällen setzt man zum Schluß, wenn der Farbstoff nicht genügend zieht, etwa 2—5% (0,5—1,2 ccm/l) Essigsäure zu.

Versuch. Man stelle einige Ausfärbungen her mit 1—3% Farbstoff für bunte und 6—8% für schwarze Töne. Bei Farbstoffen mit *, die nachbehandelt werden können — sieh die nächste Vorschrift — färbe man einen oder 2 Strähne mehr, die man nachchromiert usw. und mit dem unbehandelten nach dem Trocknen vergleicht.

Farbstoffe:

Rot: Thiazinrot R, *Benzoechtrot FC, Benzopurpurin 4B, Dianilechtrot PH, Diaminbordo S, Acetopurpurin 8B, Erika BN

Orange: Plutoorange G, *Congoorange G

Gelb: *Chrysophenin G, *Chrysamin G, Thioflavin S, Diaminechtgelb 3G, Diamingelb CP, Oxydiamingelb CR, Pyramingelb R

Grün: Benzodunkelgrün B, Diaminschwarzgrün N, Diamingrün CL, *Columbiagrün G

Blau: *Chicagoblau 6B, *Diaminblau RW, *Diaminstahlblau L, *Diaminogen ex

Violett: Congokorinth B, Diaminechtviolett BBN, FFRN, Diaminbrillantviolett RR

Braun: *Benzobraun MC, Diamineralbraun G, *Diaminbraun 3G, *Diamincatechin G

Schwarz u. Grau: *Diaminechtgrau BN, Diaminschwarz HW, Sambesischwarz D, Direkttiefschwarz E ex, RW ex

l) Substantive Farbstoffe mit Nachbehandlung.

Flotte 1:40 (siehe die Bemerkungen über Beizenfarben S. 138).

Zur Erhöhung von Licht- bzw. Waschechtheit kommen wie bei Baumwolle Nachbehandlungen in Frage mit a) Kupfersulfat, b) Chromkali oder Fluorchrom, c) Chrom- und Kupfersalzen zusammen, d) Fluorchrom allein. Die Nachbehandlung wird entweder im mit Essigsäure ausgezogenen Färbebade oder in frischem Bade ausgeführt. In letzterem Falle muß außer dem betreffenden Salz noch Essigsäure zugesetzt werden. Man nimmt etwa 3—4% (0,8—1 ccm/l) Essigsäure und an Chromkali etwa die Hälfte vom Farbstoffgewicht, an Fluorchrom und Kupfervitriol etwa die gleiche Menge wie Farbstoff.

Man beginnt bei etwa 60° (beim Arbeiten im Färbebade muß abgekühlt werden), treibt zum Kochen und läßt dabei etwa $^1/_2$ Stunde einwirken. Schließlich wird gut gespült und getrocknet.

Farbstoffe:

a) für Kupfernachbehandlung: Diamincatechin G, Diaminbraun 3G, Diaminblau RW

Benzobraun MC
Chicagoblau 6B
Chrysophenin G
Congonbraun G

b) für Chromkali oder Fluorchrombehandlung:
Diaminogen ex
Diaminechtgrau BN
Diamincatechin G
Benzobraun MC
Benzoechtrot FC
Chrysamin G
Congobraun G

c) für Chrom- und Kupfernachbehandlung:
Chrysamin G
Congobraun G
Benzobraun MC

d) Fluorchrom allein
Columbiagrün G

Chromentwicklungs- und Beizenfarben.

Allgemeines.

Es folgen jetzt Farbstoffgruppen, die mit Hilfe von Metallsalzen entweder auf der Faser erst enstehen oder durch Chromierung nur eine Erhöhung der Echtheit erfahren. Hierher gehören die sogenannten Beizenfarben, die „Chromentwicklungsfarben" und einzelne substantive Farbstoffe (siehe S. 36ff. u. 137).

Unter dem Begriff Beizenfarben faßt man im allgemeinen diejenigen Farbstoffe zusammen, die nur mit Hilfe von vorher auf der Faser fixierten Metallhydroxyden (Chrom-, Aluminium-, Eisenhydroxyd und andere) echte Färbungen liefern (siehe z. B. die Beizenfarben auf Seide S. 179). Erweitert man den Begriff aber, so müssen alle diejenigen mit einbezogen werden, die auf Grund ihrer Konstitution durch Behandlung mit Metallsalzen wertvollere Eigenschaften bekommen, ganz gleichgültig, ob diese Behandlung vor, während oder nach dem Färben erfolgt, oder ob der Farbstoff auch ohne diese Metallsalzbehandlung eine brauchbare Färbung liefert oder nicht.

Die Farbstoffe verdanken die Eigenschaft, mit Metalloxyden sogenannte Lacke (Metallfarbsäurekomplexsalze) zu bilden der Anwesenheit von Hydroxyl- oder Carboxylgruppen mit bestimmter Stellung im Molekül (meist Ortostellung und oft gleichzeitig in Ortostellung zum Chromophor (z. B. $-C=O-$, oder Azogruppe). Als Beispiele seien genannt die natürlichen Farbhölzer, wie Blau- und Gelbholz, die Alizarinfarben[1] und Abkömmlinge,

[1] Beispiel: Alizarinpurpurin 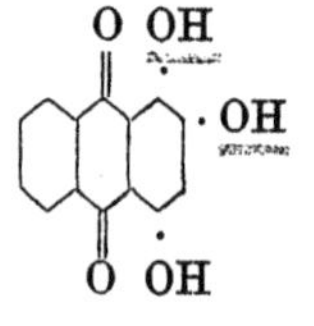 Beizenfarbstoff

Flavonfarbstoffe, Azofarben[1], Triphenylmethanfarben[2] und andere.

Als gemeinsames Charakteristikum dieser Farbstoffgruppe ist zu nennen die gute Walkechtheit und die im Verhältnis zu den Säure- und basischen Farben etwas trübere Nuance.

Einteilung. Man könnte etwa folgende Einteilung dieser Farbstoffe vornehmen:

a) Eigentliche Beizenfarben, das heißt Farbstoffe, die die Faser nur mit Beize anfärben und meist in Wasser unlöslich sind. Sie kommen als sehr feine Suspension (Teig) in den Handel, so daß diese Aufteilung zur Lackbildung innerhalb der Faser genügt. Hierher gehören die natürlichen Farbhölzer, Alizarine, Gallein usw. Allerdings sind diese Färbungen etwas weniger walkecht als die Chromierungsfarben, die in Wasser löslich und feiner aufgeteilt sind.

b) Wasserlösliche Säurefarbstoffe (sogenannte Chromierungsfarben), die Wolle gut anfärben, aber ohne Chromierung kaum Verwendung finden, da erst diese chromierten Färbungen die hohe Echtheit besitzen. Die Chromierung ist oft gleichzeitig mit einer Farbvertiefung verbunden. Es können evtl. in diesem Falle durch die oxydierende Wirkung von Chromkali neue Chromophore (siehe S. 4) entstehen. Die Chromierung kann — je nach der Eignung des Farbstoffs — vor, nach oder gleichzeitig mit dem Färben geschehen (siehe die einzelnen Vorschriften S. 141 ff.), und da bei vielen Farbstoffen diese Chromierung auf alle 3 Arten vorgenommen werden kann, so ergeben sich die verschiedensten Kombinationsmöglichkeiten, um eine mustergetreue Färbung von bestimmten Eigenschaften herzustellen, wie es die Praxis oft verlangt.

---

[1] Beispiel: subst. Farbstoff: Benzoechtrot FC siehe S. 37, Chromentwicklungsfarbstoff: Diamantschwarz PV:

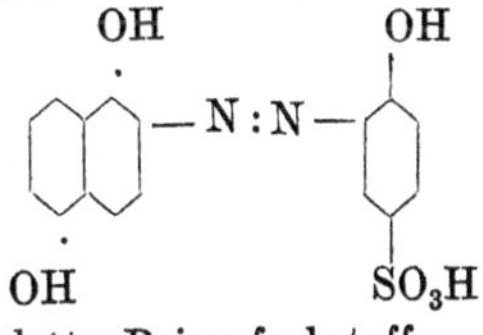

[2] Beispiel: Chromviolett, Beizenfarbstoff.

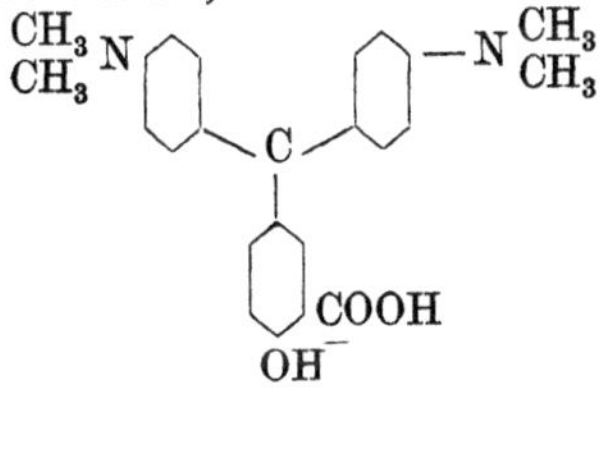

c) Beizen-, Säure- und substantive Farben, die schon als Selbstfarbe viel auf Wolle, aber auch auf Seide und Baumwolle gefärbt werden, durch Nachchromieren aber — oft unter Abstumpfung des Tones — echter werden. z. B. Carbazolgelb, Anthracengelb (Beizenfarben), Benzoechtrot FC, Chrysamin G (substantive Farben), Alizarinreinblau B, G, Alizarincyaningrün G ex (Säurefarben) und andere (siehe Farbstoffe mit * auf S. 143).

d) Zum Schluß sei hier noch einer für den Färber äußerst wichtigen Gruppe von lebhaften Säurefarben Erwähnung getan, die zwar keine Chromierungsfarben sind, aber wegen ihrer Unempfindlichkeit gegen die Chrombehandlung und ihrer relativen Wasch- und Walkechtheit usw. zur Belebung des Tones in geringer Menge zusammen mit Chromierungsfarben gefärbt werden können, ohne die Echtheit wesentlich herabzusetzen (siehe S. 147).

Diese Einteilung läßt sich auf die Praxis nicht übertragen. Dort müssen die Farbstoffe nach ihrer färberischen Eigenart eingeteilt werden, wie es die folgenden Färbevorschriften zeigen. Es lassen sich dabei nicht immer scharfe Grenzen ziehen, so daß man gute Kombinationsmöglichkeiten hat. Die chemische Zusammensetzung der Farbstoffe muß bei einer solchen Einteilung unberücksichtigt bleiben, so daß innerhalb der einzelnen Gruppen Farbstoffe verschiedenster Herkunft vertreten sind.

Chromierung. Als Chromierungsmittel nimmt man in den meisten Fällen Chromkali und arbeitet in saurer Lösung. Der Vorteil des Chromkali liegt in der langsam erfolgenden Reduktion zu dreiwertigem Chromsalz, das durch Hydrolyse Chromhydroxyd an die Faser abgibt. Dabei wird in einigen Fällen eine evtl. erwünschte Oxydation des Farbstoffes erfolgen können, der so manchmal bei geeigneter Konstitution eine Farbvertiefung erfährt. Bei einigen Farbstoffen dagegen (V. b, S. 142) muß mit Fluorchrom entwickelt werden, weil die oxydierende Wirkung schädlich ist.

Ausziehen der Bäder. Das Ausziehen der Farbbäder ist wichtig, wenn anschließend an das Färben im gleichen Bade chromiert werden soll. Bei nicht gut erschöpften Bädern wird in diesem Falle ein Teil des Farblacks sich in der Flotte bilden und sich oberflächlich auf der Faser ablagern, ohne einzudringen. Die Färbung wird abreiben. Das gleiche gilt bei Färbungen mit gleichzeitiger Färbung und Chromierung, wenn die Chromierung und das Freimachen der Farbsäure zu schnell erfolgt.

Protektol. Der Griff der Wolle leidet bei der oft langen Behandlung durch Kochen und Chromieren. Man setzt daher möglichst allen Bädern mit Chromzusatz noch etwa 5% (1,25 g/l) Protektol II zu, das der Wolle einen weichen Griff erhält.

Versuche. Zum Verständnis der Lackbildung mache man folgende Versuche:

1. Man versetze die Lösung eines substantiven Nachbehandlungsfarbstoffs, z. B. von Chrysamin im Reagensglas mit etwas angesäuerter (Essigsäure) Chromkalilösung, erwärme und beobachte die Abscheidung.

2. Man versetze in gleicher Weise eine Lösung von Chromogenviolett B (Chromierungsfarbstoff) mit einigen Tropfen Chromchlorid und erwärme (20grädige Lösung etwas verdünnen [1:2]). Es scheidet sich der Farblack ab.

3. Man versetze die Anteigungen von z. B. Alizarinbordo GGTg, oder Alizarincyanin 3 RTg, oder evtl. anderer Beizenfarben mit einer Lösung von basischem Aluminiumsulfat (siehe S. 179 bei Tonerdebeize) oder einer basischen Chromsalzlösung und erwärme. Man beachte den Farbenumschlag und die Abscheidung der Farblacke.

1. Nachträgliche Chromierung.

a) Chromierung mit Chromkali.

Flotte 1:80—1:60. Man beschickt das Färbebad mit 10—20% (2,5—5 g/l) Glaubersalz, 3—5% (0,8—1,2 ccm/l) Essigsäure und dem gut in heißem Wasser gelösten Farbstoff. Das Bad wird auf etwa 40—50° erwärmt, die genetzte Wolle aufgestellt, und dann wird langsam erhitzt. Man läßt etwa $^1/_2$ Stunde kochen, gibt dann 1—2% (0,15—0,25 ccm/l) Schwefelsäure nach und läßt noch solange kochen bis das Bad fast erschöpft ist. Darauf läßt man etwas abkühlen, setzt etwa soviel Chromkali wie Farbstoff zu[1] (nicht mehr als 3% [0,8 g/l]) und läßt etwa $^3/_4$ Stunde kochend entwickeln. Bei Schwarzfärbungen nimmt man etwa $^2/_3$ Chromkali vom Farbstoffgewicht[1] und geht bei höherer Temperatur ein (70°).

Versuche. 1. Man führe einige Färbungen mit den unten aufgeführten Farbstoffen aus. Für bunte Farben 2—3%, für dunkelblau usw. 4%, für schwarz etwa 7—8% Farbstoff.

2. Man färbe einige Mischfärbungen nach einer Vorlage. Dazu benutze man zum Abtönen die mit * bezeichneten Farbstoffe.

Farbstoffe: (Farbkarte Nr. 139 B d. I. G.)
Die mit * bezeichneten Marken sind für Mischungen geeignet.

Rot:	Säureanthracenrot 3BL		Anthracenchromrot A
	Säurealizarinrot G	**Orange:**	Chromorange GR Pulv.
	*Säurealizarinrot B	**Gelb:**	Säurechromgelb 3GL, RL ex
	Salicinbordo R		*Anthrcaengelb BN
	Diamantrot G, 3B		

[1] In der Praxis bei einem Flottenverhältnis von 1:40 nimmt man etwa die Hälfte davon.

*Säurealizarinflavin R
Beizengelb O, OE

Grün: Chromogengrün B
Isochromgrün BF, 3BF
Säurechromgrün G
Radiochromgrün B

Grau: *Alizarinblauschwarz B Pulv.
*Alizarinlichtgrau BBL
Säurealizarinblauschwarz R konz.
Säurealizaringrau G

Blau: Chromogencyanin R
Chromogenindigo B, R
Chromoxanreinblau B
Echtbeizenblau B, EG, BC
Säurechromblau RR, 3G (*), BG
Radiochromblau B
Alizarinreinblau B, NA
Chromoxancyanin R

Violett: Chromogenviolett B, 3R
Anthrachinonviolett Pulv.

Braun: Säureanthracenbraun KE, RH ex
Anthracenchrombraun SWN
Chromechtbraun R

Schwarz: Diamantschwarz F, PV, PVT, PBB[1]
Chromogenschwarz ET, ETOO spez.
Säurealizarinschwarz ETG
Anthracenchromschwarz PPT ex
Palatinchromschwarz CSTX
Chromechtschwarz PV, PVT
Anthracensäureschwarz DSF

b) Chromierung mit Fluorchrom,

für Farbstoffe, die mit Fluorchrom nachbehandelt werden können, da sie zum Teil durch Chromkali ungünstig beeinflußt werden. Das Salz enthält dreiwertiges Chrom und wird leicht hydrolytisch gespalten, das Chromhydroxyd also leicht von der Faser aufgenommen. Man arbeitet etwa so wie nach der vorhergehenden Vorschrift. An Fluorchrom nimmt man im allgemeinen etwa die $1^1/_2$fache Menge vom Farbstoffgewicht, jedoch nicht mehr als $3^1/_2$% (1 g/l).

Farbstoffe:

Benzoechtrot FC (substantiver Farbstoff)
Säureanthracenrot 5BL
Alizarinrot I WS Pulv.
Anthracengelb GG
Alizaringelb GGW
Columbiagrün G (substantiver Farbstoff)
Alizarindirektgrün G
Brillantalizarinblau 3R
Brillantalizarincyanin 3G

Zum Abtönen bei lebhafteren Färbungen können z. B. dienen:

Naphthalingrün V
Patentblau A
Anthracenblau WGG Tg.
Alizarinschwarz WX ex N Tg.

---

[1] Bei Diamantschwarz PBB, PV, PVT soll nach dem Zusatz von Schwefelsäure nur etwa 20 Minuten gekocht werden. Den Rest der Zeit ($^1/_2$ Stunde etwa) läßt man nachziehen, ohne weiter zu erhitzen, bis das Bad gut ausgezogen ist. Darauf wird, wie beschrieben, erst heiß dann kochend chromiert.

c) Chromierung mit Milchsäure-Chromkali

für Farbstoffe, die unter Verwendung von Milchsäure entwickelt werden. Einige blaue Farbstoffe erhalten ihren eigentlichen Ton und die höchste Walkechtheit, wenn die Chromierung bei Gegenwart von Milchsäure stattfindet. Man färbt mit 10% (2,5 g/l) Glaubersalz, 4% (0,5—0,6 ccm/l) Schwefelsäure, beginnt bei etwa 60°, treibt langsam hoch, läßt 1—$1^1/_2$ Stunde kochen, setzt dann z. B. für eine 3%ige Färbung 3% (0,8 g/l) Chromkali, 3% (0,8 g/l) Milchsäure 50%ig und etwa 1—2% (0,1—0,3 ccm/l) Schwefelsäure zu und behandelt noch etwa $^3/_4$ Stunde kochend. Zum Schluß wird gespült und getrocknet.

Farbstoffe:
Chromcarmin B
Chromotropblau A
Chromechtblau BX, 4B

2. Gleichzeitige Chromierung (Einbadchromverfahren).

Eine große Anzahl aller chromierbaren Wollfarben, darunter auch substantive, lassen sich mit direktem Chromzusatz färben. Für sehr empfindliche Farbstoffe dieser Gruppe wird eine Mischung von Ammonium- mit Chromsalz als Metachrombeize oder ähnliche Präparate unter anderen Namen (z. B. Autochrom-, Monochrom-, Chromosol-, Eriochromalbeize) in den Handel gebracht. Die Wirkung dieser Beizen beruht darauf, daß die an Ammoniak gebundene Säure (Essig- oder Schwefelsäure) beim Erhitzen des Bades nur ganz allmählich frei gemacht wird, und diese freie Säure langsam Färbung und Chromierung gleichzeitig vermittelt.

Färben mit Zusatz von Chromkali. Flotte 1:80. Man beschickt das Bad mit der Farbstofflösung, 20% (5 g/l) Glaubersalz, 1—2% (0,25—0,5 g/l) Chromkali (für mittlere Töne 1,5% (0,35 g/l), beginnt bei etwa 50—60°, erwärmt langsam, kocht etwa $^1/_4$ Stunde und setzt dann in mehreren Portionen etwa 5—10% (1,2—2,5 ccm/l) Essigsäure nach. Man läßt insgesamt solange kochen, bis das Bad erschöpft ist und gibt erforderlichen Falles etwas Schwefelsäure — gut verdünnt — nach. Anschließend wird gespült und getrocknet.

Farbstoffe: (Farbkarte z.T. Nr. 139 B d. I. G.) *: s. S. 140, Abschnitt c.

Rot: Säurealizarinrot G
*Benzoechtrot FC
*Tuchrot 3B ex
Anthracenchromrot G

Orange: Säurealizarinorange GR
Chromorange GR Pulv.

Gelb: Beizengelb O
Säurechromgelb RL ex
Säurealizarinflavin R
Anthracengelb BN

Grün: Radiochromgrün B
*Alizarincyaningrün Gex
*Sulfonsäuregrün B
*Alizarinbrillantgrün SE
Monochromgrün B

Blau: *Alizarinreinblau B, NA

	*Sulfoncyanin GR ex		Anthrachinonviolett Pulv.
	*Alphanolblau BR ex, GN, 5RN		*Sulfonviolett R ex
	*Wollechtblau BL		*Wollechtviolett B
	Anthrachinonblau SR ex	**Braun:**	Monochrombraun BX
	Chromoxanreinblau B	**Schwarz:**	Anthracensäureschwarz DSF
	Radiochromblau B		Alizarinblauschwarz B
Violett:	Chromogenviolett B		Alizarinlichtgrau BBL

Färben mit Zusatz von Metachrombeize. Man beschickt das Bad mit 10% (2,5 g/l) Glaubersalz, der kochend heiß gelösten Metachrombeize, etwa 3—5% (0,7—1,25 g/l) Protektol Agfa II und schließlich mit der Farbstofflösung, die man durch einen Lappen in das Bad filtriert. Man stellt die Wolle bei etwa 35—40° auf, erwärmt langsam erst nach etwa 10—15 Minuten, und läßt etwa 1—$1^1/_2$ Stunde kochen. Bei zarten Tönen gibt man zu Beginn des Färbens etwas Monopolseife, $^1/_2$% (0,12 g/l), zu und erhöht evtl. des besseren Egalisierens wegen die Glaubersalzmenge auf 20—30% (5—7,5 g/l). Zusatz an Metachrombeize: Im allgemeinen gibt man in der Praxis etwa dieselbe Menge wie Farbstoff zu[1], doch nicht weniger als 3% (0,8 g/l) und nicht mehr als 8% (2 g/l). Eine Ausnahme machen: Metachromorange 3R dopp., RS dopp., Metachromgelb 2R ex, Chromechtgelb 2R ex, R, 2G, Metachromviolett B, 2R, die die doppelte Menge brauchen, aber auch hier müssen die Grenzen eingehalten werden. Bei Mitverwendung von anderen Chromierungsfarbstoffen und bei dunklen Tönen kann gegen Ende des Prozesses vorsichtig etwas Säure oder besser 2—3% (0,5 bis 0,75 g/l) Ammonsulfat oder -acetat fest nachgegeben werden.

Farbstoff und Beize sind stets getrennt in Lösung zu bringen.

Für Versuche nehme man etwa 1,5% für bunte Töne und 6—7% für schwarz.

Farbstoffe: (Farbkarte: Die Wollfarbstoffe der Agfa 1924, Berlin, jetzt I. G.)

Metachromrot G	Metachromolive 2G, B
Monochromrot 5G	Metachromblau G, B
Metachrombordo B	Metachrombrillantblau BL
Metachromorange 3R dopp., RS dopp.	Metachromviolett B, 2R
	Metachrombraun V, BL
Metachromgelb 2R ex, RA, GA	Monochrombraun V, BC, BX
Chromechtgelb 2R ex, RG	Metachromschwarz A, AG
Metachromgrün G	Metachromblauschwarz 2BX
Alizarincyaningrün G ex	Alizarinblauschwarz B

(Siehe auch die Hilfsfarbstoffe S. 147 und evtl. die Farbstoffe der vorhergehenden Liste (a).

[1] Bei einer Flotte von 1:80 die doppelte Menge wie Farbstoff.

3. Vorchromieren

für Farbstoffe, die auf mit Chromsalz vorgebeizter Wolle gefärbt werden.

Bei den hierzu geeigneten Farben, zu denen, wie eine Übersicht zeigt, auch viele der bereits bekannten gehören, kocht man die Faser zuerst — nach verschiedenen Methoden — mit Chromkali, Säure und Reduktionsmittel vor (Ansieden), so daß allmählich Chromhydroxyd auf der Wolle fixiert wird, und färbt diese gebeizte Wolle dann entweder im selben (siehe unten) oder im frischen Bade mit den betreffenden Farbstoffen aus.

A. Arbeiten in 2 Bädern. 1. Beizen. a) Mit Chromkali-Weinstein. Flotte 1:80. Man setzt dem Bade je nach Tiefe des Tones zu: 1—4% (0,25—1 g/l) Chromkali, 0,75—3% (0,2—0,8 g/l) Weinstein gut gelöst. Man erwärmt das Bad bis nahe zur Kochtemperatur, stellt die Wolle auf, läßt etwa 1—2 Stunden kochen und spült.

b) Oder mit Chromkali-Milchsäure: Als Reduktionsmittel wirkt hier an Stelle von Weinstein die billigere Milchsäure. Man beizt mit: 1,5—3% (0,3—0,8 g/l) Chromkali, 3% (0,8 g/l) Milchsäure 50%ig, 1—$1^1/_2$% (0,14—0,2 ccm/l) Schwefelsäure, indem man bei etwa 70° beginnt, $^1/_2$ Stunde dabei ziehen läßt, innerhalb $^1/_2$ Stunde zum Kochen treibt und etwa 1 Stunde kochen läßt. Spülen.

c) Oder mit Chromkali-Ameisensäure: Reduktionsmittel ist hier Ameisensäure. Das Beizbad wird mit 1—$1^1/_2$% (0,25—0,35 g/l) Chromkali und 1—$1^1/_2$% (0,25—0,35 ccm/l) Ameisensäure 85%ig beschickt und dann wie unter a verfahren.

2. Ausfärben. Dem frischen Bade setzt man zu: 2—5% (0,5—1,25 ccm/l) Essigsäure oder $^1/_4$ davon Ameisensäure und außerdem für sehr helle Töne 5% (1,25 g/l) Ammonacetat, flüssig, 30%ig (siehe S.132) und 5—15% (1,25—3,5 g/l) Glaubersalz. Man beginnt bei etwa 40—50° mit dem Färben, treibt innerhalb $^1/_2$ Stunde zum Kochen, läßt $1^1/_2$—2 Stunden dabei ziehen und setzt zur Erschöpfung evtl. etwas Säure nach. Darauf wird gespült und getrocknet. Zur Erhöhung der Walkechtheit bei satten Tönen wird im erschöpften Färbebade noch mit etwa $^1/_4$—$^1/_2$% (0,07—0,13 g/l) Chromkali $^1/_2$ Stunde weiter gekocht.

Für Versuche beize man 3 Strähne — je einen nach einer anderen Methode — färbe sie gemeinsam aus und vergleiche das Ergebnis. Tiefe der Färbungen etwa 3%ig.

Farbstoffe: (Farbstoffe mit * sind sogen. „Beizenfarbstoffe".)

Rot:	Alizarinrot W Plv., IWS Monochromrot 5 G	Alizarinpurpurin Tg. 20%ig

Tuchrot 3B ex
Metachromrot G

Orange: Metachromorange 3R dopp.
Chromechtorange RD Pulv.
Chromorange GR
Säurealizarinorange GR

Gelb: Chromgelb R ex
Säurechromgelb RL ex
Alizaringelb GGW Plv.
Metachromgelb RA, GA

Grün: Alizarincyaningrün G ex
Metachromgrün G
Metachromolive 2G, B
Monochromgrün B
Sulfonsäuregrün B

Blau: Alizarinreinblau B, NA
Brillantalizarincyanin 3G
Metachrombrillantblau BL
Anthracenchromblau RWN

Violett: *Alizarinbordo B
Säurechromviolett B
*Gallocyanin D dopp. Tg.
*Gallein Plv.

Braun: *Alizarinorgane R
*Anthracenbraun R Tg.
Monochrombraun BX
Säureanthracenbraun R, RH ex
Chromechtbraun R

Schwarz: Metachromschwarz A
Metachromblauschwarz 2BX
Alizarinblauschwarz B
Anthracensäureschwarz DSF

B. Arbeiten in einem Bade. Flotte 1:80—1:60. In diesem Falle benutzt man am besten die Chromkali-Milch-Schwefelsäurebeize. Man setzt dem Bade zu: $1^1/_2$% (0,35—0,4 g/l) Chromkali, 3% (0,8 g/l) Milchsäure, 50%ig, 1% (0,15 ccm/l) Schwefelsäure, beginnt bei etwa 40° mit dem Beizen, treibt in $^1/_2$ Stunde zum hoch und läßt $^3/_4$—1 Stunde kochen. Nachdem das Bad erschöpft ist, läßt man auf etwa 40—50° abkühlen, neutralisiert mit Ammoniak, setzt den gut gelösten Farbstoff in verdünnter Form zu, stellt die Wolle auf, erhitzt langsam in $^1/_2$ Stunde zum Kochen und setzt allmählich 3—5% (0,8—1,2 ccm/l) Essigsäure zu. Man läßt kochen bis das Bad ausgezogen ist (etwa $1^1/_2$—2 Stunden) und spült.

Farbstoffe:

Alizarinrot IWS
Säurealizarinorange GR
Alizaringelb GGW Plv.
Echtbeizengelb G
Alizarinschwarz WX ex N Tg.

und evtl. die Farbstoffe der Vorschrift 3A, S. 145.

4. Farbstoffe für Nachbehandlung mit Alaun.

Flotte 1:80.

Färben: Man arbeitet mit etwa 3% (0,5 ccm/l) Schwefelsäure, 10% (2,5 g/l) Glaubersalz und der Farbstofflösung, beginnt bei 50°, treibt zum Kochen, läßt dabei 1 Stunde ziehen. Zur Entwicklung der Farbe wird jetzt 5—10% (1,25 bis 2,5 g/l) Alaun (gelöst) nachgegeben und noch 1 Stunde weiter gekocht. Wasser und Zusätze müssen vollkommen eisenfrei sein, da sonst die

Töne trüber ausfallen (Prüfung auf Eisen!). Man stelle eine Färbung mit etwa 3—4% Farbstoff her.

Farbstoffe:
Alizarinrot I WS
Alizaringelb GGW
Alizarinorange W Tg 20% ig

5. Farbstoffe auf Alaunvorbeize.

Flotte 1:80—1:60.

Beizen. Man kocht vor mit:

5%	1,25 g/l	für	Alaun, eisenfrei	10%	2,5 g/l	für
$1^1/_2$%	0,4 g/l	helle	Weinstein	3%	0,8 g/l	dunkle
1%	0,25 g/l	Töne	Oxalsäure	2%	0,5 g/l	Töne

Das gebeizte Material läßt man ohne Spülen 12 Stunden liegen, ehe es gefärbt wird.

Färben. Man färbt im allgemeinen ohne Essigsäure, indem man bei gewöhnlicher Temperatur eingeht, innerhalb einer Stunde zum Kochen treibt und etwa $1^1/_2$ Stunde kochend färbt. Falls das Bad nicht ganz auszieht, muß etwas Essigsäure nachgesetzt werden. Um eine gute Walkechtheit zu erreichen, gibt man dem Bade zu Beginn des Färbens 50% (10 g/l) essigsauren Kalk, 25% (5 g/l) Tannin und 12,5% (2—2,5 g/l) Seife hinzu und verfährt wie beschrieben.

Farbstoffe:
Alizarinrot IWS, IB ex 20% Tg.
Alizaringranat R Tg. 15%
Alizarinorange R Tg. 20%
Alizarinorange W Tg. 20%
Anthracenblau WR dopp. Tg.

Zum Abtönen können auf abgekühltem Bade (etwa 60°) Farbstoffe mit guter Walkechtheit verwandt werden, die unten bei 6 angegeben sind.

Man führe einige Färbungen mit 3—4% Farbstoff Plv. oder der entsprechenden Menge Teig aus.

6. Saure Hilfsfarbstoffe für lebhaftere Färbungen mit Chromentwicklungsfarben.

a) Farbstoffe, die zusammen mit Chromentwicklungsfarben in geringen Mengen gefärbt werden können und verhältnismäßig gute Echtheiten aufweisen.

(Farbkarte Nr. 139 B d. I. G.) Farbstoffe mit * können auch allein als Selbstfarbe gefärbt und chromiert werden.

Rot:	Walkscharlach G		*Alizarincyaningrün G ex Plv., 5 G Plv. (S. 131)
	Alizarinrubinol R		*Alizarindirektgrün G, 5 G (S. 131)
	Alizarindirektrot BB		Brillantsäuregrün 6 B
	Alizarincyanolrot B	**Blau:**	Patentblau A
Orange:	Sulfonorange G		Tetracyanol A
Gelb:	Walkgelb HG, H 5 G, O		Brillantsäureblau A
	Sulfongelb R, 5 G		
Grün:	Brillantwalkgrün B		

Neptunblau B
Wollechtblau BL, GL, KBL
Echtsäureblau BL
Brillantindocyanin 6B, G
*Alizarinreinblau NA, B (S. 131)
Alizarindirektblau B

Violett: Echtsäureviolett R, ARR
Echtwollviolett 3RL
Alizaringeranol B
Formylviolett S 4B
Guineaviolett S 4B
Säureviolett 5BK, 4BC, 4B ex
Wollechtviolett B
u. a.

b) Farbstoffe, die evtl. nach dem Färben und Chromieren zum Nachtönen (zusammen mit Gruppe a) dienen können:

Rhodamin B ex
Amidonaphtholrot 6B
Mandarin G ex
Supramingelb G, R
Sulfongelb 5G
Guineaechtgrün B, 3B
Naphthalingrün V
Brillantwollblau FFR ex
Brillantwalkblau B
Echtsäureviolett 10B u. a.

Küpenfarbstoffe.

Handelsnamen: Helindonfarben (I. G.), Indigomarken, Cibafarben für Wolle und andere.

Die für Wolle und andere tierische Fasern in Betracht kommenden Farbstoffe sind meist indigoider Natur und brauchen zur Lösung und Reduktion verhältnismäßig wenig Alkali.

Der bemerkenswerteste Fortschritt in der Wollküpenfärberei liegt, abgesehen von der Ersparnis an Dampf in der außerordentlich großen Schonung der Faser, die bei mittlerer Temperatur gefärbt wird und kürzere Zeit der Wirkung der Flotte ausgesetzt ist als die Wolle bei den Chromierungsprozessen.

Die Helindonfarben werden nach 2 Verfahren gefärbt, die sich durch die Färbetemperatur und den Alkaligehalt der Färbeküpen etwas unterscheiden. Die I. G. bezeichnet die beiden Methoden mit „HN" und „HW". Die Färbetemperatur ist bei HN etwa 50—55°, und die Färbung geht bei ganz schwach alkalischer Reaktion vor sich. Nach HW färbt man bei etwa 60—65° und mit etwas stärker alkalischer Küpe.

Die Verküpung der Helindonfarben geschieht wie bei der Baumwolle. Genaue Angaben siehe S.153. Hier besteht aber die Gefahr eines zu hohen Alkalizusatzes, der die Wolle schädigen muß, und daher sind Präparate im Handel, die fertig verküpte Farbstoffe — Natriumsalze der Küpensäure — darstellen und nur einen geringen Überschuß milden Alkalis (Ammoniak) zur Lösung und zum besseren Küpenstand erfordern. Dadurch wird die starke Natronlaugealkalinität umgangen und durch die wenig schädliche ammoniakalkalische Küpe ersetzt. Diese Präparate kommen in verschiedener Form und Stärke in den Handel: als Küpe, Küpenlösung, „Küpe fest“ und „Küpenpulver“. Bei ihrer Verwendung fällt naturgemäß das umständliche Verküpen in Stammansätzen fort, so daß das Arbeiten leichter wird. Über das Lösen der Farbstoffe und einzelnen Küpensorten siehe die Angaben S. 150.

Die Hilfsmittel usw. zum Färben der Wollküpenfarbstoffe.

Ammoniak. Siehe die oben gemachten Ausführungen.

Leim hält den Farbstoff in kolloid fein verteilter Form und verhindert sein vorzeitiges Ausfallen aus der immerhin nur schwach alkalischen Flotte, die zur Inlösunghaltung gerade noch genügend Alkali enthält. Der Leim wirkt also hier als sogenanntes Schutzkolloid, das die Neigung kolloidgelöster Stoffe sich zusammenzuballen und sich abzuscheiden, zurückdrängt. Der Leimzusatz erhält damit die Reibechtheit, die durch Ausscheidung von Farbstoffpartikelchen auf der Faseroberfläche leiden müßte. Als Ersatz für Leim empfiehlt die I. G. bei helleren Färbungen die Anwendung von Leonil S. Der Leim wirkt durch seinen verteilenden Einfluß gleichzeitig egalisierend.

Hydrosulfit ist notwendig zum Reduzieren der Küpenfarbstoffe, wie bereits bei Baumwolle näher beschrieben.

Ammonsulfat ist von der Baumwollfärberei her noch nicht bekannt. Bei der geringeren Affinität der Küpenfarben zur Wolle liegt die Gefahr nahe, daß bei nur schlecht ausgezogenen Flotten der in Lösung zurückbleibende Farbstoffrest sich auf der Faseroberfläche abscheidet, sobald die mit der Flotte getränkte Wolle an die Luft kommt. Die Färbung wird reibunecht. Diese Gefahr wird beseitigt, wenn man für das möglichst vollständige Ausziehen der Flotte Sorge trägt, weil dann fast der gesamte Farbstoff richtig in die Faser eingedrungen ist.

Das Ammonsulfat hat nun folgende Wirkung: Durch seinen sauren Charakter drückt es die starke natronalkalische Reaktion der Flotte herunter und ersetzt das Natrium durch Ammoniak, wirkt also der Lösung des Farbstoffs entgegen, mit andern Worten es beeinflußt den Färbevorgang günstig im Sinne der Farbstoffaufnahme durch die Faser.

Kalksalze und Magnesiumsalze, die in hartem Wasser enthalten sind, wirken in gleichem Sinne wie Ammonsalze (Ammonsulfat oder -chlorid), wenn auch nicht so stark, weil sie die Alkalinität der Küpe nicht so sehr beeinflussen wie diese.

Bemerkung. Die im Wasser enthaltenen Kalk- und Magnesiumsalze begünstigen, wie schon erwähnt, das Aufziehen der Farbstoffe. Es wird daher vorteilhafter sein, in hartem Wasser zu färben, um den Farbstoff möglichst ausziehen zu lassen. Bei weichem Färbewasser kann man bei den Farbstoffen der HN-Gruppe statt der fehlenden Kalksalze z. B. Ammonsulfat zusetzen, um die ausziehende Wirkung der fehlenden Härtebildner zu erreichen. Man gibt das Salz vor allen weiteren Zusätzen in das Bad und rechnet etwa bei einer Härte von 0° aufwärts 2—4% (0,5—1 g/l) und von 10° aufwärts 1—2% (0,2—0,5 g/l) Ammonsulfat. Hartes Wasser ist bis zu etwa 30° zum Färben geeignet.

Bei den Farbstoffen der HW-Gruppe wirken Ammonsalze ungünstig und man setzt an deren Stelle Chlorcalcium zu, um das Bad gut zu erschöpfen (siehe die Anmerkungen hinter den Farbstoffnamen S. 153).

Die Zusätze an Ammonsalz über die Wirkung der Wasserhärte hinaus richten sich nun nach der Tiefe der Färbung, die man herstellen will. Je tiefer eine Färbung werden soll, desto größer ist der Ammonsalzzusatz zu bemessen, um die Flotte möglichst zu erschöpfen. Das ist nötig, um der Färbung die Reibechtheit zu erhalten (siehe die Bemerkung über Ammonsulfat S. 149). Das wird vor allem dort anzustreben sein, wo in konzentrierten Flotten gefärbt wird, also bei dunklen Tönen (Ausziehverfahren). Bei helleren Färbungen erreicht man dies dadurch, daß man die Flotte sehr gründlich sofort nach dem Herausnehmen abquetscht und evtl. spült, damit bei der Oxydation keine überschüssigen Farbstoffteilchen mehr vorhanden sind. Man verfährt etwa wie folgt:

Lösung der Farbstoffe.

a) Die unverküpten Pulver- und Teigfarben werden in einer Stammküpe gelöst (verküpt), aus der die zum Färben berechnete Menge abgemessen wird. Der Farbstoff wird mit heißem, möglichst weichem Wasser[1] von vorgeschriebener Temperatur, evtl. unter Verwendung von Monopolseife angeteigt (siehe S. 153), dann wird Lauge zugesetzt und schließlich Hydrosulfit unter Rühren eingestreut. Nach etwa 15 Minuten muß die Küpe klar, also der Farbstoff gelöst sein, und die Flotte muß die richtige Färbung haben (siehe S. 153). Bei ungenügendem Ergebnis muß noch Hydrosulfit zugestreut und evtl. auch noch mit etwas Lauge versetzt werden, bis sich die Farbe der Küpe nicht mehr ändert. Die für die einzelnen Farbstoffe erforderlichen Zusätze stehen in der Tabelle S. 153.

b) Flüssige Küpen können ohne weiteres dem vorgeschärften Färbebade zugesetzt werden.

---

[1] Zum Unterschied vom Färben ist beim Lösen weiches (Kondens-) Wasser vorzuziehen.

c) Feste Küpen werden mit kochend heißem, weichem Wasser angeteigt und dabei etwas frisch gelöster Leim und Hydrosulfit zur Verbesserung der Küpe mitverwendet. Für 10 g „Küpe fest" gibt man etwa 5 ccm Leimlösung (1:10), 100 ccm heißes Wasser zu, streut etwa 0,5 g Hydrosulfit unter Umrühren ein und läßt etwa 5—10 Minuten stehen. Die hierbei gebrauchten Mengen Leim und Hydrosulfit werden bei der Ansetzung des Färbebades abgezogen. Für Mischungen können mehrere Küpen miteinander gelöst werden.

d) Küpenpulver werden auch mit heißem, weichem Wasser angerührt und durch Verdünnen mit mehr kochend heißem Wasser in Lösung gebracht. Nach etwa 5 Minuten ist die Küpe gebrauchsfertig.

Färben. 1. Hellere nicht ganz tiefe Töne. Verfahren HN und HW. Flotte 1:50—60, (Stammküpe und alle anderen Zusätze inbegriffen). Man erwärmt die berechnete Menge Wasser[1] abzüglich der Zusätze auf die richtige Temperatur (HN auf 50—55° und HW auf 60—65°) und darauf wird etwa in folgender Reihenfolge 3% (0,8 gl) Leim[2] und bis etwa 3% (0—0,8 ccm/l) Ammoniak, je nach Tiefe des Tones zugesetzt und schließlich 2% (0,5 g/l) Hydrosulfit eingestreut. Jetzt wird die berechnete Menge der nach einer der obigen Vorschriften hergestellten Stammküpe zugegeben, umgerührt und auf Alkalinität und Klarheit geprüft. HN-Küpen müssen Phenolphthalein schwach röten, HW-Küpen etwas stärker alkalisch reagieren. Ist die Küpe trüb oder flockig, so muß noch etwas Alkali oder Hydrosulfit zugesetzt werden. Die Wolle wird jetzt feucht (abgewunden) aufgestellt, langsam unter der Flotte bewegt und etwa 20—30 Minuten im Bade belassen. Darauf quetscht man gründlich durch Gummiwalzen oder zwischen zwei Glasstäben aus und hängt etwa 20 Minuten an die Luft. Nach erfolgter Oxydation wird gut gespült und getrocknet.

2. Dunkle Töne und Schwarz (Ausziehverfahren). Es eignet sich nur für Farbstoffe nach dem HN-Verfahren. Man macht zur richtig erwärmten Küpe von 50—55° etwa folgende Zusätze: etwa 1—3% (0,3—0,8 g/l) Leim frisch gelöst, etwa 1—4% (0,3 bis 1,2 g/l) Ammonsulfat (je nach Härte des Wassers und Tiefe des Tones), etwa 1,5—2% (0,4—0,5 g/l) Hydrosulfit und dazu die entsprechende Menge Stammküpe. Jetzt prüft man auf alkalische Reaktion, färbt etwa $^1/_2$ Stunde, quetscht ab, läßt oxydieren, setzt dem Bade noch etwas Hydrosulfit und etwa 1—3% (0,3 bis 0,8 g/l) Ammonsulfat zu, färbt von neuem $^1/_2$ Stunde bei ange-

[1] Dem Wasser setzt man je nach Härte Ammonsalz zu (siehe die Bemerkung über das Färben mit weichem Wasser S. 150).

[2] Der Leim wird frisch kalt eingeweicht und aufgekocht.

gebener Temperatur und verfährt danach wie oben, das heißt man quetscht ab, läßt oxydieren, spült und trocknet.

Die Küpe muß anfangs alkalisch, am Schluß dagegen fast neutral ragieren.

Nachbehandlung. Die Lichtechtheit der Küpenfärbungen wird erhöht durch nachträgliches Absäuern mit etwa 3% ($^1/_2$—1 ccm/l) Schwefelsäure. Man beginnt bei etwa 30°, treibt zum Kochen und behandelt etwa 5—10 Minuten. Dieses heiße Absäuern ist bei den Farbstoffen der HW-Gruppe zur vollen Entwicklung des Tones stets auszuführen. Nach dem heißen Säuern wird gespült und getrocknet.

Anmerkungen. 1. Nach Verfahren 2 (Ausziehverfahren) dürfen nicht als Selbstfarbe gefärbt werden: alle Farbstoffe der Gruppe HW. Bei diesen und bei folgenden Farbstoffen der Gruppe HN ist an Stelle von Ammonsalz Chlorcalcium zu verwenden: Helindonbrillantgelb G, Helindonscharlach GG, Helindonrot BB.

Bei Mischungen von HN- und HW-Färbungen vermeidet man auch das Ausziehverfahren und hält bei einer Temperatur 60°.

Die Chlorcalciumzusätze richten sich nach der Härte des vorhandenen Wassers. Man rechnet etwa bei einer Härte von 0°: 10% (2,5 g/l) Chlorcalcium kryst. oder die Hälfte kalz. Salz, Bei 10° Härte: (1,25 g/l) Chlorcalcium kryst. oder die Hälfte kalz. Salz.

2. Die Färbungen mit HW-Farbstoffen sind am Schluß heiß abzusäuern. Man setzt etwa 2—3% ($^1/_2$—1 ccm/l) Schwefelsäure oder etwa 3—5% (0,8—1,2 ccm/l) Essigsäure zu, beginnt bei 30°, treibt hoch und behandelt etwa 5—10 Minuten bei Kochhitze.

3. Helindonblau 3 G färbt man am besten mit weichem Wasser.

Ausfärben einiger Beispiele.

Nach dem Vorhergegangenen läßt sich also eine Färbung ausführen entweder mit 1. unverküpten Farbstoffen in Teig oder Pulver (Verküpungstabelle siehe S. 153) oder auch 2. mit einem verküpten Präparat, z. B. Küpenlösung, Küpe, Küpe fest, Küpenpulver, je nachdem in welcher Form die betreffende Farbstoffmarke in den Handel kommt (siehe die Vergleichstabelle S. 154 und die Lösungsvorschriften S. 150). Man führe folgende Versuche aus.

1. 2 Ausfärbungen mit 4% (1 g/l) Indigoküpe 60%ig, eine mit und die andere ohne Zusatz von Ammonsulfat (4% oder 1,2 g/l). Verfahren S. 151.

2. Einzelne Ausfärbungen in 1 Zuge ($^1/_2$ Stunde) nach HN (S. 151) und mit 8% (2 g/l) Helindonrot BB Küpenpulver oder 8% (2 g/l) Helindonrot CR Küpe oder 2% (0,5 g/l) Helindonrosa R Pulver (muß verküpt werden, siehe S. 153).

3. Dieselben Farbstoffe in 2 Zügen mit der doppelten Menge Farbstoff und evtl. Ammonsulfatnachsatz vor dem 2. Zuge (2—3% oder 0,5—0,8 g/l).

4. Ausfärbung von Schwarz mit 12% (3 g/l) Helindonschwarz 3B Küpe fest oder R Küpe fest oder T Küpe fest in 2 Zügen von je $^1/_2$ Stunde nach HN mit Nachsatz von Ammonsulfat vor dem 2. Zuge.

Farbstoffliste und Tabelle (I) der Zusätze zur Lösung der unverküpten Helindonfarben.

Über das Ansetzen einer Stammküpe siehe die Angaben auf S. 68. Bei den hier angegebenen Farbstoffen, die keine Monopolseife zum Anteigen erfordern, geschieht das Anrühren mit heißem Wasser, da sich die betreffenden Farbstoffe gut netzen. Bei Indigo nimmt man einige Tropfen Alkohol zum Anteigen.

Farbkarte Nr. 63 B und 64 B der I. G.

	Teile g	Monopolseife g	Wasser ccm	Natronlauge 40° Bé g[1] (konz.)	Hydrosufit g	Temperatur der Stammküpe	Aussehen der Küpe	Temperatur des Färbebades	Anmerkung S. 152	Verfahren
1. Helindon-scharlach GG Pulv. oder Teig	1 / 5	1	30	1,6	1	55	blau-violett	50—65	1	HN
2. HelindonrotCR Pulv. spez.	1	—	30	1,4	1,3	65	gelb	50—65	1	HN
3. HelindonrotBB Pulv. spez.	1	—	30	1,9	1,6	55	gelb	50—65	1	HN
4. Helindonrot B Pulv. oder Teig	1 / 4	1	30	2,4	1	65	olivgelb	60—65	1 u. 2	HW
5. Helindonrosa R Pulv. oder Teig	1 / 6	1	30	4,8	1,4	65	blaßgelb	60—65	1 u. 2	HW
6. Helindonorang. R Pulv. od. Teig	1 / 10	1	30	2,4	1	80—90	grünl.gelb	60—65	1 u. 2	HW
7. Helindon-brillantgelb G konz. Pulv.	1	—	30	2,9	1,4	55	gelbbraun	50—65	1	HN
8. Helindongelb CG Pulv. spez.	1	—	30	2,4	1,25	75	blaßgelb	50—65		HN
9. Indigo rein BASF Pulv. oder Tg. 10. IndigoMLB Pulv. oder Tg.	1 / 5	—	30	1,5	1,5	55	gelb	50—65		HN[2]
11. Brillantindigo BASF 4B od. Indigo MLB 4B Pulv. oder Teig	1 / 5	1	30	2,5	1	65	gelb	60—65	1 u. 2	HW
12. Helindonblau 3G konz. Pulv. od. Tg.	1 / 10	1	30	2,2	1	50	gelbbraun	60—65	1,2,3	HW

[1] 1 ccm Natronlauge 40° Bé = 1,370 g. [2] Zum Anteigen von Indigo nimmt man an Stelle von Monopolseife ein paar Tropfen Alkohol.

	Teile g	Monopolseife g	Wasser ccm	Natronlauge 40° Bé g[1] (konz.)	Hydrosulfit g	Temperatur der Stammküpe	Aussehen der Küpe	Temperatur des Färbebades	Anmerkung S. 152	Verfahren
13. Helindonviolett BBN Plv.o.Tg.	1 4	1	30	2,8	0,9	65	gelb	60—65	1,2	HW
14. Helindonkhaki C Pulv. spez.	1	—	30	1,65	1,1	75	gelbolive	50—65		HN
15. Helindonkhaki CR Pulv. spez.	1	—	30	1,45	0,9	75	gelbolive	50—55		HN
16. Helindonbraun CV Pulv. spez.	1	—	30	1,5	1,1	65	gelbbraun	50—65		HN
17. Helindonchromgrün G Pulv. spez.	1	—	30	1,5	1,2	50-55°	gelbbraun	50-55°		HN

(Nachchromieren wie S. 141 angegeben.)

Nur in Küpenform vorhanden sind noch zu nennen:

18. Helindonrot BR Küpe.
19. Helindonbraun 3R Küpe.
20. Helindongrün B Küpe.
21. Helindonschwarz 3B Küpe fest.
22. Helindonschwarz T Küpe fest.
23. Helindonschwarz R Küpe fest.
24. Indigoküpe BASF/RR (60%ig.)

Stärketabelle der einzelnen Küpenformen usw.

Es entsprechen Teile:

Farbstoff der Tabelle I Nr.	Pulver	Pulv. spez.	Konz. Pulv.	Teig	Teig 20%ig	Küpe I 20%ig oder Lösung 20%ig	Küpe 60%ig	Küpenpulver	Küpe fest	Küpe
1	1	—	—	5	—	—	—	—	—	—
2	—	1	—	—	—	—	—	4,5	1,5	—
3	—	1	—	—	—	—	—	4,5	1,5	—
4	1	—	—	4	—	—	—	—	—	—
5	1	—	—	6	—	—	—	—	—	—
6	1	—	—	10	—	—	—	—	—	—
7	1	—	0,125	—	—	—	—	—	—	—
8	—	1	—	—	—	—	—	4	2,5	—
9	1	—	—	—	5	5	1,7	—	—	—
10	1	—	—	—	5	5	1,7	—	—	—

Farbstoff der Tabelle I Nr.	Pulver	Pulv. spez.	Konz. Pulver	Teig	Teig 20 %ig	Küpe I 20 %ig oder Lösung 20 %ig	Küpe 60 %ig	Küpenpulver	Küpe fest	Küpe
11	1	—	—	5	—	—	—	—	—	—
12	1	—	—	—	5	—	—	—	—	—
13	1	—	—	4	—	—	—	—	—	—
14	—	1	—	—	—	—	—	4,5	2,25	—
15	—	1	—	—	—	—	—	4,5	—	—
16	—	1	—	—	—	—	—	3,6	1,5	—
17	—	1	—	—	—	—	—	4,0	—	—

Die weiteren nur in Küpenform vorhandenen Farbstoffe s. S. 154.

Die Färberei der Seide[1].

Man unterscheidet nach Herkunft a) edle Seiden von Maulbeerspinnerarten und b) Tussah- und andere Seiden von wilden Seidenspinnern. Bei beiden Arten sind auseinanderzuhalten: 1. gehaspelte Seiden von intakt gebliebenen, gesunden Kokons und 2. gesponnene Seiden von beschädigten, minderwertigen Kokons und Abfällen. Zu 1. gehören z. B. Grege-, Trame-, Organzinseiden usw. Trame- und Organzinseiden werden aus mehreren Gregefäden mit verschiedener Drehung hergestellt. Grege bekommt man durch Vereinigung mehrerer Kokonfäden. Besondere Sorten für bestimmte Zwecke sind z. B. Grenadine-, Cordonet-, Nähseiden usw. Zu 2. gehören z. B. je nach Qualität Florette-, Schappe-, Bouretteseiden. Die Veredlung der Seiden in der Färberei bis zur Avivage umfaßt folgende Arbeitsstufen:

1. Arbeiten am Bast: A) Edle Seide (Herstellung von Cuite-, Souple-, Ecrueseide), B) Schappeseide, C) Tussahseide.
2. Erschweren der Seiden für bunte Farben und mit Anilinfarben hergestelltes Schwarz.
3. Bleichen der Seiden.
4. Färben der bunten Farben und Schwarz mit Anilinfarbstoffen.
5. Färben von Schwarz mit Holzfarben (Blauholz, Gelbholz) und gleichzeitiger Erschwerung.
6. Avivieren der Seide.

1. Arbeiten am Bast.

a) Seide.

1. Herstellung von Cuiteseide (vollständiges Entbasten). Die Entfernung des die eigentliche Seidenfaser (chemisch: Fibroin) umgebenden Seidenleims (Sericin) gibt der Seide den an ihr geschätzten Glanz, Griff und Weichheit und trennt die beiden durch den Leim verklebten Elementarfäden des Kokons. Man löst den Bast am besten mit alkaliarmer Seife, die die Seidenfaser bei heißer Behandlung nicht angreift.

---

[1] Siehe auch Ley: Die neuzeitliche Seidenfärberei. Berlin: Julius Springer 1921.

Entschälen mit Seife in der Flotte. Flotte 1:15—1:20[1].

Beispiel: Man löst etwa 40% (20 g/l) Mars. Seife in weichem Wasser auf und gießt sie in das kochend heiße Bad aus möglichst weichem Wasser. Nicht kochen lassen. Man stellt jetzt die Seide auf und behandelt 1—1$^1/_2$ Stunden nahe der Kochtemperatur. Man läßt erst etwa 20—30 Minuten ziehen ohne umzuziehen und bewegt leicht im Bade. Dann zieht man um und läßt wieder 20 Minuten stehen. Das Umziehen wiederholt man jetzt etwa alle 15 Minuten einmal, bis der Bast gleichmäßig abgelöst ist. Jetzt nimmt man die Seide heraus, läßt ablaufen und geht auf ein zweites Bad (Repassierbad) mit etwa 15% (5 g/l) Seife bei Kochhitze mit etwas längerer Flotte und behandelt etwa 1 Stunde. Auch hier muß weiches Wasser genommen werden.

Man läßt jetzt gut ablaufen, spült erst heiß mit weichem Wasser, dann gut kalt und säuert evtl., wenn man nicht sofort weiterbehandelt, mit etwa 2 ccm/l Salzsäure und trocknet.

Die Entbastungsflotte wird aufgehoben und später zum Färben benutzt (Bastseife).

Außer mit Seife kann die Seide mit Ätznatron und Protektol (I. G.) oder mit Produkten der Bauchspeicheldrüse von Tieren (Pankreasfermenten) entbastet werden, z. B. mit Degomma S von Röhm und Haas, Darmstadt.

2. Herstellung von Souple (Weichmachen). Das Souplieren bezweckt zunächst ein Weichmachen des Fadens, ohne viel an Gewicht (Bast) zu verlieren. Der Verlust beträgt hier etwa 8—10% im Durchschnitt, bei Cuite 20—25%. Gleichzeitig erzielt man damit einen volleren Faden und kann bedeutend höher erschweren, weil der Faden aufnahmefähiger ist. Allerdings wird aber der Glanz dabei matter und die Farben fallen stumpfer aus. Das Souplieren führt man meist vor der Erschwerung aus, es gibt aber auch Fälle, bei denen umgekehrt gearbeitet wird, oder wo die Erschwerung mit dem Souplieren gleichzeitig erfolgt (bei Schwarz).

Beispiel. Flotte 1:40. Man entfettet die Rohseide zunächst mit 2% (0,5 g/l) Soda bei 30° $^1/_2$ Stunde oder mit 5 g/l Seife bei 35° 1 Stunde lang. Dann wird evtl. gebleicht, und zwar weißbastige Seide in der Kammer (siehe S. 163), gelbe Seide mit Nitrit und anschließend in der Kammer, wenn erforderlich. An das Bleichen schließt sich gewöhnlich das Souplieren. Es kann auf 3 Arten ausgeführt werden:

a) mit Säuren,
b) mit sauren Salzen,
c) mit Gerbstoffen.

a) Mit Säuren: Flotte 1:60—80 oder länger. Man stellt die Seide auf ein Bad mit etwa 6% Glaubersalz kryst. (1,5 g/l), 3% ccm Schwefelsäure

[1] Das Flottenverhältnis beim Färben von Seide ist im allgemeinen etwa 1:30—1:40, wenn nichts anderes angegeben (siehe S. 167).

(0,5 ccm/l) bei etwa 65° und läßt solange darauf, bis die Seide weich genug ist (etwa 1 Stunde). Hierauf wird warm gespült (bei 50°), dann bei 30° und schließlich abgesäuert. Anschließend kann erschwert oder unerschwert gefärbt werden.

b) Mit sauren Salzen: Die Seide wird in einem Bade mit etwa 8—10% Weinstein (2—2,5 g/l), 1% Schwefelsäure (0,17 ccm/l), 10% schweflige Säure techn. Lösung (2,5 ccm/l) $^1/_2$—1 Stunde bei 90—95° behandelt, dann gut gespült und erschwert oder gefärbt.

c) Mit Gerbstoffen: Man stellt die genetzte, evtl. gebleichte und bei möglichst niederer Temperatur gefärbte Seide auf ein Bad mit Sumachextrakt von 1—1$^1/_2$° Bé, dem man etwas Schwefelsäure zusetzt. Man behandelt bei Kochhitze solange, bis der Effekt erreicht ist. Darauf wird warm und kalt gespült und aviviert.

Man soupliere einige Strähne, die man vorher gewogen hat, stelle den Bastverlust fest und prüfe die Weichheit und den Glanz.

3. Herstellen von Ecrue (Hartseide). Ecrueseide enthält fast noch den ganzen Bast. Sie ist aber härter als Souple und wird nicht mehr viel gefärbt. Zur Herrichtung der Hartseide verfährt man etwa genau so wie bei Souple, nur läßt man das Soupliérbad fort. Nach dem Schwefeln kann, um das Schwefeldioxyd zu entfernen, ein Bad mit Wasserstoffsuperoxyd (3%ig) gegeben werden (etwa 10% [2,5 ccm/l]) bei 30°, 10 Minuten). Darauf wird gespült, evtl. erschwert und gefärbt.

b) Entbasten und Reinigen von Schappe.

Schappe und Tussah nehmen in der Seidenfärberei eine Sonderstellung ein. Schappe ist — als Spinnfaser — nur für bestimmte Artikel geeignet und wird dementsprechend besonders behandelt. Tussah ist von dunklerer Färbung und nicht so hochwertig wie edle Seide. Sie ist widerstandsfähiger gegen Chemikalien und nicht so aufnahmefähig für Farbstoffe, so daß das Bleichen und Färben mit gewissen Schwierigkeiten verknüpft ist. Sie wird daher auch in einem besonderen Abschnitt aufgeführt (siehe S. 168 u. 196).

Das Entschälen von Schappe geschieht meist schon in der Spinnerei, so daß nur noch eine Reinigung vor der weiteren Veredlung notwendig ist.

Beispiel: Man kann wie folgt arbeiten. Man stellt zunächst 1 Stunde bei 90° auf ein Bad mit etwa 5% (1 g/l) Soda, oder man zieht 5 mal um bei 40° mit etwa 10—20% (2,5—5 g/l) Soda, dann geht man $^1/_2$ Stunde auf 10% (2,5 g/l) Seife oder man zieht etwa 5 mal um mit 20—30% (5—8 g/l) Seife, beide Male kochend heiß. Darauf wird 2—3 mal gut gespült, abgesäuert mit 1,5 ccm/l Salzsäure, gespült, evtl. erschwert und gefärbt. Erforderlichenfalls wird nach dem Reinigen gebleicht (siehe S. 163).

c) Entschälen von Tussah.

Die Tussah unterscheidet sich, wie schon erwähnt, wesentlich von der Seide. Sie hat eine dunklere Färbung, einen unruhigen Glanz und ist nicht so glatt. Der Bast umhüllt nicht nur die Faser, sondern durchdringt sie ganz. Die unten angegebenen Entbastungsmethoden entfernen zwar teilweise den Bast, lassen aber immer noch eine natürliche Bräunung zurück.

Beispiel: 1. Man entfettet und löst die Verunreinigungen mit 3,5—5% (0,8—1,2 g/l) Soda bei 60° während $^1/_2$ Stunde durch Umziehen, dann kocht man mit 30% (8 g/l) Seife bei 95° $^3/_4$ Stunde ab. Hierauf spült man lauwarm mit etwa 2% (0,5 g/l) Soda, dann 2—3 mal kalt, säuert ab mit 2 ccm/l Salzsäure bei 95°.

2. Man nimmt die Tussah durch ein kochend heißes Wasserbad für 20 Minuten. Darauf behandelt man kochend mit 4—5 g/l Soda etwa 1 Stunde, spült und säuert ab mit 2 g/l Salzsäure bei 70° 20 Minuten lang. Zum Schluß wird nochmals gespült.

Versuche. 1. Man entbaste für das spätere Färben und Erschweren eine größere Anzahl Seidensträhne vollständig (Trame oder Organzin z. B., siehe auch das Beispiel S. 162) und stelle den Verlust an Bast fest (Prozentgehalt). Nach dem Trocknen muß die Seide jedesmal bei derartigen Versuchen, bevor sie gewogen wird, längere Zeit — einige Stunden — in einem Raume mit normaler Feuchtigkeit aufgehängt werden, damit die Seide den üblichen Feuchtigkeitsgehalt wieder aufnimmt (etwa 10—11%). Man kann auch direkt nach dem Trocknen wägen, muß dann aber die 10—11% zuzählen.

2. Einige andere Strähne soupliere man nach verschiedenen Methoden und berechne auch hier den Verlust an Bast. Man prüfe dann die Eigenschaften der hergestellten Soupleseiden, z. B. Weichheit, Griff, Fülle, Glanz, Biegsamkeit des Fadens und vergleiche sie mit der Rohseide. Gelbe Seiden bleiche man evtl. mit Königswasser. Einige souplierte Strähne färbe man dann wie auf S. 168 angegeben mit verschiedenen Farbstoffen aus und erschwere evtl. auch einen Teil nach S. 160.

3. Man mache einige Versuche zum Entschälen von Tussah und färbe diese dann aus (S. 168, 196).

2. Das Erschweren der Seide.

Das Erschweren der Seide bezweckt eine Volumenvergrößerung und eine Gewichtserhöhung des Fadens oder Stückes, sowie Erzeugung eines gewissen Griffs. Gleichzeitig mit der Gewichtserhöhung erzielt man ein besseres „Fallen“ der damit hergestellten

Kleidungsstücke. Die Seide wird durch die Erschwerung empfindlich gegen äußere Einflüsse verschiedener Art und kann durch unsachgemäßes und zu hohes Erschweren im Laufe der Zeit schnell morsch werden (Seidenfäule).

A. Für bunte Farben und Schwarz mit Anilinfarben. 1. Zinn-Phosphat-Silicaterschwerung. Die Seide wird zunächst mit Zinnchlorid (Pinke) und dann mit Natriumphosphat behandelt (phosphatieren). Diese Doppelbehandlung — beide Bäder müssen immer zusammen angewandt werden, da sich auf der Faser eine Zinnphosphatverbindung bilden soll — wird so oft (bis etwa 6 mal) wiederholt, als zur Erzielung einer bestimmten Erschwerung nötig ist. Als Abschluß folgt eine Behandlung mit Wasserglas oder seltner mit Tonerde und Wasserglas. Nach dem Erschweren wird dann gefärbt.

2. Gemischte Erschwerung. Bei der gemischten Erschwerung folgt auf das Pinken und Phosphatieren an Stelle von Wasserglas — nach dem Färben — eine Behandlung mit Gerbstoffen, z. B. Gallusextrakt.

B. Für Blauholzschwarz. Bei Blauholzschwarz können die Erschwerungs- und Färbevorgänge nicht immer voneinander getrennt werden (siehe S. 188ff.). Als Erschwerungsmittel dienen für Monopolschwarz Zinn und Phosphat (ohne Wasserglasbehandlung), unoxydierter Blauholzextrakt (V. 6, 7 S. 194) und mitunter Catechu (Beispiel 5, S. 194). Für andere Schwarzfärbungen sind üblich Eisenverbindungen (Eisenbeize, Berliner Blau) und Gerbstoffe (Catechu) (siehe die Beispiele S. 193ff.).

a) Zinn-Phosphat-Silicaterschwerung.

Flotte 1:40. Man lockert die durch Entbasten vorbereitete Seide gut auf und stellt sie auf ein Bad mit Zinnchlorid von 25—30° Bé bei Zimmertemperatur[1]. Man läßt sie etwa 2 Stunden darauf, indem man die Seide von Zeit zu Zeit gut durcharbeitet und untersteckt. Darauf wird geschleudert und gründlich gespült. Durch das Spülen wird das Zinnchlorid hydrolysiert und Zinnhydroxyd schlägt sich auf der Faser nieder, während die Salzsäure heruntergewaschen wird:

$$SnCl_4 + 2\,H_2O = Sn\,(OH)_4 + 4\,HCl$$

Das Wasser wird wieder durch Schleudern entfernt und die Seide gut aufgelockert. Jetzt wird sie auf ein Bad mit Natriumphosphat von 5—10° Bé (150—200 g/l) gestellt, entsprechend der

[1] Dazu kann Leitungswasser genommen werden.

Konzentration des Zinnbades. Die Temperatur hält man bei 60° und läßt etwa $^3/_4$ —1 Stunde wirken. Während dieser Zeit zieht man etwa 5 mal um. Jetzt läßt man abtropfen, schleudert und wäscht 2—3 mal gründlich mit möglichst weichem Wasser, damit nicht die Kalksalze harten Wassers mit dem Phosphat Niederschläge geben. Man kann zum Schluß absäuern oder lauwarm seifen. (Säuern mit 2 ccm/l Säure, Seifen mit etwa 2 g/l Seife bei 65°). In beiden Fällen schleudert und färbt man anschließend oder geht für den zweiten Pinkzug auf das evtl. aufgefrischte alte Zinnbad zurück, nachdem die Seide gut aufgelockert ist.

Anforderungen an das Pinkbad. Aussehen: klar und wasserhell, keine Trübung von Salzen (gespaltene Seife, Kalksalze wie Phosphat, Sulfat, Zinnphosphat usw.).

Reaktion: Es wird ein Überschuß an freier Salzsäure verlangt, etwa 0,5—1% und mehr, je nach Art der Seide. Ein zu großer Überschuß wird beseitigt durch Pinken geseifter Partien. Bei Mangel an freier Säure gibt man etwas nach.

Temperatur: Etwa 10—15°. Genaue Untersuchungen von Pink- und Phosphatbädern siehe in der Literatur.

Anforderungen an das Phosphatbad. Aussehen: Klar und wasserhell. Trübungen verschiedenster Art (Salze wie Phosphate von Calcium, Magnesium, Mangan aus den Härtebildnern, Zinnphosphat, Bast) können zum Teil schädlich sein.

Reaktion: Alkalisch. Evtl. Zusatz von Soda, z. B. bei öfterem Pinken. Auf keinen Fall saure Reaktion.

Temperatur: Etwa 60°. In einigen Fällen anders. (Siehe bei den einzelnen Seiden, z. B. bei Souple.)

Je nach der Höhe der verlangten Erschwerung erhält die Seide, wie schon erwähnt, mehrere Pinkzüge. Zum Abschluß wird je nach der weiteren Behandlung entweder gründlich in weichem Wasser gespült oder geseift. Für bunte Farben und für Schwarz mit Anilinfarben wird jetzt mineralisch vor dem Färben weiter erschwert. Diese weitere mineralische Erschwerung geschieht mit Wasserglas evtl. unter Mitanwendung von schwefelsaurer Tonerde. Für gewisse Blauholzschwarzarten wird ohne Wasserglas weiter behandelt wie dort näher beschrieben (Monopolschwarze S. 194).

a) Mit Tonerde und Wasserglas. Flotte 1:40. Nach dem Phosphatieren wird mit etwa 1 ccm/l Schwefelsäure konzentriert 10 Minuten lang kalt abgesäuert. Man läßt ablaufen und stellt auf schwefelsaure Tonerde 5—8° Bé, die mit weichem Wasser angesetzt ist. Man läßt etwa 1 Stunde darauf und zieht während dieser Zeit 5 mal um. Dann läßt man die Seide ablaufen, wäscht gründlich, streift ab und geht auf ein Bad mit Wasserglas 1—5° Bé bei 60°. Man zieht während einer Stunde einige mal um und stellt kochend heiß auf Seife (10 g/l). Dauer etwa 10 Minuten. Zum Schluß wird gut gespült und, falls nicht gleich gefärbt wird, säuert man ab.

b) Mit Wasserglas allein. Nach dem letzten Phosphatbad wird gründlich gespült, dann bei 60° 1 Stunde lang auf Wasserglas von 1—5° Bé, je nach Anzahl und Stärke der Pinken, gestellt. Nach dieser Zeit (6 mal umziehen) läßt man ablaufen, seift 2 mal mit je 2 g/l Seife bei etwa 45° oder heißer, je $^1/_2$ Stunde. Die Seife wird abgestreift (geschleudert), die Seide gut gespült und evtl. abgesäuert oder gleich gefärbt.

Die Wasserglaslösung muß vollkommen klar sein. Die Erschwerung durch Wasserglas ist abhängig von der Vorerschwerung und diese wieder von verschiedenen Faktoren, wie Drehung des Fadens, Herkunft der Seide und ihre Beschaffenheit, Feinheit des Fadens, weiter davon, ob Souple vorliegt oder Cuite usw.

Die Höhe der Erschwerung läßt sich variieren durch die Stärke und Temperatur der Wasserglasbäder, die Zeitdauer der Einwirkung des Bades, Zusatz von Wasserglas in das darauffolgende Seifenbad (bis etwa 1° Bé), die Stärke der Zinnbäder (20—30° Bé), die Wiederholung der Zinnphosphatbehandlung, bis zu 4 oder 6 mal.

Die Anwendung zu heißer Bäder jedoch ist wegen der schädlichen Wirkung zu vermeiden.

b) Gemischte Erschwerung.

Beispiel. Man pinkt und phosphatiert wie bei A 1 angegeben. Nach dem letzten Phosphatbad wird auf fette Seife gestellt (10 g/l). Man behandelt etwa 1 Stunde, wäscht gut und färbt. Darauf geht man auf ein Bad mit Gallusextrakt (gebleichte oder bei dunklen Farben ungebleichte Ware). Man nimmt etwa 100%, stellt kochend heiß auf und läßt langsam, evtl. über Nacht erkalten, wobei man möglichst untersteckt. Die Flotte hält man kurz (etwa 1:10—15). Nach dem Herausnehmen windet man ab und aviviert.

Übungsbeispiele. Man wäge etwa 20—30 Strähne Rohseide, entbaste, stelle den Verlust an Bast fest und hebe die Bastseife zum Färben auf. Man stelle jetzt das Gewicht jedes einzelnen Strahnes fest und bezeichne alle, um später die Erschwerung feststellen zu können. Die Seide erhält zunächst einen Pinkzug (mit Zinnchlorid von 30° Bé und Phosphat von 8—10° Bé). Nach dem Trocknen wird ein Strahn oder mehrere zur Aufnahme von Feuchtigkeit an die Luft gehängt, gewogen und die Erschwerung festgestellt. Darauf werden noch 2 Pinkphosphatzüge mit jedesmaligem Trocknen und Wägen gegeben. Berechnung der Erschwerung nach jedem Zuge.

Ein Teil wird jetzt mit Wasserglas von 5° Bé (S. 162) weitererschwert und für die späteren Färbungen zusammen mit unerschwerter Seide zurückgelegt.

Der andere Teil wird ohne Wasserglas gefärbt, aber nach S. 162 mit Gerbstoffen nacherschwert, getrocknet, an die Luft gehängt und gewogen.

Berechnung der Erschwerung siehe Heermann[1]. Auf „pari" erschweren bedeutet: den Verlust an Bast durch Erschwerung ersetzen. Unter „pari"-Erschwerung liegt darunter, über „pari" darüber.

3. Das Bleichen der Seiden.

Ein Bleichen ist nur für helle und zarte Farben notwendig, oder für weiß. Man arbeitet je nach der Art der Seide, der Ausrüstung und dem gewünschten Weißgrad nach verschiedenen Methoden, die man evtl. nach Bedarf hintereinander für eine Bleiche anwenden kann.

a) Bleichen mit Schwefeldioxyd in der Kammer.

Man behandelt die Seide mäßig warm mit etwa 5—10 g/l Seife, bis sie gut durchnetzt ist, windet schwach ab, lockert gut auf und hängt in die Kammer[2], in der man über Nacht einwirken läßt. Das Schwefeldioxyd erzeugt man durch Anzünden von Schwefel am Boden, nachdem die Seide eingehängt ist. Man wiederholt so oft, bis der gewünschte Bleichgrad erreicht ist. Nach dem Schwefeln spült man gut und säuert bei etwa 50° mit 2 ccm/l Schwefelsäure ab. Bei dieser Bleiche muß, so wie bei der Wollbleiche Feuchtigkeit und Alkali sich in der Faser befinden, wenn sie in die Kammer kommt. Diesen Zweck erreicht man durch das Seifenbad, dem man manchmal nocht etwas Soda zusetzt. Zur Entfernung der schwefligen Säure aus der Faser kann nach dem Spülen, wenn sofort gefärbt wird, ein Bad mit etwa 2 ccm/l Wasserstoffsuperoxyd (3%ig) von etwa 30—35° eingeschaltet werden, um eine störende Wirkung der schwefligen Säure beim Färben zu verhindern. ($SO_2 + H_2O_2 = H_2SO_4$.)

b) Bleichen mit Peroxyden.

1. Wasserstoffsuperoxyd. Man wendet diese Mittel an, wenn die Seide durch die Kammerbleiche nicht weiß genug wird

[1] Textilchemische Untersuchungen. Berlin: Julius Springer 1929.
[2] Evtl. benutzt man eine große Glasglocke.

(Tussah, Schappe und auch gelbbastige Sorten). Man stellt die Seide auf ein Weichwasserbad mit ein Zehntel bis ein Fünftel Wasserstoffsuperoxyd (3% ig) vom Volumen des Bades und etwa 1% Wasserglas und schließlich soviel Ammoniak, daß das Bad ganz schwach alkalisch reagiert (rotes Lackmuspapier wird gerade gebläut). Man beginnt bei Zimmertemperatur und erwärmt langsam auf etwa 50° oder höher (Vorsicht bei Temperaturerhöhung). Nach etwa $^1/_2$ Stunde steckt man unter und läßt erkalten. Evtl. erwärmt man noch einmal. Nach beendigter Bleiche wird gut gespült, evtl. bei etwa 50° mit 2 g/l Seife behandelt, gespült und abgesäuert wie üblich.

2. Natriumsuperoxyd. Bei dieser Behandlung wird durch Umsetzen von Natriumsuperoxyd mit Wasser Wasserstoffsuperoxyd frei, welches wie oben bleichend wirkt. Da hier Natronlauge entsteht, die schädlich ist, gibt man Bittersalz zu, das die Lauge unter Bildung von unlöslichem, unschädlichem Magnesiumhydroxyd neutralisiert. Es wird außerdem noch Schwefelsäure zugesetzt.

Beispiel. Man streut zuerst Magnesiumsulfat (20—30 g/l) in das Bad, läßt auflösen, gibt etwa 3,5 g/l oder 1,8 ccm/l Schwefelsäure hinzu, zieht die Partie kalt etwa 3 mal um und schlägt auf. Jetzt streut man langsam unter Rühren 10 g/l Natriumsuperoxyd in das Bad. Die Lösung muß nun sauer sein, was man, wenn nötig durch Zusatz von wenig Säure erreicht. Kurz vor Beginn des eigentlichen Bleichens macht man mit Ammoniak schwach alkalisch, nachdem man noch etwa 1% Wasserglas beigefügt hat. Wasserglas dient als Stabilisator, damit die Bildung von Sauerstoff nur ganz allmählich eintritt. Man beginnt kalt und erwärmt langsam auf etwa 50°, indem man ab und zu umzieht. Jetzt steckt man unter und nimmt heraus, wenn der Weißgrad erreicht ist, der verlangt wird. Man wäscht gut und säuert zum Schluß ab. Das Bad muß ständig kontrolliert werden (siehe auch S. 123).

c) Bleichen von Schappe und Tussah.

Schappe. Entweder in der Kammer oder besser mit der Sauerstoffbleiche, oder beide zusammen.

Beispiel für eine weiße Schappe (s. Ley a. a. O.). Nach dem Reinigen gibt man zunächst ein Bad mit 20% Salzsäure (15 Minuten), dann stellt man auf 8% Natriumsuperoxyd und 20% Bittersalz. Man beginnt bei etwa 50°, zieht 5mal um, erhöht auf 60°, zieht 3mal um, erhitzt zum Kochen und läßt 1 Stunde ziehen. Dann steckt man über Nacht unter. Am Morgen spült und säuert man. Jetzt kann evtl. noch geschwefelt werden. Nach dem Schwefeln wird 2 mal in weichem Wasser gespült und zum Abschluß in einem kochenden Seifenbade mit geeigneten Farbstoffen (siehe Liste S.122) gebläut. Nun stellt man nochmals auf ein Wasser mit etwas Seife auf und schwefelt nochmal. Zum Schluß gut spülen, absäuern und avivieren.

Tussah. Das Bleichen ist besonders schwierig, weil der Naturfarbstoff sehr widerstandsfähig ist. Ein Bleichen ist aber oft nötig, weil Tussah durch das Entbasten etwas unegal ausfällt.

Beispiel. Man bleicht nach Heermann mit Wasserstoff- oder Natriumsuperoxyd, indem man etwa 200 ccm Wasserstoffsuperoxyd (3% ig) auf ein Liter Bad anwendet, dazu 10—20 g/l Wasserglas und evtl. 2 g/l Seife gibt und mit Ammoniak alkalisch macht. Man stellt heiß auf und steckt über Nacht ein. Nachher wird gewaschen und mit Schwefelsäure abgesäuert. Der Prozeß wird nach Bedarf noch einmal wiederholt und anschließend in der Kammer nachgebleicht.

Es kann auch eine Nachbleiche mit Blankit I versucht werden.

Bleichen von Schappe und Tussah mit Blankit I (I. G.):

Man bleicht mit Sauerstoffbleiche vor, stellt auf ein Bad von weichem Wasser (kupfer- und eisenfrei) mit 5—10 g/l Blankit I bei 60—70°. Man zieht eine Weile um, steckt über Nacht ein und spült am andern Morgen gut. Dann wird wie oben auf Seife geblaut und aviviert. Das Bad soll die Seide nicht angreifen (siehe auch die Veröffentlichungen der I. G.).

4. Das Färben der Seiden.

Allgemeines. Für das Färben der Seide kommen hauptsächlich die bereits bekannteu Farbstoffgruppen in Betracht, aus denen die für Seide geeignetsten Vertreter für die Praxis ausgesucht worden sind. Alles Wesentliche über Handelsnamen, Echtheiten, Lebhaftigkeit und Gangbarkeit der Farbtöne ist bereits in den betreffenden Abschnitten bei Wolle und Baumwolle erwähnt. Es gilt im allgemeinen für Seide das gleiche, obwohl sich hier — vor allem hinsichtlich der Echtheiten — die Verhältnisse etwas verschieben, d. h. ein Farbstoff kann, wie schon erwähnt, zum Beispiel auf Baumwolle eine andere Wasch- oder Lichtechtheit besitzen als auf Wolle oder Seide usw.

Echtheiten. Die Echtheiten der nicht erschwerten Seiden sind im allgemeinen höher als der erschwerten gefärbten Seiden. Die Herstellung einer Färbung von bestimmten Echtheitseigenschaften, sowohl hinsichtlich der Farbstoffwahl wie der Anwendung und Ausführung der Vorschriften ist Sache der Erfahrung, die der Färber sich erst im Laufe längerer Zeit aneignet. Die basischen Farbstoffe werden gefärbt, wenn der Ton besonders lebhaft sein soll. Hohe Ansprüche an Echtheit können nicht gestellt werden. Die Säurefarben, die wohl am meisten auf Seide gefärbt werden, besitzen im allgemeinen befriedigende Echtheiten. Sie sind zum Teil auch recht lebhaft. Die Lichtechtheit bei einzelnen ist sehr gut.

Bei etwas erhöhten Ansprüchen an Wasser-, Walk- und Waschechtheit nimmt man substantive Farben, die allerdings nicht immer besonders lebhaft sind. Man kann sie in direkter Färbung (ohne Nachbehandlung), mit Nachbehandlung von Metallsalzen, Tannin und Brechweinstein und mit Nachbehandlung durch Diazotieren oder Kuppeln herstellen.

Auch die basischen und Säurefarben lassen sich durch nachträgliches Tannieren wasserechter machen (siehe S. 174).

Besonders echte Töne erreicht man mehr oder weniger lebhaft (einzelne ausgenommen) mit Schwefel-, Küpen-, Indigosol-, Beizen-, NaphtholAS- und Chromierungsfarben.

Einfluß der Bastseife. Als egalisierenden Zusatz zu den meisten Färbebädern nimmt der Färber die beim Entbasten zurückbleibende Lösung aus Seife und Seidenleim, „Bastseife" genannt. Die Bastseife verhindert das zu rasche Aufziehen der Farbstoffe, wirkt daher egalisierend. Einige gut egalisierende Farbstoffe können unter Umständen auch ohne Bastseife gefärbt werden. In solchen Fällen ist die zum Färben notwendige Säure vorsichtig, evtl. später zuzusetzen.

Als Ersatz für Bastseife kann eine Mischung hergestellt werden aus 1,5 kg Marseiller Seife, 300 g Glycerin oder Leim, gelöst, 100 g Olivenöl, 100 g Kochsalz. Alles wird zusammen mit etwa 50 l Wasser gut aufgekocht und dann genau wie Bastseife verwendet. Die Säure muß dabei langsam unter Rühren zugegossen werden. Man nimmt etwa $^1/_6$—$^1/_3$ Bastseife von der erforderlichen Flottenmenge, je nach den Verhältnissen.

Brechen der Bastseife. Das Brechen der Bastseife geschieht mit Säure, wobei die freiwerdende Fettsäure aus der Seife in feinster, kolloider Form bleibt. Je nach der Art des Farbstoffes nimmt man üblicherweise Essigsäure oder Schwefelsäure, und zwar vor Beginn, bei recht hellen Tönen erst während des Färbens, bis das Bad schwach sauer reagiert (sauer schmeckt). Auch bei heiklen Mischfarben setzt man (von Fall zu Fall) die Säure später nach.

Wirkung der Säure. Die Säure macht aus dem Farbstoff, der meist als „Salz", in chemischem Sinne gesprochen, vorliegt, die Farbsäure frei, die oft große Affinität zur Faser hat und meist sehr rasch aufgenommen wird. Die Säure wirkt demnach „ausziehend" und somit vertiefend auf den Farbton, und bei zu großem Gehalt an Säure werden die Färbungen leicht unegal (bei jedem Farbstoff verschieden). Je schlechter also ein Farbstoff egalisiert, desto vorsichtiger muß die Säure zugesetzt werden, und umgekehrt verträgt ein Farbstoff von guten Egalisierungseigenschaften von vornherein mehr Säure (vgl. Wollfärberei). Das richtige Verhältnis von Säure zu Bastseife und Färbetemperatur von Fall zu Fall zu bestimmen ist Sache der praktischen Erfahrung.

Glaubersalz wirkt hier wie bei Wolle egalisierend, weil es z. B. mit Schwefelsäuse saure Salze bildet, die nicht mehr so stark sauer sind wie die freie Säure. Es wirkt also auch hier wie bei Wolle entgegengesetzt zu dem Aussalzen beim Färben der Baumwolle. (Siehe auch die Erklärungen bei Wolle S. 125).

Lösen der Farbstoffe. Das Lösen geschieht wie bekannt mit kochend heißem Wasser (bei den basischen Farben ist wie bei Baumwolle S. 20 angegeben zu lösen). Das Wasser muß möglichst weich sein. Bei Bedarf von kleinen Mengen sind wie üblich Lösungen herzustellen und davon der berechnete Teil mit der Pipette abzumessen.

Das Flottenverhältnis ist in der Praxis etwa 1:30—40, kann im Notfalle aber auch länger genommen werden. Im Laboratorium wird bei den geringen Mengen Seide, die zum Färben kommen, das Verhältnis länger genommen werden müssen, je nach der Größe der Gefäße. Man nehme aber stets soviel Flotte, daß mindestens $^3/_4$—$^2/_3$ des Strahns in der Flotte schwimmt.

Versuche. 1. Wirkung der Bastseife. Beim Färben mit Bastseife ist nur weiches Wasser zu verwenden. Man stelle sich 3 Farbbäder für je 1 Strahn Seide her. Als Farbstoff für alle 3 Bäder wähle man einen aus der Liste S. 170. Die einzelnen Bäder setze man folgendermaßen an: a) $^1/_3$ Bastseife und $^2/_3$ Wasser, b) $^1/_{20}$ Bastseife und $^{19}/_{20}$ Wasser, c) ohne Bastseife, dazu überall die gleiche Menge Essigsäure und Farbstofflösung desselben Farbstoffes. Es muß in allen 3 Bädern von der gleichen Bastseife (nicht verschiedene Qualitäten) zugesetzt werden, und auch alle andern Bedingungen für derartige Versuche sind stets genau gleichzuhalten. Beim Färben richte man sich nach der Vorschrift S. 169 und färbe mit je 5% Farbstoff und Flotte 1:100—1:150 je nach Größe der Becher.

2. Wirkung der Säure. Man stelle 3 andere Färbungen in ähnlicher Weise her, variiere aber dieses Mal den Zusatz an Säure: a) mit 20 ccm Essigsäure, b) mit 1 ccm Essigsäure (bei a und b verd. Säure 1:100), c) ohne Säurezusatz. Das Färbebad setze man

zusammen aus Bastseife und Wasser, je die Hälfte. Bei beiden Versuchen vergleiche man die Tiefe der Färbungen.

Färbemethoden. Die Färbemethoden lassen sich zusammenfassen in folgende Gruppen:

1. Im gebrochenen Bastseifenbade, a) mit Essigsäure für basische, substantive, Diazotierungs-, Säure-, ohne Beize färbende Alizarin- und Beizenfarbstoffe, Chromierungsfarben. Oft wird hier gegen Schluß des Färbeprozesses zur Erschöpfung des Bades Ameisen- oder Schwefelsäure nachgegeben (siehe auch Wollfärberei S. 125). b) mit Schwefelsäure für Säurefarben, die mit Schwefelsäure besser ziehen.

Einige Farbstoffe der Gruppen a und b können nötigenfalls für Kombinationsfärbungen bei geschickter Handhabung des Färbeverfahrens zusammen gefärbt werden. Die richtige Auswahl ergibt die praktische Erfahrung (siehe auch S. 126).

2. Ohne Bastseife, mit Essigsäure evtl. unter Zusatz von Glaubersalz für gut egalisierende substantive und saure, evtl. auch einzelne basische Farben in tiefen Tönen.

Mit Schwefelsäure und Glaubersalz für Rhodamine, Methylvioletts, Brillantgrün.

3. Neutral, mit Seife für gewisse substantive und für basische Farben in hellen Tönen, für Blauen von Weiß nach der Bleiche und evtl. für Beizenfarben auf Eisen, für Alkaliblaus.

4. Alkalisch mit einem Schutzmittel für Küpen- und Schwefelfarben.

5. Besondere Bedingungen gelten für Entwicklungsfarben (Naphthol AS), Indigosole, Blauholzschwarz usw.

Die Anwendung der unten beschriebenen Vorschriften auf die Seidensorten und die verschiedene Ausrüstung.

Cuite, beschwert und unbeschwert wird gefärbt wie bei den einzelnen Rezepten angegeben.

Souple, Ecrue: Die Methoden bleiben wohl im allgemeinen die gleichen, nur muß man darauf achten, daß bei Souple keine zu stark sauren und bei Ecrue auch keine zu heißen alkalischen Bäder angewandt werden, weil dadurch der Charakter der Seide sich ändern und Bast verlorengehen würde, was ja vermieden werden soll. Man färbt erschwertes und unerschwertes Material.

Schappe: Erschwerte und nicht erschwerte Schappe wird im allgemeinen wie Cuite gefärbt.

Tussah: Das Färben von Tussah bringt gewisse Schwierigkeiten mit sich, da sie geringere Affinität zur Faser hat wie echte Seide. Man färbt entweder mit oder ohne Bastseife, je nach Art des Tones. Meist ohne Bastseife, z. B. Säurefarbstoffe mit 3—5% Schwefelsäure und 10% Glaubersalz kryst. Säurefarbstoffe für schwächere Säure, basische und Eosinfarben mit 2—3% Essigsäure. Substantive Farben mit 20% Glaubersalz kryst. und 1—2% Essigsäure.

Beispiele für Schwarz auf Tussah siehe S. 196. Man färbt beschwerte und nicht beschwerte Tussah. Tussah wird allerdings nur selten erschwert. Beim Färben ohne Bastseife fallen die Färbungen oft besser, glanzreicher aus als auf dem Seifenbade.

a) Basische Farbstoffe.

Die basischen Farbstoffe haben für Seide größere Affinität als für Wolle. Man nimmt an, daß die sauren Molekülgruppen der Seide stärker ausgeprägt sind als bei der Wolle, bei der die basischen Eigenschaften überwiegen, so daß die Seide die basischen Farbstoffe stärker anzieht (siehe die Erklärungen S. 135).

Färbevorschriften. a) Man stellt das Färbebad her mit etwa $^1/_5$—$^1/_3$ Bastseife, die man vom Entbasten zurückbehalten hat und $^4/_5$ bzw. $^2/_3$ Wasser und erwärmt es auf etwa 30—40°. Man zieht die Seide ein paarmal durch das lauwarme Bad, nimmt sie heraus, setzt die Farbstofflösung und soviel Essigsäure zu, bis das Bad schwach sauer reagiert und färbt unter langsamem Erwärmen auf etwa 95°, bis der Farbstoff ausgezogen ist. Nötigenfalls setzt man gegen Ende etwas Essig- oder Ameisensäure zur völligen Erschöpfung der Flotte nach. Bei dunklen Tönen kann man nach einer Färbedauer von etwa 1 Stunde die Seide im erkaltenden Bade etwa $^1/_2$—1 Stunde nachziehen lassen.

b) Für sehr zarte Töne kann auf dem Seifenbade gefärbt werden. Man bestellt es mit etwa 5—10 g/l Seife und färbt bei 30—60° $^1/_2$—$^3/_4$ Stunde. Nach dem Färben wird die Seide gewöhnlich — auch bei den nächsten Vorschriften — gespült und „aviviert", um ihr den Seidengriff wiederzugeben. Man setzt dem letzten Spülbade eine organische Säure (siehe S. 196) zu, z. B. 2—3 ccm/l Milchsäure 50%ig, je nach der Art des Griffs, zieht die Seide einige Male darauf um, windet ab und trocknet ohne vorher zu spülen.

Versuche. Man stelle einige Ausfärbungen mit etwa 1,5—2% Farbstoff her und nehme für jede Färbung 3 Strähne (Nr. 1 erschwerte, Nr. 2 und 3 nicht erschwerte Seide). Nr. 3 wird nach dem Färben nachtanniert und der Ton und die Wasserechtheit mit Nr. 2 verglichen (siehe die Echtheitsprüfungen S. 225). Als Flottenverhältnis wähle man — auch bei den folgenden Vorschriften — je nach Größe der Becher etwa 1:100—250. Für Schwarzfärbungen nehme man aber möglichst kurze Flotten (min. etwa 1:30). Die Bäder ziehen in den meisten Fällen aus, und das Flottenverhältnis spielt daher hier keine so große Rolle wie z. B. bei den Baumwollfarbstoffen.

Die basischen Farbstoffe eignen sich auch gut für erschwerte Seide. Ihre Echtheitseigenschaften sind, wie bereits bekannt, gering. Sie können mit den Säurefarben zusammen gefärbt werden. Man läßt erst die Säurefarben aufziehen, färbt dann die basischen und löst auch die Farbstoffe möglichst getrennt, da sie sich sonst evtl. gegenseitig ausfällen. Liste der Farbstoffe siehe bei Baumwolle S. 25.

b) Säurefarbstoffe mit Essigsäurezusatz[1].

Von der großen Zahl der Säurefarben auf Wolle sind nicht alle für Seide geeignet, da diese die Säurefarben im allgemeinen weniger stark anzieht (siehe die Bemerkung bei den basischen Farben). Man verfährt beim Färben genau so wie in der letzten Vorschrift unter a angegeben und aviviert zum Schluß auch mit Milchsäure.

Farbstoffe, Farbstoffe mit * eignen sich evtl. auch für erschwerte Seide.

Gruppe 1:

Farbkarte C 1017 und D 2882 der I. G.

Rot:	*Eosin ex	**Blau:**	Supraminblau FB, R
	*Phloxin 2B		Indocyanin B
	*Rose bengale B, G, GN		Methylblau für Seide MLB
	*Alizarinrubinol R		*Alizarinreinblau B, NA
	*Supraminrot 2G		*Wollechtblau BL
	Tuchrot 3B ex		Brillantseidenblau 10B
	*Supranolrot BB, BR[2]		Brillantwollblau FFR ex
	*Supranolbrillantrot B		
	*Supranolbordo B	**Violett:**	*Alizarinirisol R
	*Supranolscharlach G		*Alizarinastrolviolett B
Orange:	*Walkorange G		*Anthosinviolett B
	*Supranolorange RR, GS	**Braun:**	*Supraminbraun R, G
Gelb:	*Echtbeizengelb G	**Schwarz:**	Nerol TL, VL
	*Walkgelb GA		Supraminschwarz BR
	*Supramingelb 3GL		Janusschwarz D
Grün:	Alizarincyaningrün G ex, 5G		*Säurealizaringrau G

Gruppe 2: Sulfonfarbstoffe und ähnliche.

Eine besondere Gruppe unter den „schwach sauren“ Farbstoffen sind die Sulfonfarben, die sich durch etwas erhöhte Echtheiten auszeichnen. Sie werden am besten allein gefärbt, doch können geringe Mengen anderer Farbstoffe mit zugesetzt werden.

Farbkarte: C 1017 und D 2882 der I. G.

Rot:	*Säureanthracenrot 3BL	**Gelb:**	*Sulfongelb 5G, R
Orange:	*Walkorange G		*Walkgelb GA
	*Sulfanarange 5G, G	**Grün:**	*Sulfonsäuregrün B

[1] An Stelle von Essigsäure kann stets etwa $^1/_5$ der Menge Ameisensäure genommen werden.

[2] Über Supronalfarben siehe S. 131.

Blau: Sulfoncyanin (*) GR ex, 5R ex
*Sulfonsäureblau B
Sulfonazurin D

Violett: Sulfonviolett R ex

Braun: *Sulfonsäurebraun 2R

Schwarz: Gloriaschwarz N
Sulfoncyaninschwarz 4B, BR, *BB
Sulfonsäureschwarz NB ex

Versuche. Man mache einige Ausfärbungen der Gruppen a und b auf erschwerte und unerschwerte Seide gemeinsam und nehme etwa 3% Farbstoff für bunte Töne und 12—15% für Schwarz.

c) Palatinechtfarben.

(Vgl. die Ausführungen bei Wolle S. 129).

Die Palatinechtfarben werden im Bastseifenbade mit Essigsäure angefärbt und evtl. mit Ameisensäure ausgezogen. Liste der Farbstoffe siehe S. 130. Auch hier einige Ausfärbungen, evtl. Mischungen anfertigen.

d) Säurefarbstoffe,

die mit Schwefelsäure gefärbt werden.

Vorschrift. Man färbe mit soviel Bastseife wie vorher, breche das Bad aber mit Schwefelsäure. Evtl. auch hier Säure zur Erschöpfung des Bades zum Schluß nachsetzen.

Versuche. Man nehme 3% evtl. mehr für bunte Farben, 15% für Schwarz. Das Ausfärben geschieht wie beschrieben bei Vorschrift a, S. 169.

Die Färbungen der Säurefarben können im selben Bade mit basischen Farbstoffen überfärbt werden (z. B. 0,5%), um den Ton zu beleben. Man färbe und löse aber Säure- und basische Farben stets getrennt für sich. da leicht eine gegenseitige Ausfällung eintreten kann. Der saure Farbstoff kann als Beize auf basische Farben wirken, wie es von den substantiven und Schwefelfarben her schon bekannt ist.

Farbkarte: C 1017 und D 2882 der I. G.

Farbstoffe:

Rot: *Echtlichtrubin BL
*Sulforhodamin BG
Ponceau 2R
*Guinearubin 4R
*Supraminbordo B
*Echtrot AV
*Anthosin 5BN, BN
Supraminrot 2G (*), B, 3B
Alizarinrubinol (*) R, GW

Orange: Ponceau 4GB
*Orange II
*Mandarin G ex

Gelb: Brillantsulfoflavin FF
*Azoflavin 3G ex spez.
Janusgelb G
*Flavazin S
*Chinolingelb KT ex konz.
Supramingelb 3G (*) R
Indischgelb G

Grün: *Guineaechtgrün B
*Naphthalingrün V
*Alizarindirektgrün 5G

	*Alkaliechtgrün 3G		Alizarinastrol B
	*Alkaliechtgrün 10G	**Violett:**	Alizarindirektviolett EBB
	*Säuregrün GG ex		Säureviolett R ex, 7BN
	Supramingrün BL, G		*Alizaringeranol B
Blau:	*Alizarinsaphirol A 3R		*Säureviolett CBB, 4BL
	Alizarindirektcyanin G	**Schwarz:**	Aminschwarz 4BL
	*Patentblau V		*Seidenschwarz 4BF ex
	Alizarinsaphirol SE		*Janusschwarz D
	*Alizarinbrillantreinblau R		*Wollschwarz GR
	*Cyanol FFG		Alizarinlichtgrau 2BL
	*Brillantsäureblau V		Naphthylaminschwarz 10B
	Brillantwollblau FFR ex		

e) Alkaliblau.

Echtheiten. Licht- und Wasserechtheit sind gut, ebenso die Schwefelechtheit.

Vorschrift. Der Farbstoff wird in kochend heißem, möglichst weichem Wasser gelöst. Hartes Wasser ist durch Aufkochen mit Soda zu enthärten. Man färbt in kurzer Flotte unter Zusatz von 8—10 g/l Seife $^3/_4$ Stunden bei etwa 95°. Auch zum Färben ist möglichst weiches Wasser oder mit Soda durch Aufkochen enthärtetes kalkhaltiges Wasser zu verwenden. Zum besseren Ausziehen kann Glaubersalz zugesetzt werden. Nach dem Färben wird in weichem Wasser gut gespült und anschließend bei 50—60° mit 2—5% Schwefelsäure $^1/_4$ Stunde hantiert, wobei sich der eigentliche Ton entwickelt. Zum Schluß wird gut gespült und aviviert.

Versuch. Man führe eine etwa 2%ige Färbung aus. Prüfung der Reib- und der Waschechtheit (siehe auch die Bemerkungen S. 133).

Farbstoffe. Alkaliblau 2B.

f) Substantive Farben mit und ohne Nachbehandlung.

Die substantiven und vor allem die Diazotierungsfarbstoffe geben auf Seide gut echte Färbungen. Die Bäder ziehen fast vollständig aus. Die meisten Farbstoffe egalisieren so gut, daß man oft ohne Hilfe von Bastseife färben kann. Man gibt an deren Stelle als Egalisierungsmittel Glaubersalz zu (siehe auch die Erklärungen bei Wolle auf S. 125). Zum Ausziehen des Farbstoffs dient Essigsäure. Eine Auswahl von Farbstoffen zieht auch im Glaubersalz seifenbade gut auf Seide und kann zum Färben von Halbseide verwendet werden. Hier dient das Salz wohl mehr zum Ausziehen des Farbstoffs. Die verschiedenen Färbemethoden:

a) Man färbt auf Bastseife wie üblich und bricht das Bad mit Essigsäure.

b) Man setzt dem Bade etwa 10—20% (3—7 g/l) Glaubersalz und 2—3% (0,7—1 ccm/l) Essigsäure zu und erhöht zum Erschöpfen des Bades die Säuremenge nach Bedarf. Bei a und b färbt man wie üblich (Farbstoffe siehe unten Liste 1).

c) Man färbt sehr zarte Töne auf einem fetten Seifenbade mit etwa 5—10 g/l Seife bei 30—60° (Farbstoffe siehe unten Liste 1 und 2).

d) Man beschickt das Bad mit etwa 2—3 g/l Seife und 5—20 g/l Glaubersalz, beginnt bei 30° und erwärmt langsam bis etwa 70°. Nach etwa $^1/_2$—1 Stunde wird gespült (Farbstoffe siehe Liste 2, S. 174).

Versuche. 1. Man färbe bunte Farben mit etwa 0,5—4% Farbstoff und Schwarz mit 7—10%. Das Flottenverhältnis halte man wie sonst.

2. Außerdem behandle man einzelne geeignete Färbungen nach mit Chrom- und Kupfersalzen. Dazu nehme man die mit § bezeichneten Farbstoffe. Die Ausführung geschieht wie bei Baumwolle S. 36ff. beschrieben. Nach dem Spülen wird wie üblich aviviert.

3. Man färbe von einigen Farbstoffen je 2 Strähne und behandle je einen mit Tanninbrechweinstein nach (siehe S. 174). Den andern behalte man zurück und vergleiche schließlich Ton und Wasserechtheit der einfachen und der tannierten Färbungen.

Farbstoffe mit § können mit Chromkali, bezw. Kupfervitriol nachbehandelt werden.

Farbstoffe: Liste 1 (Farbkarte: C 1017 und D 2882 d. I. G.)

Rot: *Acetopurpurin 8B
*Erika BN
*Siriusrot 2B, 4B
Dianilechtrot PH
*Benzolichteosin BL
Baumwollechtrot 4BS
Thiazinrot R §
Siriusrubin R
Siriusbordo 5B

Orange: Baumwollorange R
Siriusorange 5G, G
*Plutoorange G §
*Toluylenorange R §

Gelb: Chloramingelb HW
*Diamingelb CP
Diaminechtgelb A
Thioflavin S
*Chrysamin G §
*Siriusgelb 5G, GG, *RT R ex

Grün: Dianilgrün BBN
*Benzodunkelgrün B
*Benzodunkelgrün GG
*Benzogrün FF
Oxaminbrillantlichtgrün 3G

Blau: Siriusblau BRR, G, 6G
*Diazoschwarz BHN
*Halbwollmarineblau B
*Chicagoblau 6B

Violett: *Benzoechtkupferviolett B §
*Brillantbenzoviolett 2R
Brillantbenzoechtviolett 2RL
Siriusviolett 2B, 3B

Braun: Congobraun G §
*Benzobraun MC §
*Diamineralbraun G §
Benzoechtkupferbraun 3GL §
Toluylenechtbraun 3G, 2R

Schwarz: *Sambesischwarz D

*Benzoechtschwarz L
Diaminechtgrau BN
Columbiaschwarz EAW ex
Patentdianilschwarz EB ex konz.
Siriusgrau G

Liste 2: Substantive und Säurefarbstoffe, die im Glaubersalz-Seifenbade gut ziehen.

Ein Brechen der Seife fällt hier fort, da diese Farbstoffe ohne Säure ziehen. Zum Ausziehen dient wie bei Baumwolle Glaubersalz.

Rot: Diaminrosa BD, GD
*Diaminscharlach B, 3B
*Diaminechtrot F
*Diaminbordo S
*Siriusrot 2B, 4B
*Benzoechtrot FC

Orange: Diaminechtorange EG
*Diaminorange F
*Pyraminorange RR

Gelb: Diaminechtgelb 3G, M
Diamingelb CP
Thioflavin S
*Siriusgelb G
*Pyramingelb G

Grün: Diamingrün B, G, CL
Diaminschwarzgrün L
*Oxamingrün B

Blau: *Oxaminblau RW
Oxaminstahlblau L
Alkaliblau BB
*Wollechtblau BL
*Sulfoncyanin GR ex
*Sulfoncyanin 5R ex

Violett: *Oxaminviolett N
Oxaminechtviolett FFRN, BBN
*Oxaminviolett
Siriusviolett BB, BL

Braun: *Benzobraun 3GC neu
Diaminbraun M (*), B, 3G
Diamineralbraun G
Diamincatechin G, 3G

Grau: Diaminechtgrau BN
*Säurealizaringrau G

Schwarz: *Benzoechtschwarz L
*Baumwollschwarz E ex, RW ex
*Sulfoncyaninschwarz BB
*Oxaminschwarz BRT

Tanninbrechweinsteinnachbehandlung. Diese Behandlung bezweckt eine Erhöhung der Wasserechtheit der basischen. Säure- und substantiven Farben.

Die gespülten Färbungen von basischen, substantiven und Säurefarben werden etwa $^3/_4$ Stunden auf einem kalten bis lauwarmen Bade (35°) mit 1—5% Tannin oder Gallusextrakt umgezogen, dann abgewunden und in einem frischen, kalten Bade mit $^1/_2$ bis $1^1/_2$% Brechweinstein $^1/_2$ Stunde fixiert. Zum Schluß wird gespült und aviviert.

g) Diazotierungsfarbstoffe.

Vorschrift. Färben wie die substantiven Farben S. 172. Diazotieren und Entwickeln wie bei Baumwolle S. 41 vorgeschrieben. Man halte sich dabei an die Zahlen, die das Verhältnis g oder ccm pro Liter angeben, da die Mengen in Prozenten bei langer Flotte zu klein werden. Zum Schluß kochend seifen mit 2—3 g/l Seife. Mit Milchsäure avivieren.

Versuche. Bunte Farben mit etwa 3%, Schwarz mit etwa 6—10% Farbstoff. Ausführung wie bei den andern Gruppen.

Prüfung einiger Färbungen auf Überfärbeechtheit und eine Schwarzfärbung auf Waschechtheit.

Farbstoffe:		Entwickler (Baumwolle S. 43)
Rot:	*Primulin	3 oder 8[1]
	*Diazolichtscharlach BL	3 oder 8
	*Diazogeranin B ex	3, 8
	*Diazolichtbordo BL	3, 8
	Sambesirot B	3, 8
	Sambesirot 8B	3, 8
	*Sambesirubin B	3, 8
Orange:	*Diazobrillantorange GR ex	3, 8
Gelb:	*Diazolichtgelb 2G, 3GL	14
	*Diazobraun 6G	3, 8, 12
	*Primulin	10, 13, 21, 22
Grün:	*Benzoreinblau	14
	*Diazobrillantgrün 3G	14
	*Diazoolive G	3, 8, 12, 14, 20
	*Diazolichtgrün GFL	14
Blau:	*Diazoschwarz BHN	3, 8, 12, 20
	*Diazoechtschwarz 3B	10, 12, 20, 22
	*Diazoreinblau 3GL	3, 8, 14
	*Diaminogenreinblau N	3, 8
	*Diaminschwarz BH	3, 8, 4 mit 22 komb., 16
	Naphthogenreinblau 4B	3, 8
	Naphthogenblau 2R	3, 8
Violett:	Diazolichtviolett 3RL	3, 8
Braun:	Benzobraun MC	3, 8, 12, 20
	Diazobraun 6G	3, 8, 12
Schwarz:	*Sambesischwarz D	12
	*Diazoschwarz BHN	3, 8, 12, 20
	Diaminogen B	3, 8, 12 mit 22
	Diaminogen ex	3, 8, 12 mit 22
	Diazoechtschwarz 3B	3, 8, 9, 12

Zur Erzielung bestimmter Nuancen können verschiedene Entwickler miteinander in einem Bade kombiniert werden, wie bei Baumwolle beschrieben (siehe S. 45).

h) Schwefelfarbstoffe.

Die Schwefelfarben haben keine große Bedeutung für die Seidenfärberei, aber sie sind für Versuchszwecke hier angeführt.

Echtheiten. Die mit Schwefelfarben hergestellten Färbungen sind bedeutend echter als die mit den bisher ausgeführten Gruppen.

---

[1] Für Seide ist möglichst das bereits fertige β-Naphtholnatrium (Entwickler A, Nr. 8) zu nehmen, da beim Selbstherstellen (Lösen von β-Naphthol [Nr. 3]) in Natronlauge leicht ein Überschuß der Lauge schädlich werden kann. Dasselbe gilt von Entwickler 22 (Resorcin), für das man möglichst Nr. 10 nehme, usw.

Hervorzuheben sind Wasser-, Wasch-, Walk-, Überfärbeechtheit und Seifenkochechtheit.

Einfluß der Zusätze. Die Wirkung von Schwefelnatrium, Glauber- und Kochsalz, Soda, Netzölen usw. auf die Farbstoffe und -lösungen ist bereits eingehend bei den Schwefelfarben bzw. den substantiven Farben und der Zweck des Hydrosulfits bei den Küpenfarben besprochen worden.

Die Wirkung des Schwefelnatriums auf die Seidenfaser ist schädlich und man ist gezwungen beim Färben ein Schutzmittel für das Material mit hineinzugeben (Schutzkolloid). Z. B. kommen dafür in Frage Dekol, Protektol-Agfa, Leim u. a.

Hydrosulfit. An Stelle von Schwefelnatrium kann Hydrosulfit genommen werden, das den Farbstoff in sodaalkalischer Lösung verküpt. Das Soda greift die Faser zwar nicht so stark an, aber auch hier darf die Temperatur nicht zu hoch steigen. Man halte sich möglichst an die Vorschriften.

Färbevorschrift. A. Bunte Farben. Flotte 1:150. Farbstoffzusatz etwa 5—8 g/l für mittlere Töne. In einem besonderen Gefäß löst man die dreifache Menge Soda vom Gewicht des Farbstoffs kochend auf, gießt den mit etwas Wasser angeteigten Farbstoff hinzu, läßt bis auf etwa 50° erkalten, gibt unter Rühren die $1^1/_2$fache Menge Hydrosulfit vom Farbstoffgewicht (mit Wasser kalt angerührt) in das Bad und läßt jetzt etwa $^1/_2$ Stunde verküpen. Diese Küpe wird dann durch einen Lappen in die Färbeflotte gegossen, die etwa 60° warm sein muß. Zum Schluß beschickt man noch mit etwa 20 g/l Kochsalz und der $1^1/_2$fachen Menge Protektol „Agfa" II vom Gewicht des Farbstoffs und beginnt mit dem Färben. Man stellt die gut angefeuchtete Seide bei 60° auf und färbt etwa 1—$1^1/_2$ Stunde unter der Flotte. Nach dem Färben wird sofort gespült und ins erste lauwarme Spülbad von 30—35° 0,2 g/l Hydrosulfit eingestreut. Dann wird leicht abgewunden und $^1/_2$ Stunde verhängt. Darauf wird fertig gespült, abgesäuert, gespült, heiß geseift, aviviert.

B. Schwarz: Flotte 1:30. 1. Ansetzen des Färbebades und Färben z. B. mit Schwefelschwarz AWL ex wie oben angegeben.

		1. Bad Ansatzbad	2. Bad Laufende	3. Bad Bäder	
Zusätze:	Farbstoff	40	20	10	g/l
	Hydrosulfit	45	20	10	g/l
	Soda	50	25	50	g/l
	Protektol Agfa II	25	12,5	25	g/l
	Kochsalz	20	20	20	g/l

2. Färben von Indocarbon CLG konz. auf unerschwerter Seide. Flotte: 1:30 (Farbkarte 321 C d. I. G.).

a) Mit Schwefelnatrium. Man rührt etwa 5 g/l Farbstoff mit etwa 2 g/l Monopolseife und etwas heißem Wasser gut an und gibt die Paste in das kochend heiße Färbebad. Diesem hat man inzwischen 1—2 g/l Soda calc. und die 3fache Menge Schwefelnatrium kryst. vom Gewicht des Farbstoffes zugesetzt. Man kocht alles auf, gibt kurz vor Beginn des Färbens die $1^1/_2$fache Menge Protektol Agfa II vom Gewicht des Schwefelnatriums hinein, rührt um und färbt die Seide $^3/_4$—1 Stunde bei abkühlender Flotte. Nach dem Färben wird abgequetscht, kurze Zeit an die Luft gehängt, gespült, abgesäuert, nochmals gespült und schließlich heiß geseift, ausgewaschen, aviviert und getrocknet.

b) Mit Hydrosulfit-Soda. Man löst die 5fache Menge Soda vom Farbstoffgewicht (5 g/l) auf und gießt die Lösung in das mit weichem Wasser beschickte, 80° warme Bad. Darauf gibt man den mit 2 g/l Monopolseife und heißem Wasser angeteigten Farbstoff hinzu und streut langsam die $1^1/_2$fache Menge Hydrosulfit vom Gewicht des Farbstoffes unter Umrühren hinein. Jetzt läßt man etwa $^1/_2$ Stunde zur Verküpung stehen, gibt darauf die gleiche Menge Protektol Agfa II wie Hydrosulfit zu, rührt um und färbt bei etwa 60° $^3/_4$—1 Stunde. Das Fertigstellen geschieht wie bei a.

Man färbe 2 Strähne, einen erschwert, den anderen nicht erschwert.

Farbstoffe:

Rot:	Immedialbordo GF konz.
	Immedialprune S
	Thiogenpurpur O
Orange:	Schwefelorange A ex
	Thiogenorange RG konz.
Gelb:	Immedialgelbolive 5 G
	Schwefelgelb 4 G
	Schwefelgelb G ex
	Thiogengelb 5 G konz.
	Thiogengoldgelb A konz.
Grün:	Schwefelolive FF ex
	Katigenbrillantgrün 3 G
	Immedialgrün GG ex
	Immedialtiefgrün G
	Thiogengrün GL ex
Blau:	Katigenchromblau 5 G
	Katigenmarineblau R ex
	Katigenindigo CLG ex
	Katigendunkelblau R ex
	Schwefelindigo BA
	Thiogencyanin O
	Thiogenblau B
Violett:	Thiogenviolett B
	Immedialviolett CB
	Immedialindonviolett B konz.
Braun:	Katigenrotbraun 9R ex
	Immedialcatechu O
	Schwefelkorinth B
	Schwefelschwarzbraun N ex konz.
	Schwefelbraun 3RW
	Schwefelbraun 2 G
	Schwefelrotbraun 6 RK
	Thiogenbraun GC
Schwarz:	Schwefelschwarz AWL ex, T ex
	Indocarbon CLG konz.

i) Küpenfarben auf Schappeseide[1].

Die Küpenfarben werden auf Seide nur für bestimmte Artikel gefärbt. Das Lösen der Farbstoffe geschieht in einer Stammküpe, deren Ansetzung bei Baumwolle nachzulesen ist (siehe S. 68). Die Zusätze zum Verküpen der einzelnen Farbstoffe sind in der

[1] Eine Auswahl von Indanthrenfarben für das Färben von Seide wird in nächster Zeit von der I. G. veröffentlicht.

Tabelle unten angegeben. Bei Verwendung mehrerer Farbstoffe ist jeder für sich zu lösen und die Küpen getrennt in das Färbebad zu gießen.

Färbeküpe. Diese wird mit 0,5 g/l Leim, 1 ccm/l Ammoniak oder 0,5 g/l Soda und schließlich mit 2,5 g/l Seife beschickt. Für helle Töne setzt man 1 g/l, für mittlere 0,5 g/l und für dunkle etwa 0,2 g/l Hydrosulfit zu. Die Küpe muß Phenolphthalein deutlich rot färben. Man beginnt mit der genetzten Seide bei der vorgeschriebenen Temperatur, färbt etwa $^1/_2$ Stunde unter der Flotte, windet gleichmäßig ab und hängt zur Oxydation etwa $^1/_2$ Stunde an die Luft, wobei man ab und zu auflockert. Schließlich spült man und seift kochend heiß 20—30 Minuten mit etwa 8—10 g/l Seife. Die Seife wird gut ausgespült und im letzten Spülbade wird wie üblich aviviert.

Indigo MLB4/B kann direkt in der Färbeküpe gelöst werden, weil die Reduzierung leicht und schnell vor sich geht.

Tabelle zum Verküpen der Farbstoffe.

Zum Verküpen von 10 g Farbstoff sind erforderlich:

	Natronlauge 40° (konz.) g	Monopolseife g	Hydrosulfit g	Temperatur der Stammküpe	Farbe der Stamm- und der Färbeküpe	Temperatur des Färbebades	Auffüllen mit warmem Wasser auf:
Algolrubin B (Tg)	4,3[1]	3	2,2	65°	olivegelb	65—75°	100ccm
Algolscharlach GG (Tg)	3,2	2	1,8	50	blauviolett	50—75	100ccm
Algolrosa B (Tg)	2,7	2	1	65	bräunl. gelb	65—75	100ccm
Algolorange RF (Tg)	2,5	1	1	65	blaßgelb	65—75	100ccm
Helindonorange R (Tg)	2,5	1	1	65	blaßgelb	65—75	100ccm
Helindongelb CG (Tg)	2	1	1,25	65	gelblich	55—75	100ccm
Helindonblau 3G (Plv)	2,2	2	1	50	gelbbraun	65	100ccm
Indigo MLB/4B (Tg)	5	4	2	50	gelb	50	100ccm
Algolviolett BB (Tg)	4,4	4	2,5	65	olivegrün	65—75	100ccm
Algolbraun 3R (Tg)	2,4	2	1	65	gelb	65—75	100ccm

Versuche. Man fertige einige Ausfärbungen an auf Schappeseide mit etwa 8—60% Teigfarbstoff oder entsprechend weniger Pulver.

Hier wird wie beim Färben der Küpenfarben auf Wolle, Leim zum Schutz der Faser und zur Erhöhung der Beständigkeit der Lösung usw., Ammoniak oder Soda zum Abschwächen der alkalischen Reaktion der Küpe zugesetzt. Außerdem dient Seife und Leim auch zum Egalisieren.

[1] 1 g Natronlauge 40° Bé = 0,73 ccm.

k) Beizenfarben.

Theoretisches. Die Farbstoffe der nächsten Gruppen werden mittels eines Metallhydroxyds auf der Faser befestigt und gehören neben den Küpen- und Naphthol-AS-Farben zu den echtesten Farbstoffen für Seide. Die tierische Faser, besonders die Seide zeigt für diese Metallhydroxyde (z. B. die Hydroxyde des Aluminiums, Chroms, Eisens, Zinns usw.) eine große Anziehungskraft, so daß sie sehr fest auf der Faser haften bleiben und mit den Farbsäuren im folgenden Färbebade sehr echte Lacke bilden. Die z. B. basisch-essigsauren und -schwefelsauren Salze usw. werden in Lösung hydrolytisch gespalten, und die Hydroxyde befinden sich in kolloider Aufteilung[1]. Sie können so von der Faser etwa wie ein substantiver Farbstoff aufgenommen werden. Die vollkommene Abspaltung des Hydroxyds aus dem Salz wird unterstützt nach dem Beizen zum Teil durch Behandlung in heißem Wasser (siehe das Abbrennen der Eisenbeize) oder mit schwach alkalischen Salzen (Natriumbicarbonat, Wasserglas, Seife). Beachte auch die Ausführungen über Beizenfarben auf Wolle S. 138. Die Beizenfarben haben sehr an Bedeutung eingebüßt und werden nur noch selten gefärbt.

1. Beizenfarben auf Aluminium.

Beizen. Flotte 1:15—1:20. 10 g Aluminiumsulfat[2] (schwefelsaure Tonerde), die eisenfrei sein muß[3], werden in 50 ccm Wasser gelöst (evtl. zur vollständigen Lösung tropfenweise mit verdünnter Schwefelsäure 1:10 versetzen). Gleichzeitig löst man 2—$2^1/_2$ g Soda in 10 ccm Wasser. Nach dem Abkühlen wird die Sodalösung ganz allmählich in kleinen Anteilen unter ständigem Rühren in die Tonerdelösung gegossen. Der durch die Soda stets entstehende Niederschlag (Flocken von $Al(OH)_3$, Entweichen von CO_2 siehe Formel) muß sich erst unter Bildung von basischem Salz wieder gelöst haben, ehe man mehr Lösung zusetzt. Man rührt solange, bis sich, evtl. unter schwachem Erwärmen, alles wieder alles gelöst hat, andernfalls war zuviel Soda zugesetzt worden. Die Beize ist am wirksamsten, wenn das Hydroxyd in dem basischen Salz ge-

[1] Haller: Die Theorie der Färbung. Textilchemische Technologie. Herausg. von P. Heermann. 1930.

[2] 10 g Aluminiumsulfat geben etwa 90 ccm einer Beize von 8° und 110 ccm einer Beize von 6° Bé.

[3] Sämtliche Lösungen und Bäder beim Beizen und Färben mit Aluminium und Chrom müssen eisenfrei sein und sind darauf zu prüfen. Die Verbindungen des Eisens wirken selbst als Beize (siehe Vorschrift 3, S. 181), die mit den Farbstoffen stumpfe Lacke geben, welche die lebhaften Färbungen mit Tonerde und Chrom trüben.

rade an der Grenze steht zwischen Lösung und Ausfallen. Chemischer Vorgang bei der Bildung eines einfachen basischen Aluminiumsulfats:

$$Al_2(SO_4)_3 + Na_2CO_3 = Al_2(OH)_2(SO_4)_2 + Na_2SO_4 + CO_2 + H_2O.$$

Die Beize muß jetzt etwa 6—8° Bé spindeln. Man legt die gut genetzte, entwässerte Seide, nachdem man einige Male umgezogen hat, ein und läßt über Nacht unter der Flotte einwirken. Am nächsten Morgen wird gründlich gespült, dann etwa 10 Minuten mit 5 bis 10 g/l Seife heiß geseift und wieder gespült. Zur besseren Befestigung der Beize gibt man evtl. nach der Tonerde ein Bad mit Wasserglas ($^1/_2$° Bé) von etwa 15 Minuten Dauer. Hieran schließt sich dann das Spülen und Seifen. Das Tonerdebad kann evtl. öfter benutzt werden, während das Wasserglas stets erneuert werden muß.

Färben. Man färbt anfangs ohne Säure auf Bastseife, wie üblich. Die Säure (Essigsäure, nie Schwefelsäure) wird im Laufe des Färbens zugegeben. Bei hellen Tönen gibt man mehr Bastseife und weniger Säure zu. Bei Alizarinrot muß das Bad möglichst neutral reagieren. Man prüft mit Lackmus und setzt bei alkalischer Reaktion der Bastseife Essigsäure bis zur neutralen Reaktion zu. Man beginnt mit dem Färben bei gewöhnlicher Temperatur, läßt etwa 20 Minuten ziehen, erwärmt unter Umziehen innerhalb $^3/_4$ Stunde auf 90—95° und färbt etwa 1 Stunde dabei. Zur besseren Erschöpfung des Bades läßt man etwa 1 Stunde nachziehen, spült dann, seift wie immer kochend heiß, spült wieder und aviviert bei etwa 50°. Im Seifenbade kann evtl. mit ganz geringen Mengen basischer und saurer Farben abgetönt werden. Bei Alizarinrot gibt hartes Wasser die besten Resultate, und man gibt bei zu weichem Wasser etwas Calciumacetat (etwa 0,6 g/l) hinzu.

Farbstoffe:

Rot:	*Alizarinrot IB ex Teig	**Grün:**	*Alizarinviridin FF, Plv.
	*Alizarinbordo B Tg 20%		*Coerulein S Plv.
Orange:	*Alizarinorange A 20% Teig		*Alizarincyanin G ex Tg, GG
Gelb:	*Echtbeizengelb G	**Violett:**	*Gallein Plv.
			*Gallocyanin D dopp. Tg

Versuche. Man beize eine Anzahl Strähne für die vorgesehenen Färbungen zusammen und mache dann einige Ausfärbungen, indem man wieder erschwerte und unerschwerte Seide gemeinsam färbt. Als Farbstoffzusätze nehme man etwa:

20% Teig oder 3—4% Pulver für dunkle Töne,
5% Teig oder 1,5% Pulver für mittlere Töne und
1% Teig oder 0,5% Pulver für hellere Töne.

Zum Schluß prüfe man evtl. bei einigen Färbungen die Walkechtheit usw.

2. Beizenfarben auf Chrom.

Beizen: Flotte 1:15. Man legt die gut genetzte Seide über Nacht in ein Bad mit Chromchlorid 20° Bé, nachdem man einige Male umgezogen hat. Die Beize ist meist vorrätig. Am andern Morgen wird abgestreift, gut gewaschen, 15 Minuten mit Wasserglas $^1/_2$° Bé fixiert, gespült, schwach abgewunden und gefärbt.

Färben und Versuche wie bei Tonerde beschrieben. Für Schwarz nehme man eine Flotte von 1:30 und etwa 30 g/l Farbstoff (Teig).

Farbstoffe:

Gelb: *Anthracengelb Tg
*Beizengelb GT Pulv. R, 3R
*Echtbeizengelb G
*Chromgelb R ex

Orange: *Alizarinorange A 20% Tg

Grün: *Alizarinviridin FF, Plv.
*Coerulein S, Plv.

Blau: *Alizarincyanin G ex Tg, GG
*Alizarinbordo B Tg 20%
*Alizaringrün S Tg

Rot: *Alizarinrot IB ex Tg 20%

Violett: *Chromoxanviolett B Pulv.
*Chromoxanviolett R Pulv.

Braun: *Anthracenbraun Tg
*Chromoxanbraun 5R Pulv.

Schwarz: Alizarinschwarz WX ex N Tg
Alizarinschwarz SR Tg

3. Beizenfarben auf Eisen.

Beizen. Flotte 1:15. Die gut genetzte Seide wird etwa 3—4 Stunden, oder am besten über Nacht in eine Lösung von „Eisenbeize" 20—30° Bé (fertig im Handel vorrätig) eingelegt, dann gut gewaschen, bei 60° etwa 5—10 Minuten mit Wasser behandelt (Abbrennen) und schließlich auf einem Bade mit 5—10 g/l Seife kochend heiß 1 Stunde lang umgezogen. Durch diese heißen Bäder wird die Beize fester an die Faser gebunden, und gleichzeitig bekommt die Seide ihren durch das Beizen teilweise eingebüßten Glanz und Griff wieder. Das heiße Wasser begünstigt die Hydrolyse des basischen Salzes. Die Schwefelsäure wird fortgespült, während Eisenhydroxyd auf der Faser zurückbleibt:

$$\mathrm{Fe\,OH \cdot SO_4 + 2H_2O = Fe\begin{matrix} OH & H \\ OH & H \\ OH & \end{matrix} SO_4}$$

Nach dem Seifen wird gespült und entweder im gebrochenen Bastseifenbade mit Essigsäure oder im Seifenbade ohne Säure ausgefärbt, wobei man verfährt wie bei den anderen Beizenfarben.

Versuche führe man aus wie bei den andern Beizen. Hier bei Eisen ist zu beachten, daß die Lacke alle bei hochprozentigen Färbungen sehr dunkel ausfallen, und man färbe neben dunklen möglichst auch helle Töne (siehe V. 1, S. 180).

Farbstoffe:

Rot: *Alizarinbordo B Tg 20%

*Alizarinrot IB ex Tg 20%

Braun: *Anthracenbraun 20% Tg

Weitere Versuche mit Beizenfarben.

1. Man färbe einige Mischungen aus auf beispielsweise a) Aluminium- oder Chrombeize mit Coerulein und Alizarinorange oder Coerulein und Anthracenbraun oder Coerulein und Anthracenbraun und Alizarinorange oder Alizarincyanin und Alizarinorange. b) Chrombeize mit Beizengelb G, Coerulein S, Anthracenbraun.

2. Man färbe 3 mit je einer andern Beize (Al, Fe, Cr) imprägnierte Strähne in gemeinsamem Bade mit einem für alle 3 Beizen geeigneten Farbstoffe aus (siehe die obigen Listen) und vergleiche die verschiedenen Töne des Farbstoffes miteinander.

l) Nachchromierungsfarben.

Lösen der Farbstoffe durch Übergießen mit kochend heißem Wasser.

Färben. Man färbt im gebrochenen Bastseifenbade mit Essigsäure, evtl. unter Zusatz von etwa 10% (2,5—5 g/l) Glaubersalz, indem man bei etwa 40° eingeht, langsam hochtreibt bis nahe zum Kochen und dabei etwa $^1/_2$ Stunde ziehen läßt. Jetzt gibt man, falls das Bad noch nicht erschöpft ist, wenig Essig-, Ameisen- oder Schwefelsäure je nach Erfahrung und Farbstoff zu und färbt noch eine $^1/_2$ Stunde.

Nachbehandlung. Das Nachchromieren kann, wenn das Färbebad gut ausgezogen ist, gleich darin, sonst auch in frischem Bade erfolgen. Bei Benutzung des Färbebades kühlt man auf etwa 60° oder noch mehr ab und setzt Chromkali zu (etwa die Hälfte vom Farbstoffgewicht, aber nicht weniger als 0,1% [0,05 g/l] und nicht mehr als 3% [1 g/l]) oder Fluorchrom (die gleiche bis $1^1/_2$fache Menge wie Farbstoff, nicht über 4% [1,5 g/l]). Bei Anwendung eines frischen Bades wird das Bad außer mit den oben angegebenen Chromsalzmengen noch mit 1—3% Essigsäure (0,3—1 ccm/l) beschickt, und die Partie wird vorher gespült. Man stellt bei etwa 60° auf, treibt allmählich bis nahe zum Kochen und zieht etwa $^1/_2$—$^3/_4$ Stunde um. Die Chromflotte wird jetzt ausgespült, und zum Abchluß wird geseift wie immer, gewaschen und aviviert. Bei Ausnahmen in der Behandlung einzelner Farbstoffe ist in der Liste darauf hingewiesen.

Versuche. Man färbe mehrere Farbstoffe mit etwa 3% (Schwarz 8—15%) aus.

Farbstoffe:

Rot:	Alizarinrot W Plv.
	Monochromrot 5G
Gelb:	*Anthracengelb C, BN
	*Chromgelb R ex
	Walkgelb G
	Diamantflavin G
Grün:	Diamantgrün SS
Blau:	Säurechromblau BH
Violett:	*Chromoxanviolett B
	*Chromoxanviolett R
Braun:	*Alizarinorange A 20% Tg
	*Chromoxanbraun 5R
	*Monchrombraun BX
	Anthracensäurebraun B, G
Schwarz:	Anthracensäureschwarz DSF
	*Diamantschwarz PV, P2B

Zum Abtönen können dem Färbebad geringe Mengen chrombeständiger Säurefarben zugesetzt werden. Die Mengen dürfen nur ganz gering sein, da sonst die Echtheit leidet (siehe S. 147).

m) Metachromfarben
(siehe auch bei Wolle S. 144).

Metachromfarben sind Chromierungsfarben, die sich durch gleichzeitiges Färben und Chromieren in einem Bade erzeugen lassen. Beide Gruppen werden verhältnismäßig selten gefärbt.

Vorschrift. Man übergießt den Farbstoff mit kochend heißem Wasser, kocht evtl. auf und gießt diese Lösung durch einen Lappen in das Färbebad. Man färbt je nach Tiefe des Tones mit (0,7 bis 2,5 g/l) 2—8% Metachrombeize (etwa soviel wie Farbstoff), (0,7 bis 1,5 g/l) 2—5% Protektol Agfa II, aber nicht unter 2% (0,7 g/l), (0,7—1,5 ccm/l) 2—5% Essigsäure und der Farbstofflösung. Es wird bei 40° aufgestellt mit der gut genetzten Seide, etwa 20 Minuten bei dieser Temperatur umgezogen, dann innerhalb $^3/_4$ Stunde zum Kochen getrieben und 1 Stunde bei Kochhitze behandelt. Jetzt gibt man etwa 2—5% Essigsäure nach und färbt noch $^1/_2$ Stunde, bis das Bad ausgezogen ist. Darauf wird gespült, heiß geseift und nach abermaligem Waschen wie üblich aviviert.

Versuche. Wie bei den Chromierungsfarbstoffen 3% für bunte Farben und etwa 8% für Schwarz.

Farbstoffe:

Rot:	Metachromrot G
Orange:	Metachromorange 3R dopp.
Gelb:	Metachromgelb RA
Grün:	Alizarincyaningrün G ex
	Metachromolive 2G
	Metachromolive B
	Metachromgrün G
Blau:	Metachromblau B,G
	Metachrombrillantblau BL
Violett:	Metachromviolett B, 2R
Braub:	Metachrombraun V
Schwarz:	Metachromschwarz A
	Metachromblauschwarz 2BX
	Alizarinblauschwarz B

n) Naphthol-AS-Färbungen auf unerschwerte Seide. Farbkarte 190 A und A 1018 der I. G.

Arbeitsgang. Die Herstellung von Naphtholfärbungen auf Seide geschieht genau so wie bei Baumwolle angegeben, und die dort zusammengestellten Erklärungen und Arbeitsbedingungen gelten im allgemeinen auch hier. Allerdings ist die Zusammensetzung der Grundierungsbäder wegen der Schädlichkeit der Lauge für die Seidenfaser etwas abgeändert und die Bäder werden mit einem Faserschutzmittel, dem bekannten Protektol beschickt. Das Protektol wirkt, wie bei der Wollfärberei bereits gesagt, nicht nur schützend auf die Faser, sondern wegen seiner verteilenden Eigenschaften auch gut egalisierend auf die Naphthole ein.

Grundierung. Flotte 1:40. Man stellt die gut genetzte und vom überflüssigem Wasser befreite Seide bei 20—25° auf die Grundierungsbäder, zu denen möglichst weiches Wasser verwendet werden muß. Zunächst arbeitet man ohne Salz etwa 10—15 Minuten. Für tiefe Töne wird dieses dann gut gelöst (etwa 1:5; und zwar etwa 20 g/l Glaubersalz krystallisiert. Für Naphthol AS-G, das am wenigsten substantive Naphthol etwa 55 g/l) zugesetzt und noch etwa 15 Minuten umgezogen. Darauf wird gründlich geschleudert und entwickelt.

Bei hellen Färbungen (siehe die Zusatztabellen) gibt man dem Grundierungsbade vor dem Beschicken mit der Naphthollösung soviel Natronlauge zu, daß etwa 0,75 ccm/l (nicht weniger) Lauge 40° Bé (Naphthol AS-BR: 3 ccm/l) insgesamt, also mit der Lauge aus der Naphthollösung im Bade enthalten sind. Hierbei ist die Mindestmenge an Monopolbrillantöl etwa 2 ccm/l, und die Menge Salz wird auf etwa die Hälfte reduziert.

Entwicklung. Flotte 1:40. Die Diazotierung der Basen und die Lösung der Färbesalze geschieht etwa wie bei Baumwolle angegeben. Die Färbebäder werden alle mit Natriumacetat (Kalk- und Aluminiumsalze werden nicht verwendet), Echtrot GL-Base mit Natriumformiat abgestumpft und noch mit etwas Essigsäure (Echtrot-GL-Base mit Ameisensäure) versetzt, weil hier die Kupplungsbäder stärker sauer sein müssen (siehe die Tabelle S. 186). Für die Färbesalze gilt im übrigen alles, was darüber bei Baumwolle gesagt ist.

Man gibt dem möglichst kalten Bade das gut gelöste Färbesalz oder die entsprechende diazotierte Base, dann etwa 20 g/l Glaubersalz krystallisiert oder 10 g/l Kochsalz zu, füllt auf und beginnt mit dem Entwickeln der noch feuchten, geschleuderten oder abgewundenen, grundierten Seide, indem man anfangs rasch hantiert (am besten ist es, die Seide vorher noch gut aufzulockern). Nach etwa 1/2 Stunde ist die Entwicklung beendet.

Nachbehandlung. Die fertig gefärbte Seide wird kalt gründlich gespült, mit etwa 3 ccm/l Salzsäure 20° Bé bei etwa 35° abgesäuert (10 Minuten), noch 2mal warm, dann kalt gewaschen und schließlich 2 mal heiß bei etwa 95° mit 5 g/l Seife und evtl. 1 bis 2 ccm/l Ammoniak 25%ig etwa je 20 Minuten abgeseift, warm mit etwa 0,5 g/l Soda gewaschen, nochmals kalt gespült und mit Milch- oder einer andern geeigneten organischen Säure aviviert.

Lösung der Naphthole: Naphthole AS, AS-OL, AS-G, AS-BS, AS-RL, AS-BG, AS-D.

1 g Naphthol wird mit
1 ccm Monopolbrillantöl,
1 ccm heißem Wasser und
1,2 ccm Lauge 40° Bé gut angeteigt und mit
15 ccm heißem Wasser klar gelöst, evtl. unter Aufkochen. Man kühlt ab mit
15 ccm kaltem Wasser auf 50° und setzt dann
1 ccm Formaldehyd 33%ig (bei OL 0,5 ccm, bei AS-G kein Formaldehyd) zu. Nach etwa 5 Minuten verdünnt man mit kaltem Wasser, das
2 g Protektol Agfa II (1:20) enthält.

Naphthol AS-SW:

1 g Naphthol wird mit
1 ccm Monopolbrillantöl,
1 ccm heißem Wasser und
1,2 ccm Lauge 40° Bé angeteigt, erwärmt oder über Nacht stehen gelassen. Mit
25 ccm heißem Weichwasser wird unter Aufkochen gelöst.
40 ccm kaltes Wasser mit
1,2 ccm Lauge 40° Bé versetzt, dient zum Abkühlen auf 45°. Jetzt setzt man
0,5 ccm Formaldehyd 33% ig zu und verdünnt nach 5 Minuten mit kaltem Wasser, das
4 g Protektol Agfa II, 1:20 und 0,5 ccm Formaldehyd enthält.

Naphthol AS-BO: Genau lösen wie die Naphthole der ersten Gruppe (AS, AS-OL usw.), nur an Lauge 1,5 ccm 40° Bé und Protektol Agfa II 4 g nehmen.

Naphthol AS-TR:

1 g Naphthol wird mit
1 ccm Monopolbrillantöl,
1 ccm heißem Wasser,
1,2 ccm Lauge 40° Bé gut angerührt und mit
25 ccm heißem Wasser aufgekocht, bis sich alles gelöst hat. Jetzt wird auf
50 ccm mit weichem, kaltem Wasser aufgefüllt, und bei Erreichung von 45° wird
1 ccm Formaldehyd 33%ig zugesetzt und nach etwa 1/2 Stunde mit kaltem Wasser aufgefüllt, dem man
2 g Protektol Agfa II, 1:20 gelöst, zugesetzt hat.

Naphthol AS-BR:

1 g	Naphthol wird mit
1 ccm	Monopolbrillantöl,
1 ccm	heißem Wasser und
2,25 ccm	Lauge 40° Bé gut angerührt, dann etwas erwärmt während 1/2 Stunde und mit
30 ccm	heißem Wasser aufgekocht, bis sich alles gelöst hat. Man verdünnt jetzt mit Wasser und
4 g	Protektol Agfa II, 1:20 gelöst.

Zusatz an Essigsäure bzw. Ameisensäure für die Diazobäder (nach der Abstumpfung).

Man gibt zu		für je 1 g Base	für 1 g Färbesalz
Bei Echtscharlach GGS	Base	3,5 ccm	0,5 ccm Essigsäure 30%
„ Echtscharlach G	„	5 „	
„ Echtscharlach RC	„	5 „	
„ Echtscharlach TR	„	4,2 „	
„ Echtrot GG	„	5 „	
„ Echtrot KB	„	5 „	
„ Echtrot TR	„	3,5 „	0,6 „ „ „
„ Echtrot 3GL	„ spez.	4,2 „	0,75 „ „ „
„ Echtrot GL (0,8 g Natriumformiat)	„	0,9 „	0,15 „ Ameisensäure 85%
„ Echtrot RL	„	5 ccm	— ccm Essigsäure 30%
„ Echtrot B	„	5 „	
„ Echtbordo GP	„	4,2 „	0,6 „ „ „
„ Echtorange GC	„	5 „	0 85 „ „ „
„ Echtorange R	„	5 „	
„ Echtorange	„	5 „	0,75 „ „ „
„ Echtgelb GC	„	4,2 „	
„ Echtgranat GC	„	5 „	
„ Echtgranat GBC	„	5 „	
„ Echtblausalz BA	„	— „	2,6 „ „ „
„ Echtschwarz LB	„	2,6 „	
„ Echtviolett B	„	1,3 „	

Zusatztabelle für die Grundierungs- und Färbebäder, für einige Kombinationen:

		schwach	stark
Naphthole für alle Töne außer Schwarz . . .		etwa 0,6 g/l	2—3 g/l
für Schwarz:	AS-BS		3 g/l
	AS-SW		2,5 g/l
Basen für alle Töne im allgemeinen		etwa 0,6 g/l	1—1,2 g/l
Ausnahmen:	Echtrot 3GL Base spez. . .	„ 1,2 g/l	2,5 g/l
	Echtgranat GBC Base spez.	1 g/l	2 g/l
	Echtviolett B Base	1,25 g/l	2,5 g/l
für Schwarz:	Echtschwarz LB Base . . .		2,5 g/l

Färbesalze je nach ihrer Konzentration wie die entsprechenden Basen (siehe die Liste bei Baumwolle S. 95).

Beispiele: (Die Zahlen im Klammern bei Blau geben die Zusätze für einen helleren Ton an.) Alle Färbungen sind gut kochecht und bleichecht mit Ausnahme von Blau und Schwarz.

Rot:	2,5 g/l Naphthol AS	1,2 g/l Echtscharlach GGS Base
	2,5 g/l „ AS-TR	1,2 g/l Echtscharlach TR Base

	2,5 g/l	,,	AS-TR	1,2 g/l	Echtrot KB Base
	2,5 g/l	,,	AS-TR	1,2 g/l	Echtrot TR Base
	2,2 g/l	,,	AS-TR	1,0 g/l	Echtrot GL Base
	1,8 g/l	,,	AS-SW	1,2 g/l	Echtrot KB Base
	2,2 g/l	,,	AS-OL	2,5 g/l	Echtrot 3 GL Base spez.
Orange:	1,5 g/l	,,	AS-TR	0,8 g/l	Echtscharlach GGS Base
	3 g/l	,,	AS-D	1,1 g/l	Echtorange GC Base
Gelb:	1,5 g/l	,,	AS-G	0,9 g/l	Echtscharlach GGS Base
	0,5 g/l	,,	AS-G	0,6 g/l	Echtgranat GBC Base
Violett:	2,5 g/l	,,	AS-TR	1,2 g/l	Echtbordo GP Base
	0,75 g/l	,,	AS-TR	1,25 g/l	Echtviolett B Base
Braun:	1,8 g/l	,,	AS-BR	0,6 g/l	Echtorange R Base
	2 g/l	,,	AS-BR	0,8 g/l	Echtscharlach G Base
	2 g/l	,,	AS-BR	1,7 g/l	Echtrot 3 GL Base spez.
	2 g/l	,,	AS-BR	0,8 g/l	Echtrot GL Base
Blau:	1,5(0,4) g/l	,,	AS-BO	4 (2) g/l	Echtblausalz BA (nachkupfern, siehe S. 105)
Schwarz:	3 g/l	,,	AS-BS	2,5 g/l	Echtschwarz LB Base
	2,5 g/l	,,	AS-SW	2,5 g/l	Echtschwarz LB Base

o) Indigosole (I. G.-Karte: Sol. K 8B).

Man löst Indigosole durch Übergießen mit heißem Wasser von etwa 80—90° (mit Ausnahme von Indigosolgrün IB). Um ein Verseifen des Esters (siehe die Ausführungen bei Baumwolle S. 77) zu vermeiden, darf nicht aufgekocht werden. Das Färben geschieht unter Zusatz von 1% Rongalit C und 2% Essigsäure in einem Flottenverhältnis von etwa 1:40—50. Man beginnt kalt, gibt nach etwa $^1/_4$ Stunde noch 2% Ameisensäure zu und färbt noch $^1/_4$ Stunde kalt weiter. Jetzt setzt man etwa 2—5% Schwefelsäure nach, färbt noch kurze Zeit kalt und erwärmt dann langsam auf etwa 70—80°. Nach etwa $^1/_2$ Stunde ist das Bad erschöpft. Man spült jetzt gut und entwickelt. Zum Entwickeln und gleichzeitigen Verseifen der Indigosolester, wobei sich durch Oxydation der eigentliche, unlösliche Küpenfarbstoff bildet, bereitet man sich ein frisches Bad und setzt etwa 3—6 ccm/l Schwefelsäure und 0,2—3% Chromkali, je nach Tiefe der Färbung zu. Man beginnt bei etwa 30—40°, treibt allmählich auf etwa 80° und arbeitet $^3/_4$ Stunde. Darauf spült man gründlich unter Zusatz von etwas Ammoniak, seift $^1/_2$ Stunde kochend heiß mit etwa 5—10 g/l Seife. Man spült die Seife aus und aviviert wie üblich.

Für Indigosolgrün IB muß eine Sondervorschrift angewandt werden: 10 g Indigosolgrün IB werden mit 1,5 g Soda und 3 g Hydrosulfit gemischt und mit 200 ccm kaltem Wasser in Lösung gebracht. Das Färbebad wird beschickt mit 2% Hydrosulfit und 10—40% Glaubersalz oder Ammonsulfat und der berechneten Menge der oben angesetzten Farbstofflösung. Man beginnt kalt, färbt $^1/_4$ Stunde, erwärmt langsam auf etwa 70° und läßt $^1/_2$ Stunde ziehen. Darauf wird gut gespült und entwickelt. Das Entwickeln geschieht in frischem kalten Bade mit 3—6 ccm/l Schwefelsäure und 0,2—1% Nitrit und dauert etwa $^1/_2$ Stunde. Anschließend daran wird wie oben beschrieben fertiggestellt.

Bemerkung. Zur Feststellung, wie weit die Farbflotte der Indigosole ausgezogen ist, nimmt man mit einer kleinen Probe eine Verseifung vor, indem man sie im Reagensglas mit 10 Tropfen verdünnter Schwefelsäure 1:10 und 1 Tropfen Nitritlösung 1:100 schnell auf etwa 70—80° erwärmt. Bei Bildung von Flocken abgeschiedenen Küpenfarbstoffes kann auf den Gehalt der Flotte an unaufgezogenem Indigosol geschlossen werden. Ist die Flotte gut ausgezogen, dann bleibt die Probe nahezu klar.

Versuche. Man fertige einige Färbungen mit etwa 0,5—5% Indigosolen aus der folgenden Liste auf unerschwerter und erschwerter Seide nebeneinander im selben Bade aus.

Indigosolscharlach HB	Indigosolgelb HCG
Indigosolrot HR	Indigosolgrün IB
Indigosolrosa IR ex	Indigosol O 4B, HB, AZG
Indigosolorange HR	Indigosolviolett AZB

5. Färben mit Blauholz bei gleichzeitiger Erschwerung.

Blauholz enthält einen Naturfarbstoff, der zur Gruppe der Beizenfarben gehört, weil er mit verschiedenen Metallsalzen Farblacke bildet, und konnte wegen der Eigenart und Schönheit der damit erzielten Schwarztöne sich leicht gegen die künstlichen schwarzen Farbstoffe behaupten und noch nicht von ihnen verdrängt werden. Bei der Färbung von Blauholzschwarz auf Seide kann nicht wie bei den bunten Farben eine glatte Trennung zwischen dem eigentlichen Färbeprozeß und der Erschwerung gemacht werden, weil hier diese beiden Vorgänge sich manchmal decken, d. h. ein die Seide erschwerender Stoff kann entweder selbst den Schwarzton beeinflussen, wie Catechu auf Eisen-, Chrom- oder Zinnbeize, wie Berliner Blau und wie (nur zur Erschwerung dienendes) unoxydiertes Blauholz; oder die Erschwerungsvorgänge sind gleichzeitig Phasen der Farblackbildung wie die „Eisenbeize“, die Behandlung mit Ferrosalzen, und die Zinnerschwerung. Als Beizen kommen in Frage hauptsächlich Eisensalze mit 3 und 2wertigem Metall, Zinnsalze; seltener sind Chrom- und Aluminiumbeizen.

Die verwandten Hilfsmittel.

Blauholz ist das von der Rinde befreite, zerkleinerte Holz eines Baumes in Mittelamerika. Zur technischen Gewinnung wird das allmählich rot werdende Holz fein geraspelt und an der Luft in feuchtem Zustande oxydiert, wobei sich anfänglich das gebundene Hämatoxylin neben zuckerartigen Körpern abspaltet und schließlich zu Hämatein, dem eigentlichen Farbstoff oxydiert. Jetzt wird das Holz ausgekocht und der entstandene Extrakt bis zur Trockne eingedampft. Er dient nur zum Färben und ist als sogenannter oxydierter Extrakt im Handel, während der auf gleiche Weise — ohne vorhergehende Oxydation an der Luft — gewonnene Extrakt nicht zum Färben, sondern nur zur Erschwerung dient, wozu wiederun der oxydierte Extrakt nicht so gut geeignet ist. Anforderungen an ein gutes Blauholzpräparat: Der Extrakt muß sich leicht in heißem Wasser zu einer gleichmäßigen kolloiden Lösung verteilen und darf nicht viel Bodensatz bilden. Er darf nicht mit Füllstoffen wie Stärke, Leim, Dextrin, Zucker, Gerbstoffen verschnitten sein. (Untersuchung auf diese Beimengungen siehe in der Literatur.) Seine Farbstärke, oder bei unoxydiertem Extrakt die Erschwerungsfähigkeit kann zur Genüge durch einen Vergleich (Ausfärben oder Erschweren neben bekannten Produkten) festgestellt werden und wird auf mit Eisen gebeizter Seide ausgeführt.

Gelbholz stammt auch von einem Baum aus Mittelamerika. Es wird ohne Oxydation durch Auslaugen und Eindampfen wie Blauholz gewonnen. Es wird in weit geringeren Mengen als dieses, und zwar zum Abtönen des Schwarz angewandt.

Catechu oder Gambir dient nur zur Erschwerung. Es wird gewonnen durch Auslaugen von Teilen gewisser Gerbstoffe enthaltender Pflanzen aus tropischen Ländern. Die eingedampften Säfte kommen als zähe, gelbbraune, aromatisch riechende Masse in den Handel. Catechu muß sich in heißem Wasser aufteilen (zu einer homogenen kolloiden Lösung), die sich beim Erkalten trübt. Die Lösung nimmt einige Zeit in Anspruch. Es darf sich kein starker Satz bilden, und das Produkt muß eine gewisse Erschwerung herbeiführen, die man durch Vergleich mit einem als gut bekannten Catechu wie bei Blauholz feststellen kann. Es geschieht auf gepinkter Seide.

Eisenbeize dient zum geringen Erschweren an sich und als Beize zur Farbstoffbildung. Sie kommt fertig im Handel vor und ist basisches Ferrisulfat, das Eisenhydroxyd an die Faser abgibt (siehe S. 181 u. 190). Als Erschwerung auch noch zusammen mit Ferrocyankalium (Berliner Blau).

Holzessigsaures Eisen (Schwarzbeize). Ferroacetat wird hergestellt aus Eisenspänen und Holzessig und dient zum Erschweren und Färben bei Herstellung blauschwarzer Töne, im Verein mit

Catechu oder Kastanienextrakt (Donssouple). Stärke der im Handel befindlichen Lösung etwa 15° Bé.

Chromchlorid ist fertig im Handel, siehe bei den Beizenfarben auf Seide. Dient auch als Beize für Blauholz, aber seltener.

Zinn- und Phosphatbäder sind bei der Erschwerung der bunten Seiden beschrieben. Zinn dient außer zur Erschwerung auch als Beize für Catechu und Blauholz.

Bemerkung. Zur Vermeidung ständiger Wiederholungen stets wiederkehrender Behandlungen sei hier am Anfang ihre genaue Beschreibung vorweggenommen. Bei den Rezepten ist dann stets nur das betreffende Schlagwort wie Eisenbeize, Catechu, Seifen, Blauen usw. angeführt. Die Erschwerung der Seide erhöht sich teilweise durch die Wiederholung einzelner Bäder, teils durch die Vereinigung und Aufeinanderfolge verschiedener Behandlungen und zusammenfassend kann gesagt werden, daß die Erschwerung bei Beachtung der Begrenzung hinsichtlich der Faserschonung abhängig ist von der Anzahl der Pinkzüge, der Konzentration der Zinnbäder, der Verwendung von Phosphat oder Soda zum Fixieren des Zinns, der Konzentration des Catechubades, der Zugabe von Zinnsalz zum Catechubade, der Menge des unoxydierten Blauholzes, der Anzahl der Eisenbeizen, der Konzentration der Eisenbeizen, der Gegenwart von Berliner Blau, der Wiederholung der Catechubehandlung usw.

Beschreibung der einzelnen stets wiederkehrenden Behandlungen.

Pinken und Phosphatieren siehe S. 160.

Eisenbeize. Stärke, wenn nicht anders angegeben, etwa 28 bis 30° Bé. Flotte 1:40. Die Seide wird alkalifrei (evtl. abgesäuert), feucht auf die kalte Beizflotte gestellt und etwa 1—2 Stunden umgezogen, abgestreift, gründlich gewaschen, $^1/_2$ Stunde abgebrannt mit heißem Wasser von 65°. Dann entweder — wenn nur einmal gebeizt wird — kochend geseift mit 10 g/l Seife 1 Stunde oder bis die Seide ihren Glanz und Griff wiedererhalten hat. Nach dem Seifen wird gespült bei etwa 40° mit etwa 0,5 g/l Soda, gut gewaschen (und wenn besonders angegeben, abgesäuert). Die Seide ist jetzt fertig zum Weiterbehandeln. Oder — bei mehrmaligem Beizen — abgewunden und wieder auf das alte Eisenbad gestellt, das evtl. aufgefrischt wird usw. Nach jeder 3. Beize jedoch muß unbedingt geseift werden, damit der Glanz wiederkommt. Bei sehr oftmaligem Wiederholen der Beizen kann eine Erschwerung bis zu 50% herausgeholt werden, wobei aber zu bedenken ist, daß die Faser arg mitgenommen wird.

Holzessigsaures Eisen. Die Flotte ist stets kurz zu wählen 1:10—1:15. Erschwerung etwa 5—15%. Es muß stets eine Catechubehandlung vorangegangen sein. Anwendung zur Erzielung blauschwarzer Töne, meist mit Berliner Blau zusammen. Stärke im Handel etwa 15° Bé. Stärke beim Beizen etwa 2—6° Bé, je nach Vorschrift.

Die gut gespülte und mit etwa 3 ccm/l Essigsäure neutralisierte Seide wird gewaschen, abgestreift und kalt aufgestellt. Man zieht etwa $^3/_4$—$1^1/_2$ Stunden oder länger um, windet ab, lockert gut auf und hängt mehrere Stunden zum Oxydieren an die Luft, wobei man öfter umwendet. Man kann auch mit feuchten Tüchern zugedeckt liegen lassen. Jetzt wird gründlich gewaschen und abgestreift (fertig zur Weiterbehandlung).

Catechu oder Gambir. Flotte kurz 1:10—1:15. Stärke der Bäder verschieden, je nach Vorschrift (heiß gemessen). Temperatur der Bäder meist kochend heiß (90°), aber auch warme Bäder werden manchmal gebraucht. Wenn nichts besonderes angegeben, wird heiß aufgestellt, 1 Stunde umgezogen und über Nacht untergesteckt. Nachher wird etwa 40° warm, dann gründlich kalt gewaschen. Kommt die Seide vom Phosphat und von der Eisenbeize, dann wird vor der Catechubehandlung geseift; vom Blauen und vom holzessigsauren Eisen, dann wird vor der Catechubehandlung gut gewaschen. Die Lösung des Catechu geschieht in kochendem Wasser unter Aufkochen (weiches Wasser nehmen.)

Blauen mit Ferrocyankalium. Das Blauen geschieht in 2 Bädern: a) Eisenbeize Fl. 1:40, b) Ferrocyankalium Fl. 1:40. Die geblaute Seide darf nicht in zu heiße und zu alkalische (?) Bäder. Die Erschwerung ist höher als nur mit Eisenbeize (etwa 80% max.). Nach dem Seifen und Waschen von der Eisenbeize wird die abgestreifte Seide bei etwa 40° aufgestellt. Man setzt erst das Salz zu, zieht etwa 20 Minuten um, gibt dann die Salzsäure nach und hantiert noch etwa 2 Stunden, bis die Seide gleichmäßig blau geworden ist.

Die Zusätze richten sich nach der Anzahl der Eisenbeizen. Man rechnet etwa bei 1 Beize etwa 15% (5 g/l) Ferrocyankalium und 20% (5—6 ccm/l) Salzsäure 20° Bé und gibt für jede weitere Beize etwa von jedem noch 10% (3 g/l, 3 ccm/l) hinzu. Als Höchstmenge kann gelten etwa 40% (12 g/l) Ferrocyankalium und etwa 60% (15—18 ccm/l) Salzsäure.

Wenn die Seide nach etwa 2—3 Stunden gleichmäßig blau ist und nicht stark abreibt, ist das Blau gut. Man wäscht jetzt 2 mal warm und gut kalt (fertig zur Weiterbehandlung).

Ausfärbung. Flotte 1:40. Das Ausfärben geschieht nur mit oxydiertem Extrakt, kann aber bei manchen Verfahren durch Zusatz von unoxydiertem Extrakt mit einer Erschwerung verbunden werden (Nr. 6).

Das Färben wird in schwach alkalischem Seifenbade, evtl. unter Zusatz von Gelbholz und Anilinfarben zum Abtönen ausgeführt

Der Extrakt wird in kochend heißem Wasser gut gelöst, durch einen Lappen in das Färbebad gegossen, das die vorgeschriebene Menge Seife, gut gelöst, enthält. Die künstlichen Zusatzfarben werden am besten erst nach einiger Zeit zugefügt. Man beginnt im allgemeinen, wenn nichts anderes angegeben ist, bei etwa 50°, zieht eine Weile um und erwärmt allmählich auf 90—95°. Bei dieser Temperatur wird dann noch 1—2 Stunden, oder je nach Art des Schwarz gefärbt. Nachdem der gewünschte Ton erreicht ist, wird gründlich gewaschen, oder zur Entfernung der Seife erst warm bei 40° mit 0,5 g/l Soda gespült, dann kalt gewaschen und zum Schluß aviviert.

Seifen und Absäuern. Flotte 1:40. Temperatur und Zusätze je nach Vorschrift verschieden. Auf jedes Seifen folgt am besten ein etwa 45° warmes Sodabad (etwa 0,5 g/l), dann evtl. warme, zum Schluß kalte Spülbäder und ein Säurebad (1—3 ccm/l), wenn vorgeschrieben (es ist möglichst weiches Wasser zu nehmen). Die Säure kann evtl. auch noch durch abermaliges Spülen entfernt werden.

Anführung verschiedener Beispiele für Blauholzschwarz auf Seide, Schappe- und Tussahseide[1].

Einteilung. A. Schwarz auf Chrombeize mit Gerbstofferschwerung.

B. Schwarz auf Eisengrund.

C. Schwarz auf Zinngrund mit Catechuerschwerung, mit Catechu- und Blauholzerschwerung (Monopolschwarz), mit Blauholzerschwerung.

D. Schwarz auf gemischtem Eisen- und Zinngrund mit Berliner Blau-Catechuerschwerung (Tief- und Blauschwarz).

E. Schappe.

F. Tussah.

Bei sämtlichen Ausfärbungen und Versuchen ist die Erschwerung durch Wägen der Strähne zu bestimmen. Auch Teilerschwerungen sind ab und zu während eines Färbeprozesses durch Wägen von Strähnen festzustellen, die zurückbehalten werden, z. B. nach der Einwirkung von Catechu, nach

[1] Bei Tussah sind noch einzelne Beispiele mit anderen Farbstoffen genannt.

dem Blauen, nach dem Pinken usf. (siehe die Beispiele). Da die Seide durch das häufige Abwinden in Ermangelung des Schleuderns zu sehr mitgenommen wird beschränkt man es auf das notwendigste Maß. Vor jedem Eingehen in eine neue Behandlung ist, wo Schleudern nicht notwendig ist, die Seide mit den Fingern gut abzustreifen.

A. Schwarz auf Chrombeize mit Catechuerschwerung.

1. 3 Strähne. Man stellt heiß auf etwa 200% (130 g/l) Catechu über Nacht, wäscht, geht auf Chromchlorid 15° Bé, kalt, über Nacht, wäscht gründlich, färbt aus wie beschr. mit etwa 10—20% (4—7 g/l) ox. Blauholzextrakt, 2% (0,6 g/l) Gelbholzextrakt und 10 g/l Seife.

Stellt darauf auf Catechu: $^1/_3$ so stark wie zuerst, über Nacht, spült, säuert ab mit 3 ccm/l Essigsäure, stellt kalt auf holzessigsaures Eisen, von 2° Bé, 1 Stunde. Windet ab, lockert gut auf und läßt oxydieren, wäscht und färbt nochmal aus wie zuerst. Fertigstellen.

B. Schwarz auf Eisengrund mit Catechuerschwerung.

2. Leichtschwarz auf Souple: 3 Strähne. Man wäscht die Rohseide in leichtem Seifenbade bei etwa 35°, geht dann auf Eisenbeize von etwa 6° Bé für 2 Stunden (kalt), wäscht und behandelt $^1/_2$ Stunde bei 35° mit 2—4 g/l Soda, spült und stellt 2—3 Stunden auf Catechu von etwa 2° Bé bei Kochhitze. Man wäscht gut und färbt aus mit 20% (7 g/l) Extrakt ox. und 10 g/l Seife bei 40—45°. Man spült zum Schluß aus.

3. 18 Strähne. Man stellt zuerst den Bastverlust fest. Dann beizt man alle Strähne zusammen mit Eisen, und zwar 6mal. Nach jeder Beize 3 Strähne abnehmen (1—3, 4—6, 7—9 usf.). Nach jeder 3. Beize abbrennen und seifen. Erschwerung durch die verschiedenen Beizen feststellen. Jetzt 12 Strähne (Nr. 7—18) blauen und dann alle 18 gleichzeitig auf Catechu stellen, und zwar Nr. 1—6 auf Catechu von 2° Bé, Nr. 7—12, 3° Bé, Nr. 13—18, 4° Bé über Nacht. Zusammen warm waschen und die Erschwerungen feststellen. Jetzt Nr. 1—12 ausfärben mit 20—30% (7—10 g/l) Extrakt ox. und 20 g/l Seife evtl. mit etwas Gelbholz und basischen Farben. Fertigstellen. Nr. 13—18 werden nach der Gerbstoffbehandlung vorgefärbt mit 15% (5 g/l) Extrakt ox. und 10 g/l Seife bei 80°, $1^1/_2$ Stunden, dann, nach Auswaschen der Seife, abgesäuert mit 3 ccm/l Essigsäure, gewaschen und 2 Stunden auf holzessigsaures Eisen von 3—5° Bé, kalt gestellt. Dann wird abgewunden und 3 Stunden an der Luft oxydiert. Nach dem Waschen wird auf einem alten Catechubade von $^1/_2$—1° Bé $1^1/_2$ Stunden bei 45° behandelt, wieder gewaschen und ausgefärbt mit Extrakt ox. und Seife, wie üblich. Das Blauen kann auch fortgelassen werden, z. B. wenn keine Behandlung mit holzessigsaurem Eisen vorgesehen ist (bei Tiefschwarz).

4. Schwerschwarz auf Souple. 3 Strähne Rohseide. 2—6 Eisenbeizen von 10° Bé, Blauen, Souplieren mit Gallusextrakt von 4—6° Bé etwa 1 Stunde (oder bis die Seide weich genug geworden ist), bei etwa 50° beginnen, nach $^1/_2$ Stunde auf 70° und dann langsam auf 95° erwärmen, eine Zeitlang so hantieren, dann langsam erkalten lassen. Dauer im ganzen etwa 4 Stunden. Bei Bedarf noch auf Gerbstoff und Ferroeisen stellen usw.

C. Schwarz auf Zinngrund.

5. Man erhält mit Catechu ein schönes Schwarz, aber die Erschwerung wird nicht besonders hoch (etwa 100% ü. p.), weil die Affinität Zinn-Catechu nicht sehr stark ist. Der mineralische Anteil ist beträchtlich, so daß durch diese Methode der Erschwerung die Seide leichter leidet.

Die Konzentration der Catechubäder und die Höhe der Nacherschwerung ist direkt abhängig von der Anzahl der Pinkzüge. Variationsmöglichkeit: Dem Catechu kann, wenn noch erhöht werden soll, etwa 1,5 g/l Stannochlorid und zum Nachdunkeln etwa 3 g/l Ferrosulfat oder etwa 1,5 g/l Kupfersulfat zugesetzt werden, und zwar am besten, nachdem man bereits einige Zeit hantiert hat.

Monopolschwarz: 8 Strähne. Man gibt 1—4 Pinkzüge, läßt nach jedem Zuge 2 Strähne zurück und wäscht nach dem letzten Phosphat. Zum Abschluß wird geseift, und zwar: bei 1 und 2 Pinken mit 5 g/l (Nr. 1—4), bei 3 Pinken mit 8 g/l (Nr. 5—6) und bei 4 Pinken mit 10 g/l Seife (Nr. 7—8), bei 75°, $^1/_2$ Stunde. Darauf wird abgewunden und über Nacht auf Catechu von 6—10° Bé gestellt, indem man verschieden starke Bäder herrichtet. Man behandelt die Nr. 1—4 mit Catechu von 6° Bé, 5 und 6 8° Bé, 7 und 8, 10° Bé. Die Seide wird erst warm, dann kalt gewaschen. Nach dem Pinken und den Catechubädern wird die Erschwerung ermittelt. Die gewaschene Partie wird jetzt ausgefärbt mit 20—30% (7—10 g/l) Extrakt ox. und 20 g/l Seife. Zum Abtönen gibt man je nach Bedarf Gelbholzextrakt und etwa 3% (0,3—0,9 g/l) Methylenblau, etwa 1% (0,3 g/l) Brillantgrün, etwa 1% (0,3 g/l) Auramin zu.

6. Monopolschwarz (mit Catechu- und Blauholzerschwerung). Dieses Schwarz ist eine Zusammenziehung der reinen Catechu- (Nr. 4) mit der reinen Blauholzerschwerung (Nr. 7), um die Nachteile auszugleichen. Der Ton wird nicht so rotstichig wie bei reiner Holzerschwerung, und die Erschwerung an sich verschiebt sich zugunsten der vegetabilischen Erschwerung, unter der die Seide nicht so stark leidet. Man erzielt bis etwa 200% ü. p.

4 Strähne. Flotte 1:40. Nach dem Pinken, das man wie üblich ausführt, wird mit unoxydiertem Extrakt erschwert. Man setzt zu an vorher gelöstem Extrakt durch einen Lappen 150% (50 g/l) und 100% (30 g/l) Seife. Dazu kann etwas oxyd. Extrakt gefügt werden und evtl. geringe Mengen von Anilinfarben. Man beginnt bei 50°, steigert langsam auf 90° und läßt so etwa 2 Stunden unter Umziehen wirken. Darauf wäscht man wie üblich warm mit Soda, dann gut kalt mit Wasser und läßt 2 Strähne zurück, die gewogen werden. Der Rest wird abgewunden und für 3 Stunden auf 40° warmen Catechu von 2° Bé gestellt. Darauf wäscht man gut und stellt fertig.

7. Schwarz mit reiner Blauholzerschwerung (n. Ley). Die mineralische Erschwerung ist hier nicht so hoch wie bei der Catechuerschwerung Nr. 13. Man erzielt etwa 200% und mehr. Die Erhöhung durch Blauholz ist abhängig von der Anzahl der Pinkzüge.

6 Strähne. Flotte 1:40. 2—4 Pinken. Nach dem letzten Phosphat waschen. Man löst den Extrakt zunächst in heißem Wasser und gibt ihn durch einen Lappen zu. Man braucht etwa 150% (50 g/l) Extrakt unox. und 5 g/l Seife und beginnt bei etwa 50°. Nach einiger Zeit erhöht man auf 70—80° und hantiert etwa $1^1/_2$ Stunden. Man spült darauf warm mit Soda, dann kalt mit Wasser und läßt 2 Strähne zurück. Jetzt wird ausgefärbt mit 20% (7 g/l) Extrakt ox. und etwa 10 g/l Seife bei etwa 75° in $1^1/_2$ Stunden. Darauf wird wieder gut ausgewaschen und fertiggestellt. Zum Abtönen werden dem Färbebade basische Farben, auch Gelbholz zugesetzt: Methylenblau 4—6% (1,3—2 g/l), Grün 5—10% (1,5—3 g/l), Auramin 2—3% (0,7—1 g/l) je nach Bedarf, und zwar am besten, nachdem man einige Zeit umgezogen hat. Bei zu großen Mengen Anilinfarben werden die Färbungen zu reibunecht.

D. Schwarz auf gemischten Eisen- und Zinngrund.

8. Tief- und Blauschwarz. (Beispiel, bei dem die Eisenbeize der Pinke, Blaupinke, vorangeht.) 6 Strähne. Man gibt bis zu 8 Eisenbeizen von je 30° Bé. Nach jeder Beize abbrennen und nach jeder 3. Beize seifen, ebenso zum Schluß. Blauen, gründlich waschen. 1—3 mal pinken, je 1 Stunde (unterstecken). Phosphatbäder nur lauwarm und nicht stärker als 2° Bé (?). Nach den Phosphatbädern gut waschen, dann auf Catechu 4—5° Bé, heiß über Nacht wie üblich. Die Stärke richtet sich nach der Anzahl der Pinkzüge (s. Nr. 5). Jetzt wird heiß und kalt gewaschen und noch einmal auf ein heißes frisches Catechubad von 3 Stunden Dauer gegangen und darauf gründlich gewaschen und ausgefärbt mit 15% (5 g/l) Extrakt ox., 10 g/l Seife, bei 50—80°, während $1^1/_2$ Stunden. Auswaschen, absäuern mit 3 ccm/l Essigsäure, waschen und 2 Strähne zurücklassen. Darauf stellt man kalt auf holzessigsaures Eisen von 3—5° Bé, 2—4 Stunden. Man zieht einige Male um und steckt unter. Abwinden, auflockern und an die Luft hängen. Gut waschen, auf ein altes Catechubad von etwa 1° Bé gehen und $1^1/_2$ Stunden bei etwa 40° umziehen. Waschen und nochmal ausfärben mit 20% (7 g/l) Extrakt ox. und 10 g/l Seife bei 90°. Nach $^3/_4$ Stunden werden zum Vergleich des entstandenen Tones 2 Strähne herausgenommen, der Rest wird noch $^3/_4$ Stunden weiter gefärbt. Fertigstellen wie üblich.

Weitere zahlreiche Rezepte für Blauholzschwarz sind in der Literatur zu finden.

E. Blauholzschwarz auf Schappeseide.

Schappe wird meist nicht so hoch erschwert wie Seide. Es seien hier nur einige Beispiele für verschieden hohe Erschwerung angeführt, wobei die Ausführung etwa so wie bei Seide zu handhaben ist.

1. 3 Strähne. Man reinigt die Schappe wie bei „Entbasten der Seide" beschrieben ist (S. 158) oder entbastet, wenn nötig mit etwas weniger Seife als üblich für Seide. Dann gibt man eine Eisenbeize, brennt ab und geht nach dem Spülen, ohne zu seifen, wie üblich auf Catechu von 2—5° Bé, dem man etwas Gelbholz zusetzt. Darauf färbt man aus mit 20—30% (7—10 g/l) Blauholzextrakt ox. (evtl. unter Zusatz von Gelbholz) und 10 g/l Seife wie üblich. Fertigstellen.

2. Eine etwas höhere Erschwerung erzielt man wie folgt: 4 Strähne. Man reinigt, spült, säuert ab mit 3 ccm/l Salzsäure und wäscht die Säure aus. Dann stellt man einmal auf Eisenbeize für 2 Stunden und darauf erschwert man mit 30% Catechu über Nacht. Man wäscht, säuert mit 3 ccm/l Essigsäure ab, spült und stellt $^3/_4$—1 Stunde auf holzessigsaures Eisen mit etwa 100 g/l der konzentr. Lösung von 15° Bé, die im Handel üblich ist. Man windet wie sonst ab, oxydiert, wäscht usw. und stellt nochmals auf 30% Catechu, warm über Nacht. Zum Schluß wird ausgefärbt mit 20—30% (7—10 g/l) Extrakt und 10 g/l Seife und fertiggestellt.

3. Man kann auch nach der Eisenbeize vor der weiteren Behandlung blauen mit Berliner Blau, wodurch die Erschwerung höher wird, muß dann aber nach dem Abbrennen mit 10 g/l Seife 1—2 Stunden kochend heiß abseifen usw. Dann folgt z. B. ein Bad mit 150% (100 g/l) Catechu und dann das Vorfärben mit 20% (7 g/l) Extrakt ox. und 10 g/l Seife. Hieran schließt sich eine Behandlung mit 150% (100 g/l) holzessigsaurem Eisen $^3/_4$—$1^1/_2$ Stunden. Zum Schluß wird ausgefärbt wie oben. Schließlich kann auch noch auf gepinkter Schappe gefärbt werden, um die Erschwerung noch höher zu treiben.

F. Schwarz auf Tussahseide.

1. Schwarz mit Blauholz: Man gibt eine Eisenbeize von 20° Bé und kocht etwa 1 Stunde lang. Darauf wird gespült und 2 Stunden in Alaun von 6° Bé gelegt und wieder ausgespült. Jetzt färbt man mit 20% (7 g/l) Blauholzextrakt ox., 4% (1,4 g/l) Gelbholzextrakt und etwa 3 bis 5 g/l Seife. Auswaschen und Avivieren.

2. Man gibt zuerst ein Sodabad von $^1/_2$ Stunde mit 25—30% (8—10 g/l) Soda bei 40—45°, dann stellt man ohne zu waschen auf 40% (12 g/l) Seife für 1 Stunde. Man wäscht dann zweimal warm und kalt und gibt 2 Eisenbeizen von 30° je $1^1/_2$ Stunden. Nach jeder Beize wird dabei gut kalt und heiß gewaschen. Von der Eisenbeize geht man ohne zu seifen direkt auf Catechu von 3 Bé unter Zusatz von etwas Blauholzextrakt ox., je nach Ton. Vom Catechu aus wird dann ausgefärbt mit 35—40% (10—12 g/l) Extrakt ox. und 10—15 g/l Seife, indem man bei 40° beginnt und bei Kochtemperatur zu Ende färbt. Ausspülen und bei 40° avivieren.

3. Substantive Färbung: Nach dem Entbasten (s. S. 159) der Tussah färbt man mit Sambesischwarz D etwa 8%, Glaubersalz kryst. 20% (7 bis 10 g/l), Essigsäure 2% (0,5 ccm/l). Man beginnt bei etwa 40° und zieht etwa 1 Stunde unter Erhitzen bis 90° um. Jetzt wird gespült und diazotiert mit 3% (1,5 g/l) Natriumnitrit und 8% (4 ccm/l) Salzsäure, und zum Schluß entwickelt mit 1—1,5% (0,8 g/l) Nerogen D oder Toluylendiamin (s. Baumwolle). Man spült gründlich aus und seift kochend wie üblich und aviviert.

4. Saure Färbung: Man färbt mit etwa 5% Schwefelsäure, 20% Wollschwarz GR und 5% Guineagrün B, indem man bei 40° anfängt, langsam hochtreibt und bei Kochhitze fertig färbt, bis der Ton erreicht ist.

5. Man färbt mit etwa 8% Echtrot A, 5% Diamantgrün B kryst., 1% Mandarin G ex, indem man den Farbstoff zusetzt, das Bad zum Kochen bringt und eingeht. Nach und nach gibt man in 3 Teilen etwa 10% Schwefelsäure zu und färbt möglichst bei Kochtemperatur zu Ende. Im Anschluß daran wird gespült mit etwa 5% Soda bei 40° und nach Auswaschen der Soda aviviert.

6. Man färbt mit 12% Wollschwarz GR, 2% Patentblau A und 1% Azosäuregelb oder ähnlichen Farbstoffen und 5% Schwefelsäure. Beginn des Färbens bei etwa 40°, Erhitzen bis zum Kochen und nahe der Kochtemperatur bis zur Erschöpfung des Bades ausfärben.

Andere Farbstoffe: Naphthylaminschwarz 4 B, Alphanolschwarz 3 BN konz., nüanciert mit Indischgelb G, Walkgelb O, Guineagrün B usw.

7. Kombinierte Färbung: Man stellt sich ein kochendes Bad her mit etwa 8% Diazoschwarz 2 B oder einem anderen passenden Schwarz und 20% Glaubersalz und beginnt bei dieser Temperatur. Nach etwa 1 Stunde läßt man abkühlen und steckt über Nacht unter. Darauf wird gespült und diazotiert und entwickelt mit Diamin CS. Jetzt spült man gut und überfärbt mit in einem frischen neutralen Bade mit einem geeigneten Säureschwarz (s. S. 174) und etwa 10% Glaubersalz.

6. Avivage.

Die Seide verliert den an ihr bekannten Glanz und Griff bei den oft langwierigen Beiz-Erschwerungs- und Färbevorgängen und als Abschluß jeder Färbung dient die „Avivage" dazu, der Seide wenigstens teilweise den Charakter wieder zu geben. An die Avivage schließen sich noch verschiedene Behandlungen wie Lüstrieren, Strecken, Chivellieren usw, die die Seide noch glatter, glänzender machen, die aber mit der eigentlichen Färberei nichts zu tun haben.

Die Avivage jeder gefärbten Seide besteht in der Behandlung mit verdünnten Säuren und manchmal gewissen Zusätzen. Früher wurde für diesen Zweck Schwefel-, Essig-, Ameisen- oder Wein- oder Zitronensäure genommen, aber neuerdings ist man aus mancherlei Erwägungen vielfach zur Milchsäure übergegangen. Man aviviert die Seide, die nach dem Färben gründlich gespült wird, in einem kalten bis warmen Bade mit etwa 2—3 ccm/l Milchsäure (50%). Man zieht einige Minuten um, windet ab und trocknet, ohne zu spülen. Die Menge der Säure ist abhängig von der Höhe der Erschwerung, von der Färbemethode (alkalisch, neutral oder sauer) und von der Art des gewünschten Griffes. Hoch erschwerte und alkalisch gefärbte Seide (Blauholzschwarz) erfordern mehr, niedriger oder gar nicht erschwerte und sauer gefärbte Seide verlangen nicht so viel Säure. Bei hocherschwerter Seide, zumal bei Blauholzschwarz macht man meist noch einen Zusatz von Ölemulsion und evtl. Appreturmitteln. Die Emulsion bereitet man sich durch Aufkochen von Olivenöl mit Soda oder einem besser emulgierenden Mittel wie Nekal AEM[1], Prästabitöl FE[2] usw. Die Herstellung einer Ölsodaemulsion geschieht mit 3 Teilen Öl, 1 bis $1^1/_2$ Teilen Soda und 5—10 Teilen Wasser. Bei Verwendung der genannten Emulgatoren erhält man Emulsionen von sehr feiner Aufteilung, die auch gut haltbar sind (s. d. Rundschreiben).

Auch der Zusatz an Appreturmitteln schwankt je nach Art des Griffes und der Verwendung der Seide. Man gibt, um ein Beispiel zu nennen, 4—6% (1,5—2 g/l) Leim gut gelöst oder 2—3% (0,8—1,5 g/l) Stärke oder 8—10% (2,5—4 g/l) Dextrin oder etwas Gelatine hinzu.

Beispiel. Man behandelt die gespülte Seide kalt bis lauwarm mit etwa 5—10% (2—4 ccm/l) Milchsäure (50%) und 1—2% (0,3 bis 0,6 g/l) und mehr Olivenöl in emulgierter Form, wie oben beschrieben. Es muß stets bis zum Schluß so viel Säure vorhanden sein, daß das Bad deutlich sauer schmeckt, sonst muß Säure nachgegeben werden. Bei Blauholzschwarz nimmt man etwas mehr Säure, etwa 10—15%. Bei blauschwarzen Tönen mit Blauholz darf nicht über etwa 5—8% Säure gegeben werden, weil das Blauschwarz sonst zu sehr nachdunkelt.

---

[1] I. G.
[2] Stockhausen & Co., Krefeld.

Die Färberei der Kunstseide[1].

Regenerierte Cellulose.

Die Kunstseidenarten Kupferseide, Viscoseseide und Nitroseide[2] gehören als regenerierte, koagulierte Cellulose färbereipraktisch enger zusammen, trotz zum Teil starker gradueller Unterschiede beim Anfärben, während die Acetatseide als esterartig gebundene Cellulose mit besonderen Farbstoffen gefärbt werden muß und aus diesem Grunde auch getrennt besprochen wird. Die der Baumwolle chemisch verwandten drei Kunstseiden können demnach mit den Farbstoffen gefärbt werden, die von der Baumwolle her schon bekannt sind, wenn auch einzelne Gruppen praktisch nicht die gleiche Bedeutung haben wie dort, z. B. die Schwefelfarben, basische Farben u. a.

Auch die Färbemethoden sind im großen und ganzen die gleichen, obwohl mit Rücksicht auf die geringere Festigkeit, auf die Erhaltung des Charakters der Seide (Aussehen, Glanz, Griff) und die Neigung leicht unegale Färbungen zu liefern einzelne Abweichungen an Zusätzen und Arbeitsbedingungen Platz greifen müssen. Von vornherein muß darauf geachtet werden, daß bei der Veredlung von Kunstseide bei allen Behandlungen die Seide nicht zu lange auf den Bädern bleibt, die Verfahren nicht zu sehr in die Länge gezogen werden, das Hantieren möglichst vorsichtig geschieht, nur glatte Gefäße usw. zur Verwendung kommen, die Kunstseide in nassem Zustande sehr vorsichtig ausgeschlagen und nicht abgewunden wird, daß die Temperaturen nicht höher als angegeben steigen (bei Nitroseide bis etwa 70°, Acetatseide bis etwa 80°, Viscose- und Kupferseide allenfalls bis etwa 95°) und schließlich, daß die Temperatur beim Trocknen nicht zu hoch wird, da alle Seiden dabei spröde werden. Außerdem ist darauf zu achten, daß die Angaben der Zusätze eingehalten werden, da zu stark alkalische, saure Bäder usw. die Kunstseide leicht schädigen können.

Die Kunstseiden, vor allem Kupfer- und Viscoseseiden werden

[1] S. auch Keiper: Veredlung d. Kunstseide. Textilchem. Technologie herausg. v. P. Heermann, Berlin: Julius Springer 1930.

[2] Nitroseide wird jetzt wohl kaum noch hergestellt.

im allgemeinen dunkler als Baumwolle, und man erreicht auf ihnen mit weit weniger Farbstoff die gleichen Tiefen.

Vorbehandlung.

Die Behandlung der Kunstseiden in der Praxis geschieht meist in einem Flottenverhältnis von 1:30.

1. Bleichen[1].

Für helle Töne und für weiß muß die rohe Kunstseide, falls dies nicht bereits in der Spinnerei geschehen ist, gebleicht werden. Man netzt zunächst in einem etwa 70° warmen Bade mit etwa 1 g/l Soda[2] und zieht einigemal um. Darauf kann gebleicht werden mit:

a) Chlorsoda, Chlorkalklösung, Natriumhypochlorid, Bleichlauge der I. G. Bereitung der Lösungen siehe bei Baumwolle. Man bleicht bei gewöhnlicher Temperatur mit einer dieser Lösungen, die man so weit verdünnt, daß etwa 1 g/l aktives Chlor vorhanden ist. Der Gehalt an Chlor wird mit dem „Chlorzylinder" festgestellt (siehe S. 17). Spindeln wird zu ungenau, da in der Lösung enthaltene oder durch Neutralisation sich bildende Salze einen höheren Chlorgehalt vortäuschen. Die Lösung wird meist möglichst neutral angewandt und ist evtl., falls sie sauer ist, zu neutralisieren (?). Man bleicht bei 20—25° je nach dem Weißgrad, den man erreichen will etwa $^1/_2$ Stunde oder länger. Bei schwerer zu bleichenden Seiden (Kupferseide) kann nach Spülung und Einschaltung eines warmen Seifenbades und Ausspülen der Seife die Bleiche wiederholt werden. Man kann die Wirkung der Bleiche unterstützen durch Einlegen in ein 60° warmes Bad mit etwa 0,2—0,3 g/l Oxalsäure von etwa 2—3 Stunden Dauer, das vor dem Bleichbade gegeben wird und dem ein Ausspülen folgt.

Nach der Bleiche wird gründlich gespült, mit Salzsäure abgesäuert (2—3 ccm/l), die Säure wieder gründlich ausgespült und entweder 15 Minuten oder länger mit etwa 0,5—1 g/l Antichlor oder Natriumbisulfit, Pulver bei etwa 35° entchlort, gespült, anschließend zur Erreichung eines besseren Griffes heiß geseift und gespült, oder man nimmt das Entchloren nach Entfernung der Säure im Seifenbade vor. Man beginnt unter Zusatz von etwa 10 ccm/l Wasserstoffsuperoxyd (3%ig) bei etwas niederer Temperatur erwärmt langsam auf 50° und behandelt etwa $^1/_2$ Stunde.

---

[1] S. auch Rauen: Z. f. d. ges. Textilind. **1928**, 755 und W. Götze: Seide **1928**, 199.

[2] An Stelle der Soda kann evtl. die milder wirkende Seife treten.

Bei Weißwaren wird im Seifenbade geblaut oder im Avivierbade, falls die Ware griffig gemacht werden soll (siehe unter Avivage). Man prüfe auf Chlorreste und saure Reaktion in jeder gebleichten Ware! (?)

b) Mit Aktivin (siehe die Erklärungen bei Baumwolle S. 6). Man bleicht entweder neutral oder sauer. 1. Neutral. Für eine Halbbleiche oder evtl. zum Verbessern der Egalisierung. Man netzt vor mit Soda wie bei Chlorkalk usw. beschrieben und bleicht mit Flotte 1:30 mit etwa 3—4% Aktivin (etwa 1 g/l) bei etwa 60°. Dauer je nach Grad des Weiß. Nachbehandlung wie oben.

2. Sauer. Man beschickt das Bleichbad mit etwa 3 g/l Aktivin, 5—8 ccm/l Essigsäure oder 1—2 ccm/l Ameisensäure, stellt die genetzte Seide auf und behandelt etwa $^1/_2$ Stunde oder länger. Die Nachbehandlung, evtl. auch Vornetzen mit Oxalsäure geschieht wie oben beschrieben.

2. Reinigen.

a) Kunstseidengarn.

Die Kunstseide muß vor dem Färben von den Verunreinigungen aus der Spinnerei gereinigt werden, falls es nicht schon dort geschieht. Bei Kupferseide ist ein Reinigen immer notwendig. Man gibt ein Bad von 70—80° mit etwa 3 g/l Seife, evtl. 2—3 ccm/l Ammoniak und 1 g/l Nekal BX und behandelt einige Zeit. Darauf wird gespült und gefärbt. Ist eine Reinigung nicht erforderlich, so kann bei dunklen Farben trocken aufgestellt werden, mit etwa 0,5 g/l Nekal BX im Färbebad, oder man netzt in heißem Wasser von etwa 70° vor.

b) Kunstseidengewebe.

Die aus Kunstseide und mit ihr in Mischung hergestellten Gewebe enthalten Chemikalien, Fette, Öle mineralischer und pflanzlicher Natur, Stärke u. dgl., die vor der weiteren Behandlung entfernt werden müssen. Bei Anwesenheit von Fetten, Ölen usw. behandelt man die Stücke etwa $^1/_2$ Stunde bei 60—95° in Bädern, denen man fettlösende Mittel wie Verapol, Emulgierungsmittel wie Prästabitöl FE, Nekal AEM, 2—3 ccm/l Terpentin zum Lösen von mineralischen Ölen zusetzt. Nach der Behandlung wird gut gespült. Stärke wird durch Entschlichtungsmittel (siehe bei Baumwolle S. 18) abgebaut und ausgespült.

Beispiel. Man legt die Kunstseide, bei der man Stärke festgestellt hat, in ein 40—50° warmes mit Essigsäure angesäuertes Bad, dem man etwa 0,5 g/l Diastasepräparat zugesetzt hat. Man steckt dann unter, läßt über Nacht abkühlen und spült am Morgen aus. Die beliebte Leinölpräparation wird entfernt durch Einlegen für einige Stunden in ein kochend heißes fettes Seifenbad (10—20 g/l Mars. Seife) unter Zusatz von fettlösenden Mitteln wie Tetrapol oder dgl. Die Behandlung wird evtl. in einem frischem Bade wiederholt.

3. Färben.

Farbstoffaufnahme. Die Aufnahmefähigkeit für Farbstoffe ist bei den einzelnen Seiden verschieden. Im allgemeinen kann gesagt werden, daß bei substantiven, Schwefel- und Küpenfarben die Kupferseide am tiefsten angefärbt wird. Dann folgt Viscose und schließlich Nitroseide. Aber es gibt auch Ausnahmen von dieser Regel und z. B. einzelne Küpenfarben färben die Nitroseide bedeutend dunkler an. Merkwürdigerweise wird auch manchmal Viscose dunkler als Kupferseide beim Färben mit Farbstoffen, bei denen eine Diazoverbindung sich an der Färbung beteiligt (Diazofarben, Naphthol-AS-Kombinationen). Basische Farben ziehen bekannterweise am meisten auf Nitroseide, was wohl durch die Gegenwart von Nitrogruppen erklärt wird. am wenigsten auf Kupferseide. Dazwischen liegt wie bei den oben genannten Farbstoffen die Viscose. Ganz helle Töne, besonders auf Nitroseide können ohne Beize gefärbt werden, doch wird eine mit Tannin bzw. Katanol vorbehandelte Färbung stets echter sein.

Egalisierung. Die Kunstseide liefert an sich leicht unegale Färbungen, weil es noch nicht gelungen ist, einen in jeder Hinsicht ideal gleichmäßigen Faden zu erzielen. Die Neigung zu unegalem Anfärben ist dabei nicht allein in der ungleichmäßigen Beschaffenheit des Fadens an sich zu suchen, sondern auf Einwirkungen verschiedenster Art, die sowohl physikalischer wie chemischer Natur sein können, während der Herstellung und der Weiterverarbeitung zurückzuführen, z. B. durch Spannungsveränderungen, verschieden starke Drehung, Unregelmäßigkeiten in den Spinndüsen usw.

Zur Verbesserung des Egalisierens — einwandfreie Kunstseide vorausgesetzt — können u. a. die bei Baumwolle bekannten Mittel angewandt werden, z. B. Auswahl der geeigneten Farbstoffe (siehe Listen S. 203 u. 205), Regelung der Temperatur, Anwendung von Egalisierungsmitteln im Färbebade (Nekal, Monopolseife oder dgl., Mars. Seife usw.), Zusetzen der Farbstofflösung in mehreren Teilen, Verlängerung der Flotte, Regelung des Salzzusatzes. Man setzt die Salzmenge herab, gibt das Salz später zu, oder in mehreren Portionen. Bei hellen Tönen gibt man weniger, dunkle Töne und schlechter ausziehende Bäder erfordern mehr Salz. Wichtig ist ferner fleißiges und schnelles, aber dabei geschicktes Hantieren innerhalb der Grenzen, die durch die geringere Festigkeit und die Notwendigkeit äußerster Schonung der Kunstseiden gesteckt sind. Außerdem kann die Kunstseide vor dem Färben nach verschiedenen Methoden behandelt werden, wodurch man sich ein besseres Egalisieren verspricht. Sie laufen zum Teil darauf hinaus, die Faser gut aufzuquellen, um ein möglichst gleichmäßiges Eindringen der Farblösung zu erleichtern.

Beispiele. 1. Vorquellen mit Natronlauge. Man hantiert etwa $^1/_2$ Stunde in einem Bade mit etwa 50—80 ccm/l Lauge 40° Bé bei gewöhnlicher Temperatur. Die Lauge wird dann gut ausgewaschen, man säuert ab, spült die Säure wieder aus und färbt. Dieses Verfahren hat aber, weil die so behandelte Kunstseide sich schlecht verweben läßt, keine technische Bedeutung. 2. Als gutes Vorquellmittel kann auch das auf S. 200 beschriebene Reinigungsbad mit Seife gelten. 3. Vorbleichen. Man kann vor dem Färben eine schwache Chlorbleiche anwenden (siehe S. 199). Man behandelt, wie dort beschrieben, etwa 20 Minuten mit etwa $^1/_2$ g/l aktivem Chlor. Es kann aber auch mit Aktivin vorgebleicht werden (siehe S. 200).

Nach Versuchen der Textilforschungsanstalt Krefeld soll entgegen den bisherigen Erfahrungen bei Baumwolle bei einer großen Reihe von substantiven Farben die Egalisierung auf Viscose durch Zusatz von Salz begünstigt werden. Es liegen aber aus der Praxis noch nicht genügend Bestätigungen vor, so daß hier noch die allgemein gültigen Vorschriften angeführt sind[1].

Echtheiten. Die Echtheiten der Farbstoffe auf Baumwolle sind nicht ohne weiteres auch auf Kunstseide maßgebend. Die Lichtechtheit ist wohl im allgemeinen dieselbe. Genauere Angaben sind erst für einige Farbstoffklassen veröffentlicht, z. B. Naphthol-AS, Indanthrenfarben.

Substantive und Diazotierungsfarbstoffe.

Flottenverhältnis 1:30 (für Schwarz 1:20 mit etwa 8%, Extramarken etwa 4%) Farbstoff. Zum Färben wird nur weiches Wasser verwendet, hartes Wasser ist vorher durch Aufkochen mit Soda zu enthärten.

Zusätze. Man gibt für alle Färbungen etwa 0,5—1% (0,1 bis

[1] Weltzien und Götze: Technologie der Kunstseide **1930**, 329. Seide **31**, 257; **32**, 401; **33**, 372. — Weitere Arbeiten auf diesem Gebiet: z. B. Withacker: Artificial Sylk by Courtaulds Ltd., London, Broschüre, 1927. — Withacker: Lpzg. Mschr. Textilind. **1928**, 266. — Kunstseide **1928**, 503. — Koz: Z. f. d. ges. Textilind. **1928**, 589.

0,3 g/l) Soda (zur Enthärtung des Wassers), 1—4% (0,3—1,2 g/l) Netzöl (Monopolseife, Monopolbrillantöl, Seife oder dgl.) zu und färbt mit 0—25% (8 g/l) Glaubersalz, je nach der Tiefe des Tones und je nach der Affinität der Seide. Helle Töne färbt man am besten ohne Salz. Man netzt zunächst die Seide, die gereinigt sein muß, in der Flotte ohne Farbstoffzusatz, zieht einigemal um, setzt den Farbstoff zu, beginnt bei etwa 30—40°, treibt langsam bis 60—70°. Bei dunklen Tönen, soweit es die Seiden erlauben (siehe S. 198), kann noch höher gegangen werden.

Bei Kupferseide und Agfa-Travisseide, die große Affinität besitzen, ist mit dem Zusatz von Salz, Erhöhung der Temperatur vorsichtiger zu verfahren, Nitroseide wird dagegen langsamer und heller angefärbt und man richtet dementsprechend die Zusätze ein. Nach dem Färben wird — am besten warm 30—35° — gründlich gespült und nicht zu hoch getrocknet oder vorher aviviert (siehe S. 221).

Bei Siriusgelb GG nimmt man an Stelle von Soda 1—2% (0,3—0,6 g/l) Natriumphosphat, Brillantreinblau R, 8G ex, G, Brillantreingelb 6 G ex und Brillantdianilgrün G färbt man mit Glaubersalz wie angegeben und 1—3% (0,3—0,9 ccm/l) Essigsäure (siehe S. 34 u. 35).

Zur Erleichterung des Egalisierens, vor allem bei Mischtönen, sind die bereits erwähnten Anleitungen zu beachten (siehe S. 201).

Es folgen hier einige geeignete substantive Farbstoffe für Kunstseide, die im großen und ganzen gut egalisieren. Vor den Farbstoffnamen bedeutet:

e: Farbstoff egalisiert besonders gut,
Cu: für Kupferseide bewährt,
a: avivierecht (säureecht),
l: besonders gut lichtecht.
(Farbenkarten Nr. 110 C, 228 C, 334 C der I. G.)

Rot:

a	l		Cu	Siriusscharlach B
a	l	e	Cu	Siriusrot BB
a	l	e	Cu	Siriusrot 4B
a	l			Siriusrubin B
	l	e	Cu	Siriusrubin R
a	l	e	Cu	Siriusbordo 5B
a	l	e	Cu	Siriusrosa G
a	l		Cu	Siriusrotviolett R, B, BBL
	l	e		Siriusrosa BB
a	l		Cu	Siriuskorinth B
a		e	Cu	Benzolichtscharlach 2G
		e		Benzolichtscharlach 5B
a			Cu	Benzochtscharlach 4BS, 8BS
a		e	Cu	Benzorhodulinrot B
				Benzopurpurin 4B
		e		Diaminscharlach B
		e		Diaminechtrot F
				Benzolichteosin BL
		e		Erika BN, GN
a		e	Cu	Chloraminrot 8BS
a			Cu	Geranin G
a		e	Cu	Diaminrosa BD
		e		Benzoechtrot GL
a			Cu	Benzoechtscharlach GS
				Columbiaechtscharlach S 5B
		e		Diaminbrillantscharlach S
				Diaminbrillantrubin S

Cu Diaminbrillantbordo R
Dianillichtrot 12BL, 8BW, 12BW
Baumwollechtrot 4BS
e Thiazinrot R
e Oxaminbrillantrot B

Orange:

e Plutoorange G
a l Cu Siriusorange G, 3R
l Siriusorange 5G
e Baumwollorange G
e Diaminechtorange EG
e Toluylenechtorange GL
a Cu Diaminorange B
Diaminorange F
a Cu Benzoechtorange S, WS
l e Benzolichtorange G
e Cu Toluylenorange GL, R
a e Cu Dianilechtorange O

Gelb:

l e Siriusgelb 5G, GG, RT
l e Siriusgelb G
a l e Cu Siriusgelb R ex
a l Cu Siriusgelb RR
a Cu Diaminechtgelb M
a Cu Stilbengelb GX
Brillantreingelb 6G ex
e Benzoreingelb FF
Thioflavin S
Dianilgelb 3G
e Chrysofenin G
e Chrysamin G
Diamingelb CP
Pyramingelb G
Cu Diaminechtgelb A, B

Grün:

e Oxamingrün G
a e Cu Diamingrün B
l Siriusgrün BL
Brillantdianilgrün G
e Brillantbenzogrün B
a Cu Dianilgrün GN, BN
a l Cu Siriusgrün BB
Columbiagrün G, 3B
Diaminschwarzgrün N
e Benzoviscosegrün B

Blau:

l Siriusblau B, BRR
a l Cu Siriusblau BR, G, 6G
a Cu Benzoreinblau
a Cu Diaminreinblau FF
a Cu Dianilblau G, B
a Cu Benzoblau RW
a Cu Diaminechtblau FFG
e Diaminbrillantblau G
a Cu Brillantazurin 5G
Diaminschwarz BH
e Brillantreinblau 8G ex, G
Diaminstahlblau L
e Brillantcongoblau BFL
e Benzoviscoseblau R, G

Violett:

a l Cu Siriusviolett R, B, BBL
l e Siriusviolett BB, 3B
a l Cu Siriusviolett BL
a l e Cu Brillanbenzoechtviolett 2RL
a l e Cu Benzoviolett RL ex
Brillantbenzoviolett B
Heliotrop 2B
a Cu Brillantbenzoviolett 2BH
a e Cu Chloraminviolett FFB

Braun:

a l Cu Siriusbraun R, BR
l Siriusbraun G, GR, 3R
a Cu Diaminbraun 3G
a Cu Baumwollbraun RN
a Cu Diaminechtbraun GB
Cu Plutobraun R
e Pegubraun G
e Benzobraun D 3G ex
e Plutobraun 2G, NB
Benzolichtbraun RL
Diamincatechin B
Cu Diaminbraun B

Schwarz u. Grau:

e Kunstseidenschwarz G
a Cu Kunstseidenschwarz A
a Cu Plutoschwarz G
Direkttiefschwarz E ex, RW ex
Columbiaschwarz FF ex
Oxydiaminschwarz A
e Sambesischwarz D
e Oxaminschwarz RN
Diaminechtgrau BN
a l Cu Siriusgrau G, R
e Benzoechtschwarz L
Cu Dianilechtschwarz R
l e Benzolichtgrau B
e Benzoviscosegrau 5B

Versuche. Man stelle einige Ausfärbungen mit Farbstoffen aus obiger Liste (Einzelfarben und Mischungen nach einer Vorlage) her. Man nehme dabei für bunte Töne verschiedene Prozentsätze (0,5—1 g/l) und für Schwarz etwa 2—3 g/l Farbstoff. Man färbe für Versuche öfter Kunstseiden verschiedener Herkunft (Kupfer-, Nitro- und Viscoseseide) und evtl. Baumwolle zusammen in einem Bade, um die verschiedene Anfärbung vergleichen zu können.

Benzoformfarbstoffe, Farbstoffe für Metallsalznachbehandlung (siehe bei Baumwolle), Diazotierungsfarben (siehe unten) werden wie die andern substantiven Farben auf Kunstseide gefärbt und wie bei Baumwolle beschrieben behandelt.

Geeignete Diazotierungsfarben sind: (Farbkarte Nr. 110 C und 334 C d. I. G.)

				Entwickler (s. S. 43)
Rot:	e	Primulin		3, 8
		Diazobrillantscharlach	G ex, BA ex, BBL ex konz., 6 B ex	3, 8
		Diazolichtscharlach	BL	3, 8
		Diazolichtrot	5 BL	3, 8
		Diazogeranin	B ex	3, 8
		Diazolichtbordo	BL	3, 8
	e	Sambesirot	4 B	3, 8
Orange:		Diazobrillantorange	5 G ex, (e) GR ex	3, 8
		Diazobraun	6 G	3, 8, 12
Gelb:		Diazolichtgelb	G	14
		Diazobraun	6 G	14
Grün:		Diazobrillantgrün	3 G	14
		Diazolichtgrün	GFL	14
		Diazogrün	3 G	3, 8, 14
		Diazoolive	G	3, 8, 12, 14
Blau:		Naphthogenblau	2 R	3, 8
	e	Naphtogenreinblau	4 B	3, 8
	e	Diazobrillantblau	BBL ex	3, 8
		Diazoreinblau	3 GL	3, 8
	e	Diazoindigoblau	3 R	3, 8
		Diaminogenreinblau	N	3, 8
		Diaminogenblau	BB	3, 8
Violett:		Diazolichtviolett	BL, 3 RL	3, 8
		Naphthogenblau	4 R	3, 8
		Diazoindigoblau	3 RL	3, 8
		Diaminschwarz	BH (helle Töne)	3, 8
Braun:		Diazobraun	3 R	3, 8, 12, 14
		Diazobraun	G	3, 8
		Diaminnitrazolbraun	BD	3, 8
Schwarz:		Diaminschwarz	BH	3, 8, 12
		Oxydiaminogen	OB	12
	e	Diaminogen ex		3, 8, 12
	e	Sambesischwarz	D	3, 8, 12

(Schwarz: Farbstoffzusätze: etwa 6% (1,5—3 g/l))

Auch hier stelle man einige Ausfärbungen her, besonders schwarze Töne.

Basische Farbstoffe.

Färben ohne Beize. Nitroseide und Viscose können in hellen Tönen auch ohne Beize gefärbt werden, wenn keine besondere Echtheit verlangt wird. In diesem Falle setzt man dem Bade zunächst etwa 5—10% (1,5—3 ccm/l) Essigsäure zu, zieht die Seide einige Male auf diesem Bade um, gibt Farbstofflösung zu und färbt unter langsamer Erwärmung bis auf etwa 50—60°. Der Farbstoff kann evtl. in mehreren Portionen zugegeben werden.

Versuch. Man färbe einige Farbstoffe mit 0,5% aus der Liste auf die verschiedenen Kunstseiden gemeinsam, um den Grad der Anfärbung zu vergleichen.

Färben mit Beize. Für Kupferseide und Agfa-Travisseide, die basische Farben nur schlecht anziehen, und für sattere Töne auf die andern Seiden wird im allgemeinen mit Tannin bzw. Katanol ON vorgebeizt. Es wird etwa wie bei Baumolle verfahren.

a) Mit Tannin. Man legt die Seide etwa 2—3 Stunden bei etwa 50° in die Beize (Flotte 1:20) mit etwa 2—4% (1—2 g/l) Tannin und $^1/_2$—1% (0,2—0,5 ccm/l) Salzsäure. Darauf wird abgequetscht oder geschleudert und kalt mit 1—$2^1/_2$% (0,5—1,5 g/l) Brechweinstein (Flotte 1:20) in üblicher Weise fixiert. Dauer etwa 20 Minuten. Man spült warm und färbt mit 5—10% (1,5—3 ccm/l) Essigsäure (Flotte 1:30 und länger), indem man bei Zimmertemperatur ohne Farbstoffzusatz netzt, und dann unter Erwärmung bis auf etwa 60° färbt. Der Farbstoff wird mehrere Male zugegeben. Zum Schluß wird gespült und getrocknet, oder aviviert, nachbehandelt, geseift, je nachdem welche Echtheit verlangt wird (Nachbehandlung mit Tannin siehe unter b). Es kann auch über Nacht gebeizt werden; dann reduziert man die Tanninmenge.

b) Mit Katanol ON (Flotte 1:20 oder 30). Die Seide wird für dunklere Töne mit etwa 8% (4 g/l) Katanol ON, 2% (1 g/l) Soda und 10% (5 g/l) Kochsalz etwa 1 Stunde bei etwa 35° gebeizt. Bei helleren Tönen nimmt man weniger Katanol. Nach dem Beizen wird sehr gründlich, evtl. warm gespült und warm mit Essigsäure (etwa 2—3 ccm/l) abgesäuert. Dem Färbebade gibt man etwa 2% (0,6 ccm/l) Essigsäure zu und verfährt wie bei a. Katanol ON ist unempfindlich gegen Eisen.

Zur Erhöhung der Säurekochechtheit (Überfärbeechtheit) für gefärbte Kunstseidefäden in Wollstücken wird die gefärbte Seide auf den alten Tannin- und Brechweinsteinbädern eine Zeit lang umgezogen. Je etwa $^1/_2$ Stunde, auf Tannin evtl. auch länger. Man setzt in diesem Falle den Bädern je etwa $^2/_3$ der oben angegebenen Mengen Beizmittel zu. Die Farbtöne werden durch das Nachbehandeln etwas stumpfer oder schlagen im Ton etwas um

(Versuch). Das Tanninbad wird etwa 40° warm gemacht, das Brechweinsteinbad bleibt kalt.

Geeignete basische Farbstoffe (siehe auch bei Baumwolle):

Rot:	Astraphloxin FF ex		Diamantgrün GX, BXX
	Safranin T ex		Methylengrün 2 G
	Brillantrhodulinrot B	**Blau:**	Brillantrhodulinblau R
	Rhodamin B ex, G ex		Viktoriablau R hoch konz.
Orange:	Rhodulinorange NO		Methylenblau B, BB
	Chrysoidin A		Rhodulinreinblau 3 G
Gelb:	Thioflavin TCN	**Violett:**	Astraviolett FF ex
	Auramin II		Brillantrhodulinviolett R
Grün:	Rhodulinblau 6 G	**Braun:**	Bismarckbraun FR ex

Versuch. Man färbe einige Töne mit etwa 0,5% Farbstoff aus. Beize 4% (2 g/l) Tannin, 2% (1 g/l) Brechweinstein.

Übersetzen mit basischen Farben.

Das Schönen von Färbungen mit substantiven Farben usw. geschieht wie bei Baumwolle beschrieben in kaltem bis lauwarmem Bade unter Zusatz von organischer Säure, evtl. im Avivierbade. Es dürfen nur ganz geringe Mengen (etwa 0,05—0,1% [0,02 bis 0,05 g/l]) von basischen Farben aufgefärbt werden, da sonst die Echtheiten sich ungünstig verändern.

Schwefelfarben.

Das Färben von Schwefelfarben auf Kunstseide hat nicht die Bedeutung wie auf Baumwolle, weil die Faser meist etwas an Glanz verliert, ein Übelstand, der durch Behandeln im heißen Seifenbade nach dem Färben teilweise behoben werden kann. Man färbt die Schwefelfarben wie bei Baumwolle, geht aber am besten mit der Temperatur nicht höher als etwa 50°, reduziert die Soda- und Salzmengen auf etwa die Hälfte oder noch mehr und gibt stets etwas Netzöl (etwa 2% [0,4 g/l]) hinein. Die Mengen an Schwefelnatrium bleiben etwa die gleichen. Nach dem Färben wird gründlich gespült, abgesäuert, wieder gespült und evtl. bei Kupferseide und Viscose heiß geseift und fertiggestellt. Beim Färben von Schwarz oder dunklen Farben wird dem letzten Spülbade etwa 10 g/l Natriumacetat zugegeben, um wie bei Baumwolle die Bildung von Schwefelsäure auf der Faser zu verhindern (?). Der Zusatz ist nicht notwendig bei Indocarbon CL konz.

Das Mattwerden der Seide durch das im Bade befindliche Schwefelnatrium wird durch ein Verfahren umgangen, welches den Farbstoff (Schwarz) mit Hydrosulfit in Lösung bringt (I. G.).

Flottenverhältnis 1:40.	Zusätze für Kunstseide,	Vistra, Stapelf.
Thiogenschwarz MM konz.	etwa: 3,8 g/l	5 g/l
Soda	3,8 „	5 „
Monopolseife o. dgl. . . .	1,9—2 „	$2^1/_2$ „
Hydrosulfit	1,9—2 „	$2^1/_2$ „
Kochzalz	$7^1/_2$ „	10 „

Man löst die Monopolseife usw. in Wasser auf und teigt den Farbstoff sorgfältig damit an. Dann gießt man die in heißem Wasser gelöste Soda hinzu und bei einer Temperatur von etwa 60° streut man langsam das Hydrosulfit hinein. Jetzt läßt man etwa 20 Minuten zur Verküpung stehen. Die Farbe der Küpe geht nach einiger Zeit von gelbbraun nach blaugrün über.

Das etwa 60° warme Färbebad schärft man mit etwa 0,2 g/l Soda und 0,1 g/l Hydrosulfit vor, wartet einige Zeit unter Rühren und gibt darauf die klar gelöste Küpe in das Färbebad. Zum Schluß wird mit Kochsalz beschickt und bei etwa 50—60° mit dem Färben der im Seifenbade bei 90° $^1/_2$ Stunde gereinigten Kunstseide begonnen. Nach etwa $^1/_2$ Stunde quetscht man ab, spült gründlich, nachdem man etwa $^1/_2$ Stunde an die Luft gehängt hat, und stellt fertig.

Über das Nachbehandeln von Schwefelfärbungen mit Metallsalzen zur Erhöhung der Wasch-, Koch- und Lichtechtheit siehe den betreffenden Abschnitt bei Baumwolle, ebenso gelten im allgemeinen die dort gemachten Angaben. Liste der Schwefelfarben ebenda. Für Versuche halte man sich an die Angaben bei Baumwolle.

Naphthol-AS-Farben[1].

Echtheiten. Die Echtheiten sind im allgemeinen besser als auf Baumwolle. Auch die Reibechtheit ist auf Grund der erheblich größeren Substantivität der Naphthole zur Kunstseide besser.

Für das Färben von Naphthol-AS-Farben auf Kunstseide sind im großen und ganzen die Ausführungen bei Baumwolle maßgebend. Als wichtig für Kunstseide ist folgendes zu beachten.

Grundierung. Flotte 1:20. Dauer etwa 15—20 Minuten. Temperatur etwa 30°. Bei hellen Tönen setzt man vor dem Eintragen der Naphthollösung dem Färbebade so viel Lauge zu, daß die Gesamtmenge (mit der zum Lösen des Naphthols gebrauchten Lauge) nicht weniger als 0,75 ccm/l Lauge von 40° Bé beträgt. Die Menge an Netzöl muß mindestens 2 ccm/l für helle Färbungen ausmachen.

Salzzusatz zum Grundierungsbad erhalten nur die aus Naphthol AS-G (dem am schwächsten ziehenden Naphthol) herzustellenden Färbungen. Man gibt, je nach Tiefe der Färbung etwa

---

[1] S. auch Lint, Die Kunstseide, **1927**, 141 u. Lint, Melliands Textilberichte, **1927**, 258.

7—14 g/l Kochsalz hinzu. Die übrigen Naphthole haben genügend Substantivität zur Kunstseide.

Entwicklung. Flotte 1:20. Man verfährt beim Diazotieren wie bei Baumwolle beschrieben und entwickelt etwa 15—20 Minuten. Die schwefelsaure Tonerde muß fortgelassen werden, weil sich sonst aus Lauge, Öl und Tonerde Aluminiumhydroxyd und Al-seifen bilden, die die Seide mattieren. Man setzt dafür die angegebenen Mengen Essigsäure oder Natriumacetat zu (siehe Baumwolle). Bei Echtrot-GL-Base muß anstatt Natriumacetat zum Neutralisieren Natriumformiat und anstatt schwefelsaurer Tonerde Ameisensäure genommen werden (siehe Baumwolle).

Nachbehandlung. Die bei der Baumwolle beliebte forcierte mechanische Nachbehandlung (evtl. maschinell) zur Verbesserung der Reibechtheit muß hier fortfallen, da die Kunstseide zu empfindlich ist. Nach der Entwicklung wird mehrmals kalt, 2mal warm bei etwa 50—90° gespült und schließlich 2mal bei 60° mit etwa 3—4 g/l Seife geseift. Ausnahmen bilden die Färbungen aus Naphthol AS-BG-Echtscharlach GG Base und Naphthol AS-D-Echtbordo GP Base, die bei etwa 90° zur Entwicklung des Tones geseift werden müssen.

Die Seife wird wieder gründlich einigemal warm, dann kalt ausgespült und darauf wird getrocknet oder aviviert. Einzelne Färbungen dürfen auf keinen Fall heißer als 60° geseift und behandelt werden (siehe die Tabelle unten).

Tiefe der Färbungen. Es ist zu beachten, daß die Farbstoffzusätze im Gegensatz zur Baumwolle stark vermindert werden müssen, weil die Naphthole stärker auf Kunstseide ziehen.

Zusammenstellung von einigen Naphthol AS-Färbungen.

Die Zahlen in der Mitte entsprechen den Nummern der Musterkarte 1025 A der I. G.

Die Zahlen zu beiden Seiten geben die Konzentration (g/l) der Bäder an (helle Töne in Klammern).

**: Färbungen müssen bei 90—95° geseift werden.

*: Färbung darf höchstens bei 60° geseift werden, sonst verliert die Seide den Glanz.

J: Indanthrenecht, wenn die Färbungen in einer Stärke von 3 g/l Naphthol AS und 2 g/l Naphthol AS-RL, AS-BO, AS-BG hergestellt werden, bei Flotte 1:20 auf der Wanne.

Rot:	2	(0,2)	Naphthol AS-RL	6	Echtscharlach G	Base 2,25	(0,5)
	2	(0,2)	Naphthol AS-RL	7	Echtrot KB	Base 2,7	(0,5)
	2	(0,2)	Naphthol AS-RL	10	Echtscharlach RC	Base 3,6	(0,5)
	* 2	(0,2)	Naphthol AS-RL	8	Echtscharlach GG	Base 2,5	(0,5)

J*	1,5	(0,2)	Naphthol AS-RL	19 Echtrot RL	Base 2,25	(0,5)
J	1,5	(0,2)	Naphthol AS-RL	27 Echtrot GL	Base 2	(0,5)
	1	(0,1)	Naphthol AS-SW	9 Echtorange GC	Base 2,5	(0,5)
	1	(0,1)	Naphthol AS-SW	14 Echtscharlach G	Base 2,25	(0,5)
	1	(0,2)	Naphthol AS-SW	16 Echtscharlach GG	Base 2,5	(0,5)
	1	(0,2)	Naphthol AS-SW	18 Echtrot KB	Base 2,7	(0,5)
	3	(0,3)	Naphthol AS	11 Echtscharlach GG	Base 2,5	(0,5)
*	3	(0,3)	Naphthol AS	13 Echtscharlach G	Base 2,25	(0,5)
*	3	(0,3)	Naphthol AS	22 Echtscharlach RC	Base 3,6	(0,5)
J*	3	(0,3)	Naphthol AS	26 Echtrot 3 GL	Base spez. 4,75	(1)
*	3	(0,3)	Naphthol AS	28 Echtrot GL	Base 2	(0,5)
	1	(0,1)	Naphthol AS-TR	12 Echtscharlach TR	Base 2	(0,5)
	1	(0,1)	Naphthol AS-TR	21 Echtrot TR	Base 2	(0,5)
	2	(0,2)	Naphthol AS-BG	15 Echtscharlach RC	Base 3,6	(0,5)
*	2	(0,2)	Naphthol AS-BG	43 Echtorange GR	Base 2	(0,5)
	3	(0,3)	Naphthol AS-BS	17 Echtscharlach G	Base 2,25	(0,5)
	3	(0,3)	Naphthol AS-BS	25 Echtscharlach RC	Base 3,6	(0,5)
*	3	(0,3)	Naphthol AS-D	44 Echtorange GR	Base 2	(0,5)
*	3	(0,3)	Naphthol AS-D	45 Echtrot KB	Base 2	(0,5)
	1,5	(0,15)	Naphthol AS-BO	23 Echtrot KB	Base 2,5	(0,5)
	1,5	(0,15)	Naphthol AS-BO	29 Echtorange GR	Base 2	(0,5)
J* Bordo:	2	(0,2)	Naphthol AS-RL	31 Echtrot B	Base 2,7	(0,5)
*	1,25	(0,15)	Naphthol AS-RL	34 Echtgranat GC	Base 2,75	(1)
*	3	(0,3)	Naphthol AS	30 Echtrot B	Base 2,7	(0,5)
J	1,5	(0,15)	Naphthol AS-BO	33 Echtrot B	Base 2,7	(0,5)
	1,5	(0,15)	Naphthol AS-BO	32 Echtrot GL	Base 2	(0,5)
	1	(0,15)	Naphthol AS-BO	35 Echtgranat GBC	Base 2,75	(1)
	1,5	(0,15)	Naphthol AS-BO	48 Echtrot 3 GL	Base spez. 4,75	(1)
J*	1,5	(0,15)	Naphthol AS-BO	58 Echtrot B	Base 2,7	(0,5)
*	3	(0,3)	Naphthol AS-D	46 Echtrot RL	Base 2,25	(0,5)
**	3	(0,3)	Naphthol AS-D	49 Echtbordo GP	Base 1,75	(0,5)
	1	(0,1)	Naphthol AS-TR	47 Echtrot 3 GL	Base spez. 4,75	(1)
	1	(0,1)	Naphthol AS-TR	50 Echtbordo GP	Base 1,75	(0,5)
Orange:	3	(0,3)	Naphthol AS	3 Echtorange GC	Base 2,25	(0,5)
*	3	(0,3)	Naphthol AS	5 Echtorange GR	Base 2	(0,5)
*	1	(0,1)	Naphthol AS-TR	4 Echtorange GC	Base 2	(0,5)
*	3	(0,3)	Naphthol AS-D	41 Echtorange GC	Base 2,25	(0,5)
*	2	(0,2)	Naphthol AS-BG	42 Echtorange GC	Base 2,25	(0,5)
Gelb:	1	(0,2)	Naphthol AS-G	1 Echtgelb GC	Base 1,65	(0,5)
	1	(0,2)	Naphthol AS-G	2 Echtscharlach GGS	Base 1,65	(0,5)
*	4,75	(0,4)	Naphthol AS-G	36 Echtgranat GBC	Base 2	(1)
Blau:	1	(0,5)	Naphthol AS	39 Echtblausalz (!) B	Base 6,6	(5) [1]
Schwarz:	4		Naphthol AS-BO	40 Echtschwarz B	Base 3	
	2,25		Naphthol AS-SW	40 Echtschwarz LB	Base 2,5	
Braun: J**	2	(0,4)	Naphthol AS-BG	37 Echtscharlach GGS	Base 2,5	(0,8)
	2,5	(0,75)	Naphthol AS-BR	38 Echtrot B	Bate 2,7	(1,5)

Versuche. Man färbe einige Kombinationen (auch schwarz) nach vorstehenden Beispielen aus und halte sich an die angegebenen Zusätze (Zahlen zu beiden Seiten der Tabelle, helle Töne in Klammern).

[1] Gekupfert.

Indigosole

färbe man nach den Angaben bei Baumwolle S. 77 unter Berücksichtigung der Vorsichtsmaßregeln, die auch sonst bei Kunstseide wie bei den andern Farbstoffen gang und gäbe sind.

Indanthrenfarben[1].

Beim Färben von Kunstseide mit Küpenfarben geht man im allgemeinen wie bei Baumolle vor und man halte sich daher an die dort gegegebenen Vorschriften über Ansetzen der Küpen, Färben, Nachbehandlung usw. Der Eigenart der Kunstseide entsprechend ist aber etwa noch folgendes zu beachten: Nitroseide wird wohl seltener mit Küpenfarben gefärbt, weil der hohe Alkaligehalt der Bäder die Faser wesentlich schwächt. Die Echtheiten der Küpenfärbungen auf Kunstseide weichen in einigen Fällen von denen auf Baumwolle ab. Die Lichtechtheit ist etwa die gleiche wie dort. Genauere Angaben sind in den Musterkarten der Fabriken einzusehen.

Beim Färben sind mit Rücksicht auf die Neigung der Kunstseide eher unegale Färbungen zu geben, als Baumwolle die Salzmenge zunächst zu verringern (s. Baumwolle S. 66 u. 68) und stets — vor allem bei helleren Färbungen — etwa 20 g/l Schutzkolloid (Dekol) oder dgl. oder 2 g/l Leim gut gelöst und 2 g/l Monopolseife, Seife oder dgl. zuzusetzen. Auch durch Regelung der Temperatur kann das Egalisieren verbessert werden. Man beginnt entweder kalt und erwärmt langsam, oder beim Verfahren I. K. beginnt man warm und läßt allmählich erkalten (siehe auch die Angaben S. 68). Bei schon gereinigter Seide kann trocken eingegangen werden, wenn man dem Bade ein gutes Netzmittel (etwa 0,5 g/l Nekal BX oder dgl.) zugesetzt hat. Bei nicht gereinigter Seide siehe die Angaben bei den substantiven Farbstoffen.

Während des Färbens ist öfter zu prüfen, ob noch genügend Hydrosulfit im Bade enthalten ist. Indanthrengelbpapier muß sich schnell bläuen (3 Sek.). Dauert der Umschlag bedeutend länger, so muß das Bad etwas nachgeschärft werden (mit etwa 1—2 g/l Hydrosulfit).

Nach dem Färben wird wie üblich gespült, geschleudert (vorsichtig abgewunden!), eine Zeitlang verhängt, mit etwa 1—2 ccm/l Schwefelsäure abgesäuert, die Säure wieder ausgewaschen und schließlich bei 70—80° heiß $^1/_2$ Stunde geseift, was zur vollen Entwicklung des Farbtones unbedingt notwendig ist.

[1] S. auch Voigt, Ztschr. f. d. ges. Textilindustrie, **1928**, 410.

Beispiele für Mischungen von Indanthrenfarben.
(Farbkarte: 33 C der I. G., Neuauflage)

Rot in den verschiedenen Variationen mit Abweichungen nach Orange, Braun, Bordo, Violett, Braunrot usw.

Indanthrenbrillantrosa B, R Indanthrenrotviolett RH, RRN Indanthrenscharlach B	mit Stammküpe, kombiniert mit
Indanthrenrubin R Indanthrenbraun R Indanthrenscharlach R Indanthrenorange 4R Indanthrengoldorange 3G	
Indanthrenrot GG Indanthrenscharlach R Indanthrenbrillantviolett RK Indanthrenbraun G, R	Verfahren IW
Indanthrenrot RK Indanthrenkorinth RK Indanthrenrosa B	Verfahren IK
Indanthrenrubin R Indanthrenviolett FFBN	Verfahren IN

Orange und Nebentöne:

Indanthrenbrillantorange GK Indanthrenbrillantorange RK Indanthrengelb 3R Indanthrenolive R Indanthrenbraun 3R Indanthrenorange RRT	Verfahren IW
Indanthrenorange RRT Indanthrengoldorange G Indanthrengelb G Indanthrengrau RRH	Verfahren IN
Indanthrenbrillantorange RK Indanthrenorange 6RTK Indanthrengelb GK Indanthrenbraun GG Indanthrenorange RRK	Verfahren IK

Grün und Nebentöne:

Indanthrenblau RK, GK, 5GK, 8GK Indanthrenolive R Indanthrenbraun GG Indanthrenkorinth RK	Verfahren IK
Indanthrengelb 3GF, 3R Indanthrenorange RRK Indanthrenbrillantgrün B Indanthrenolive R Indanthrenblau GCD	Verfahren IW
Indanthrenblau 5G, GCD Indanthrengelb G Indanthrenbrillantgrün B	Verfahren IN

Blau:

Indanthrenblau RK, 8 GK Indanthrenbrillantviolett RK	Verfahren IK
Indanthrengrau 6 B Indanthrenblau GCD	Verfahren mit Stammküpe
Indanthrenmarineblau G Indanthrendunkelblau BGO Indanthrendunkelblau BOA Indanthrenblau BCS, GCD Indanthrenbrillantgrün B	Verfahren IN
Indanthrenblau GCD Indanthrenbrillantgrün B	Verfahren IW

Violett:

Indanthrenolive R Indanthrenkorinth RK Indanthrenbrillantviolett 2 BK, RK Indanthrenrotviolett RRK Indanthrenorange 6 RTK Indanthrenblau RK, 8 GK	Verfahren IK
Indanthrenbordo B Indanthrenbrillantviolett RK	Verfahren IW

Braun:

Indanthrenbraun 3 GT, R, G, BR Indanthrenbraun 3 R, FFR Indanthrenolive R Indanthrengelb 3 R Indanthrenrot GG Indanthrenviolett FFBN	Verfahren IW

Modetöne: Grau usw.:

Indanthrengelb G Indanthrenorange RRT Indanthrenblau GCD	Verfahren IN
Indanthrenbraun 3 GT, GG, G Indanthrengelb RK, GK, 3 GF, 5 GK Indanthrengoldgelb GK Indanthrenorange RRK Indanthrenbrillantviolett RK Indanthrenblau 8 GK Indanthrenolive R Indanthrenkorinth RK	Verfahren IK
Indanthrenolive R Indanthrenbrillantviolett BBK Indanthrenviolett FFBN Indanthrengrau RRH	Verfahren IW

Für Versuche stelle man einige Ausfärbungen von Indanthrenfarben und Indigosolen (siehe S. 79) mit einzelnen Farbstoffen und Mischungen her und halte sich dabei an obige Liste und an die Zusammenstellung bei Baumwolle (siehe S. 74).

Acetatseide[1].

Die Acetatseide ist eine esterartig an Acetylgruppen gebundene Cellulose von nicht immer gleicher Zusammensetzung. Sie verhält sich als gewissermaßen verankerte Cellulose den bekannten Baumwollfarbstoffen gegenüber im großen und ganzen völlig anders und läßt sich von der weitaus größten Zahl der substantiven, Schwefel- und vieler anderer Baumwollfarben ohne Vorbehandlung nicht oder nur mangelhaft anfärben. Die schlechte Anfärbbarkeit steht wohl in Zusammenhang mit ihrer geringen Quellbarkeit und der im Verhältnis zu anderen Kunstseiden viel geringeren Oberfläche.

Trotzdem besitzen eine Anzahl genügend Zugkraft, um unter gewissen Bedingungen die Faser anzufärben. So z. B. die basischen Farben, Indigo und indigoide Küpenfarben, einige Alizarinfarben, verschiedene unlösliche Azoverbindungen wie die Sudanfarben (Fettfarben). Genauere Untersuchungen über das Verhalten der meisten bekannten Farben gegen Acetatseide geben einige Aufschlüsse darüber, wie ein Farbstoff etwa beschaffen sein muß, um Acetatseide anzufärben. Daraus ergibt sich, daß das Färben u. a. von bestimmten Eigenschaften (basischer oder saurer Charakter), von der Gegenwart und Stellung bestimmter Radikale (Amino-Hydroxyl-Nitrogruppen) und nicht zuletzt von der möglichst feinen Verteilung (Dispersitätsgrad) in der Flotte abhängt. Die Acetatseide ist zum Unterschied von den andern Kunstseiden viel feinporiger, so daß nur Farbstoffe von möglichst großem Verteilungsgrad tief genug eindringen können, um eine „echte" Färbung zu ermöglichen. Es sei hier auf die Arbeiten von Green und Saunders[2], Stanish und Clavel[3] hingewiesen.

Die Erfahrungen beim Färben von Acetatseide mit den herkömmlichen Farben haben zur Herstellung von Farbstoffen geführt, die speziell für diese Faser geeignet sind. Es sind entweder wasserlösliche oder fein zu emulgierende, unlösliche Verbindungen verschiedenster Zusammensetzung, die zum Teil direkt oder durch Diazotierung auf der Faser befestigt werden. Die Zahl dieser Farbstoffe ist zwar vorläufig im Verhältnis zu den bekannten substantiven Farben noch gering, aber es ist zu erwarten, daß sie

[1] W. A. Dyes: Seide **1928**, 218; Die Kunstseide **1928**, 484. — Götze: Seide **1928**, 226. — Brandenburger: Melliands Textilber. **1929**, 215. Die Kunstseide **1929**, 98. Z. f. d. ges. Textilind. **1929**, 356. — Rabe: Melliands Textilber. **1928**, 235.

[2] J. soc. Dyers a. Colourists **39**, 10 (1923).

[3] Revue génerale d. mat. col. **1923**, 145, 167; **1924**, 94, 158.

sich allmählich ständig vermehrt. Durch das Erscheinen der neuen Acetatseidenfarbstoffe ist man zum größten Teil, wenn auch noch nicht vollständig von den alten Methoden der Acetatseidenfärbung abgekommen. Es seien hier von den äußerst zahlreichen Verfahren zum Färben von Acetatseide nur einige angeführt.

Reinigen. Das Reinigen der Acetatseide beschränkt sich auf die Entfernung der von der Fabrikation herrührenden Verunreinigungen. Man behandelt die Acetatseide $^1/_4$ Stunde in einem 45—50° warmem Bade mit etwa 2—3 g/l Seife und 2 ccm/l Ammoniak.

a) Das Färben durch teilweise Verseifung[1].

Man verseift die Acetatseide an der Oberfläche mit geeigneten Mitteln, meist Alkalien, mit oder ohne Schutzkolloid, so daß diese den Cellulosecharakter wieder erhält und somit durch substantive, Schwefel-, Küpenfarben usw. angefärbt werden kann.

Beispiel. Man behandelt etwa 1 Stunde bei 60° mit etwa 5 ccm/l Natronlauge 40° Bé und 10 g/l Glucose, quetscht ab, seift warm, spült gut und färbt wie bei Kunstseide.

Geeignete Farbstoffe, z. B.
Universalfarben,
Columbiaviolett R,
Erika BN,
Acetopurpurin 8B,
Siriusrot 4B,
Columbiaechtscharlach S 5B,
Schwefel- u. Küpenfarben usw.

b) Färben mit gleichzeitigem Aufquellen der Faser, um dem Farbstoff das Eindringen zu erleichtern (siehe bei Kunstseide).

Das Vorquellen oder die gleichzeitig mit dem Färben verbundene Quellung kann mit den verschiedensten Mitteln erreicht werden. Es wird meist gleichzeitig ein Schutzkolloid angewandt. Hier seien nur 2 Methoden zum Färben von basischen Farben mit solchen Quellungsmitteln angeführt (Celloxan, Acetanol, Setacylsalz [G] u. a). Als Schutzkolloide dienen Eiweißkörper wie Gelatine, Leim oder Sulfitablauge, Protektol, Dekol usw.

1. Mit Celloxan (C. enthält wahrscheinlich Zinknitrat eine heterocyklische Base und ein Schutzkolloid[2]). Die basischen Farben auf Acetatseide sind nicht lichtecht, aber verhältnismäßig gut waschecht. Man färbt etwa $^3/_4$ Stunde bei 70° (Flotte 1:20) unter Zusatz von Celloxan. Man setzt zuerst etwa $^1/_3$ zu und gibt den

[1] Sanderson: J. soc. Dyers a. Colour. **1922**, 16. — Weltzien: Technologie der Kunstseide **1930**, 406ff.
[2] s. Weltzien a. a. O. 428.

Rest Celloxan nach und nach hinein. Die für jeden Farbstoff erforderliche Menge Celloxan ist hinter den Farbstoffen angegeben. Nach dem Färben wird gut gespült, evtl. aviviert (bei 40°) und mäßig getrocknet. Das Lösen der basischen Farben geschieht wie bei Baumwolle angegeben, mit etwas Essigsäure. Die Wasserechtheit kann durch Nachbehandlung mit 3—4% Katanol W in kaltem Bade, bei etwa 20—30 Minuten Dauer erhöht werden. Nachbehandlung zur Erhöhung der Waschechtheit mit Tannin und Brechweinstein siehe bei Baumwolle, S. 24, 6.

Versuche. Ausfärbungen wie bei basischen Farben üblich.

Farbstoffe: *: Farbstoffe geben lichtechtere Färbungen als die anderen.
!: Celloxan auf mehrere Male zusetzen.

	Celloxan		Celloxan
Astraphloxin FF ex.	15 ccm/l	Brillantrhodulinblau R	15 ccm/l
*Rodamin B	15 „	Rhodulinreinblau 3 G,	15 „
! *Diamantfuchsin .	10—15 „	Rhodulinblau 6 G . .	15 „
Safranin T ex . . .	10 „	*Rhodulinblau GO, 3GO	15 „
Chrysoidin G ex . .	15 „	Bismarckbraun FR ex	20 „
Rhodulinorange NO .	15 „	*Brillantrhodulinviolett R	4—5 „
*Auramin O	20 „	! *Krystallviolett Plv. .	10 „
*Rhodulingelb 6 G . .	15 „	! *Methylviolett B, 2 B, 4 B.	4 „
*Chinagrün kryst. . .	15 „	! *Methylviolett 5 B, 6 B	5 „
Methylenblau BB, RR, B	15 „	! *Methylviolett R, 4 R	4 „
*Türkisblau BB, G. .	15 „	! *Rhodulinheliotrop B, 3 B	10 „
! *Rhodulinblau 5 B . .	3 „		

2. Mit Beize für Acetatseide (I.G.). Man beizt, indem man trocken eingeht mit Flotte 1:20, bei etwa 60° mit einer 8%igen Lösung während 20 Minuten. Hellere Töne bei Zimmertemperatur mit einer schwächeren Lösung. Nach dem Beizen wird abgequetscht bzw. geschleudert und ohne zu spülen gefärbt. Das Bad wird mit etwa 2 ccm/l Essigsäure beschickt, und man beginnt bei Zimmertemperatur mit dem Färben. Durch langsames Erwärmen auf etwa 60—70° läßt man ausziehen. Flotte 1:30. Bei Auramin O wird die Beize dem Färbebade zugesetzt (etwa 10 g/l, vorher gelöst) und die Seide ohne vorheriges Beizen gefärbt.

c) Färben mit wasserlöslichen neueren Farbstoffen.

Cellitechtfarben I.G., Azetolfarben, Gebr. Seitz, Frankfurt, Soledonfarben, S.D.C., einzelne Ionamine B.D.C. und andere.

Die Cellit- und Cellitechtfarben sind ziemlich gut wasser- und waschecht. Die Lichtechtheit der Cellitechtfarben ist gut bis sehr gut, während die Cellitfarben wenig lichtecht sind. Die Farben lassen sich gut mischen und können für Stückware verwendet werden. Tierische Fasern werden stark angefärbt, und daher sind diese Farbstoffe für Mischgewebe mit Wolle und Seide nicht gut zu gebrauchen. Auch vegetabile Fasern werden etwas angefärbt.

Vorschrift. Die Farbstoffe werden in heißem Wasser gelöst. Bei hellen Tönen beginnt man bei niederer Temperatur und erwärmt auf etwa 75°. Dem Bade setzt man etwa 40—100% (10—30 g/l) Glaubersalz oder 20—50% (5—15 g/l) Ammoniumchlorid zu. Färbedauer etwa $^1/_2$—1 Stunde. Flotte 1:30. Cellitechtgelb GGN färbt man mit 40—60% (10—20 g/l) Glaubersalz und 3—5% (1—1,7 ccm/l) Essigsäure. Cellitbraun R zieht am besten mit Ammonsalzen (ohne Essigsäure). Die Cellitfarben und Cellitechtfarben können auch mit Glaubersalz und Essigsäure oder Seife (für helle Farben) gefärbt werden.

Versuche. Ausfärbungen zu etwa 3% (1 g/l) (Cellitechtgelb GGN 0,5% [0,17 g/l]) und Herstellung verschiedener Mischungen.

Farbstoffe (Farbkarte 2 C d. I. G.):

Cellitechtgelb GGN, R	Cellitechtviolett ER, 4R
Cellitechtorange G	Cellitechtblau A
Cellitechtrot B, BB	Cellitbraun R
Cellitechtrubin B	

d) Färben mit wasserunlöslichen Farbstoffen.

Celliton-, Cellitonechtfarben (I. G.)	Celanese S.R.A-Farben (B.C.L.)
Cibacetfarben (Ci)	Artisildirektfarben (S)
Setacylfarben (G)	Dispersolfarben (B.D.C.) u. a.

Die Farbstoffe sind zum Teil Pulvermarken und müssen dann zu feiner Verteilung gebracht werden (anteigen), (z. B. Celliton- und Cellitonechtfarben in Pulver) oder werden als Paste vertrieben. Die Farbstoffe werden nach einer neueren Anschauung von der Acetatseide aus der Flotte herausgelöst (ausgeäthert). Als Verteilungsstoffe dienen die bekannten Präparate wie Seife, Sulforhizinate, Gummi, Tragant, Stärke, Leim, Protektol u. dgl.

Die Farbstoffe sind gut wasser-, wasch- und avivierecht. Die Cellitonfarben sind gut, die Cellitonechtfarben sind zum Teil außerordentlich gut lichtecht. Auch die Überfärbeechtheit ist gut und eignet die Farben zum Färben von Mischgeweben mit Wolle (als Effektfäden). Baumwolle und Viscose bleibt ungefärbt, tierische Fasern werden schwach angefärbt, können aber gereinigt werden. Das Abtönen erfordert eine gewisse Geschicklichkeit, da die Farben dieser Gruppe sehr ergiebig sind und gut ziehen. Die Farbstoffe sind teils Azokörper, teils Abkömmlinge von Anthrachinon. Sie lassen sich zu Mischtönen verwenden mit Ausnahme von Cellitonechtgelb R.

Färben mit Celliton- und Cellitonechtfarben. Flotte 1:20—1:40. Die Teigmarken werden mit Wasser verdünnt, die Pulverfarben bei den in der Liste angegebenen Temperaturen mit Wasser gut angeteigt und der Teig am besten durch ein Sieb oder Lappen in das Färbebad gerührt. Klumpenbildungen sind erneut mit Wasser anzurühren. Das Färbebad wird mit etwa 2—3 g/l Seife oder anderen ähnlichen Emulgierungsmitteln (Monopolseife, Türkischrotöl, Prästabitöl usw.) angeteigt und je nach der Kompliziertheit des Farbtones handwarm oder bis etwa 60° heiß gemacht. Man erhitzt während des Färbens dann auf etwa 75° und färbt etwa $^3/_4$—1 Stunde bei dieser Temperatur. Nachher wird gut gespült und fertiggestellt.

Versuche. Man färbe bunte Farben mit etwa 2—7% (0,7 bis 2 g/l) Pulver, schwarz mit etwa 9—11% (3—4 g/l) Pulver. Herstellung verschiedener Mischungen.

Farbstoffe (Farbkarte 2 C der I. G.):

Rot:
Cellitonrot R Pulv. 40—50°
Cellitonscharlach B Pulv. 40—50°
Cellitonrosa R Pulv. 40—50°
Cellitonechtrosa B Pulv. lauwarm
Cellitonechtrosa F 3B Pulv.lauwarm
Cellitonechtrubin B Pulv. lauwarm

Orange:
Cellitonorange R Pulv. lauwarm
Cellitonorange GR Pulv. lauwarm

Gelb:
Cellitongelb 3G Pulv. lauwarm
Cellitongelb 5G Pulv. lauwarm
Cellitonechtgelb G Pulv. 40—50°
Cellitonechtgelb R Pulv. lauwarm
Cellitonechtgelb RR Pulv. 40—50°

Grün:
Cellitonechtblaugrün B Pulv. lauw.

Blau:
Cellitonblau ex Pulv. lauwarm
Cellitonechtblau B Pulv. lauwarm
Cellitonechtblau BB Teig lauwarm
Cellitonechtmarineblau B Pulv. 40—50°
Cellitonechtmarineblau GT Pulv. lauwarm

Violett:
Cellitonechtviolett B Pulv. lauwarm
Cellitonechtrotviolett R Pulv. lauwarm

Schwarz:
Cellitonechtschwarz B Pulv. 40—50°
Cellitonechtschwarz G Pulv. lauw.

Die in den Musterkarten angegebenen Teigmarken sind etwa halb so stark wie die Pulverfarben.

e) Färben mit Diazotierung und Entwicklung.

Cellitazole (I. G)
Ionamine (B. D. C.)
Cibacetdiazofarben (J.)
Artisilfarben (S.)

Beispiel. Cellitazole (Farbkarte 2 C der I. G.). Die Cellitazole geben licht-, wasser-, wasch- und überfärbeechte Töne. Die Herstellung von Modetönen ist wegen der geringen Zahl der Töne schwer. Sie reservieren Baumwolle, auch Viscose. Seide und Wolle werden angefärbt, können aber mit Seife und Hydrosulfit oder dgl. gereinigt werden. Cellitazol AZ erhält 2—3 g/l Seife in das Färbebad (Temperatur 70°).

Arbeitsgang. Zusätze. Cellitazol ST, R, RB werden ohne Zusatz gefärbt. Cellitazol ORB mit 60—100% (20—30 g/l) Glaubersalz und 5% (1,75 ccm/l) Essigsäure. Cellitazol B, SR, falls nach dem Säurelöseverfahren 2a gearbeitet wurde, mit 5—15% (1,7 bis 5 g/l) Natriumacetat (nach etwa 15 Minuten nachsetzen).

Bei Anwendung von Tetrapol zum Lösen muß weiches Wasser zum Färben genommen werden. Bei hartem Wasser nimmt man mehr Seife und gibt vor dem Farbstoff etwa 0,3—0,5 g/l Intrasol (Stockhausen) in das Bad. Für hellere Töne wirkt ein Zusatz von Seife und evtl. Tetrapol auch sonst günstig.

Färben. Flotte 1:30, Schwarz 1:20 (Lösen der Farbstoffe siehe unten). Man färbt bei etwa 40° am Anfang und erwärmt langsam während des Färbens auf 60—70°. Nach etwa $^3/_4$ Stunde wird kalt gespült und kalt diazotiert.

Diazotieren. Flotte 1:30. Man behandelt mindestens $^1/_2$ Stunde kalt mit etwa 2 g/l Nitrit und 5 ccm/l Salzsäure. Bei Schwarzfärbungen mit Cellitazol SR gibt man noch die Hälfte mehr hinzu. Nach dem Diazotieren wird gründlich kalt gespült und mit einem der angegebenen Entwickler entwickelt.

Entwickeln. Flotte 1:30. Die Temperatur des Entwicklungsbades ist kalt oder lauwarm, mit Ausnahme von Entwickler ON. Entwickler ON wird bei 60—65° angewandt. Das Lösen der Entwickler geschieht nach den unten angegebenen Vorschriften. Bei Schwarz aus Cellitazol ST kann bei etwa 30—40° entwickelt werden. Das Entwicklungsbad von ON muß vor dem Aufstellen der Seide schwach sauer gemacht werden (Essigsäure). Dauer der Entwicklung mindestens $^3/_4$ Stunden. Zu kurze Entwicklungsdauer ist schädlich.

Nachbehandlung. Nach dem Entwickeln wird gespült, gut warm geseift (2—3 g/l Seife) und gespült.

Lösen der Cellitazole.

Cellitazol **ORB** und **ST** lösen sich in heißem Wasser gut. Ein Rückstand bei ST wird durch Zugabe von etwas Essigsäure und heißem Wasser nachgelöst.

Cellitazol **SR** und **B** werden mit Salzsäure oder Tetrapol, Seife und Soda gelöst. Ein Teil Cellitazol SR oder B braucht:

a	oder	b
2 Teile Salzsäure,		3—4 Teile Tetrapol,
30—50 Teile kochendes Wasser		4,5 „ Seife,
		0,5 „ Soda,
		100 „ kalkfreies Wasser.

Das Ganze einige Minuten aufkochen.

Es ist achtzugeben, daß von SR auch alles gelöst ist.

Cellitazol **R** und **RB** lösen sich wie folgt:

1 g Cellitazol R oder RB lösen sich

a	oder	b
in der zehnfachen Menge kalter Ameisensäure. Nach Zusatz von kochendem Wasser wird der sich in feiner Form abscheidende Farbstoff mit 4 ccm Salzsäure für R und 8 ccm Salzsäure für RB vollständig gelöst.		nach dem oben beschriebenen Verfahren mit Tetrapol.

Cellitazol **AZ**. Teig wird nach Anteigen mit Wasser von gewöhnlicher Temperatur in das Färbebad gegossen.

Sämtliche Lösungen werden dem Bade nur durch ein feines Sieb oder Lappen zugesetzt.

Lösen der Entwickler.

Entwickler **A, J** und **F** werden mit heißem Wasser gelöst. **ß-Naphthol** wird mit Lauge gelöst (siehe bei Baumwolle).

Entwickler **BS** wird in heißem Wasser mit etwas Salzsäure gelöst.

Entwickler **ON** wird wie ß-Naphthol oder mit der doppelten Menge Natriumacetat und heißem Wasser gelöst.

Beispiele für Färbungen (Farbkarte 2 D der I. G.):

1% (0,3 g/l)	Cellitazol	R	mit	1,5% (0,5 g/l)	Entw. J	gelb	s n
1% (0,3 g/l)	„		„	1,5% (0,5 g/l)	„ F	rot	
1% (0,3 g/l)	„		„	1,5 (0,5 g/l)	β-Naphthol	rot	
1% (0,3 g/l)	„		„	1,5% (0,5 g/l)	Entw. BS	rot	s n
0,7% (0,25 g/l)	„		„	3% (1 g/l)	„ ON	rot	
1% (0,3 g/l)	„	RB	„	1,5% (0,5 g/l)	„ J	gelb	s n
1% (0,3 g/l)	„		„	1,5% (0,5 g/l)	„ F	rot	
1% (0,3 g/l)	„		„	1,5% (0,5 g/l)	„ BS	rot	
0,7% (0,25 g/l)	„		„	3% (1 g/l)	„ ON	bordo	
1% (3 g/l)	„		„	1,5% (0,5 g/l)	β-Naphthol	rot	
1% (3 g/l)	„	ORB	„	1,5% (0,5 g/l)	Entw. J	gelb	s
1% (3 g/l)	„		„	1,5 %(0,5 g/l)	„ F	rot	
1% (3 g/l)	„		„	1,5% (0,5 g/l)	„ BS	violett	s
1% (3 g/l)	„		„	3% (1 g/l)	„ ON	violett	s
1% (3 g/l)	„		„	1,5% (0,5 g/l)	β-Naphthol	rot	
1% (3 g/l)	„	SR	„	1,5% (0,5 g/l)	Entw. J	braun	s n
1% (3 g/l)	„		„	1,5% (0,5 g/l)	„ F	bordo	
3% (1,5 g/l)	„		„	4% (2 g/l)	„ ON	schwarz	s
0,25% (0,09) g/l	„	B	„	1,5% (0,5 g/l)	„ ON	blau	s n
0,5% (0,17 g/l)	„		„	2,5% (0,9 g/l)	„ ON	blau	s n
2% (1 g/l)	„		„	4% (2 g/l)	„ ON	schwarz	s n

4% (2 g/l)	Cellitazol	ST[1]	mit 4% (2 g/l)	Entw.	ON schwarz	s n
4% (2 g/l)	„	AZ	„ 4% (2 g/l)	„	ON schwarz	s n

s bedeutet: Färbung gut überfärbeecht in saurem Bade, n bedeutet: Färbung gut überfärbeecht in neutralem Bade.

Avivage der gefärbten Kunstseide.

Das Bestreben bei Veredlung von Kunstseidenerzeugnissen geht dahin, ihnen möglichst den Glanz, das Aussehen und den Griff der Naturseide zu verleihen. Die Erreichung dieses Zieles ist an die Gegenwart gewisser Säuren gebunden. Man läßt z. B. eine organische Säure auf die mit Seifenlösung getränkte Faser wirken und gibt je nach Art des gewünschten Effektes (Weichheit und Glätte des Fadens usw.) noch andere geeignete Mittel zu.

Beispiele. Als organische Säure hat sich die Milchsäure[2] gut eingeführt und am besten bewährt. Sie verdankt die weiteste Verbreitung ihren hervorragenden Eigenschaften, die den Seidengriff beständiger machen als Essig- oder Ameisensäure und die Kunstseide — vor allem die Viscose — nicht schwächen.

1. Man geht nach dem Färben und Spülen auf ein kaltes bis lauwarmes Bad mit etwa 10—20% Marsseife, je nach Härte des Wassers, zieht etwa 10—20 Minuten um, nimmt heraus, läßt ablaufen oder schleudert und geht in ein zweites kaltes bis lauwarmes Bad mit etwa 10—12% Milchsäure (50%) je nach Art des Griffes.

Der Griff wird krachender, wenn dem Säurebade je nach Bedarf etwa 1—2 g/l Leim, oder 1—2 g/l Stärke, oder 3—5 g/l Dextrin, oder andere Appreturmittel, wie Gelatine, zugesetzt wird. Soll der Griff etwas weicher, geschmeidiger werden, so setzt man dem Säurebade eine aus etwa 2% Oliven- oder Erdnußöl hergestellte Emulsion zu.

Nach dem Säurebade wird ohne zu spülen geschleudert und getrocknet.

Die Herstellung einer Öl-Soda-Emulsion z. B. geschieht, wie jedem Fachmann bekannt, durch Aufkochen von 3 Teilen Öl und 1—$1^1/_2$ Teilen Soda calc. mit 5—10 Teilen Wasser.

Neuere Untersuchungen haben ergeben, daß das Öl durch Aufkochen mit Soda auf die Dauer beim Stehenlassen nicht genügend fein verteilt bleibt, ein Zustand, der zur möglichst maximalen

---

[1] Cellitazol ST wird auch in Teigform angewandt. Man färbt dann den mit Wasser angeteigten Farbstoff wie die Cellitone mit Seife. Nach dem Färben wird gründlich gespült, wie oben beschrieben diazotiert und entwickelt. 4 Teile Pulver entsprechen 6 Teilen Cellitazol ST Teig.

[2] Siehe die Broschüre: Milchsäure in der Textilveredlung, Merck, Darmstadt.

Aufnahme des Öles anzustreben ist. Man emulgiert daher neuerdings das Öl mit kürzlich in den Handel gekommenen Stoffen, sogenannten Emulgatoren, wie Nekal AEM, Prästabitöl FE (Stockhausen).

Bei Verwendung dieser Mittel erhält man sehr haltbare Emulsionen, die man ohne Gefahr des Aufrahmens verdünnen kann und mit denen man unter gleichzeitiger Verwendung von Milchsäure einen weichen, seidenartigen Griff erzielt.

Auch unter Verwendung von wasserlöslichen Ölen im Verein mit Milchsäure und Malzpräparaten erhält man auf Kunstseide einen ganz weichen charakteristischen Griff.

Anschließend einige Beispiele für Erzeugung von Griffen verschiedenen Charakters, die sich gut in der Praxis bewährt haben.

1. Beispiel für krachenden Griff. 10—15% Milchsäure (50%), 4—6% Malzextrakt, 3—4% Stärke (gut aufgeschlossen), etwa 100% Bastseife. Man geht bei 30° ein, hantiert 15—20 Minuten, schleudert und trocknet.

2. Beispiel für weniger starken Griff. 5—6% Milchsäure (50%), 4% Malzpräparat, 1% Öl in Form von Emulsion. Behandlung, Dauer und Temperatur wie bei 1.

3. Beispiel für weichen Griff. 3% Milchsäure (50%), 2 bis 4% wasserlösliches Öl. (Monopolseife, Monopolbrillantöl usw.)

Gebrauchte Avivagebäder können, falls es der Farbton der Partie zuläßt, durch Zusatz etwa der Hälfte der zuerst angewandten Säuremengen und der erforderlichen Menge der anderen Mittel wieder aufgefrischt werden.

Diese Milchsäureavivagebäder sind recht lange haltbar, ein Vorteil vor Weinsäurelösungen, die nach einiger Zeit zu Schimmelbildung neigen.

4. Beispiele für Griffigmachen mit Ramasit I siehe in den betr. Rundschreiben der I. G.

Einfluß der Nachbehandlung auf den Farbton.

Die Nachbehandlung der gefärbten Baumwolle oder Kunstseide mit Säuren verursacht oft einen Umschlag des Farbtons, so daß die Partie nicht mustergetreu bleibt. Der Umschlag durch Milchsäure ist wegen ihrer milden Säurenatur nicht beträchtlich, und durch geschickte Auswahl gut „avivierechter“ (säureechter) Farbstoffe kann der Färber diesem Übelstand in den meisten Fällen abhelfen.

Netz-, Egalisierungs-, Schutzmittel u. dgl.

Zur Erleichterung des Egalisierens und Netzens, zum Schutz der Faser bei Verwendung schädlicher, aber notwendiger Zusätze ist eine große Anzahl Präparate im Handel, deren eingehende Würdigung im Rahmen dieses Werkchens unmöglich ist. Teils sind es nur Netzmittel, meistens aber gleichzeitig Egalisierungsmittel, und einige verbinden damit außerdem eine schützende Umhüllung der Faser.

An diese Präparate werden eine große Reihe von Anforderungen gestellt, die den Bedingungen der verschiedenen Stadien der Textilveredlung angepaßt sind.

Als Netzmittel müssen sie geeignet sein, durch Veränderung der Oberflächenspannung möglichst rasch die Faser und evtl. Farbstoffpulver u.dgl. bei möglichst niederer Temperatur zu durchdringen bzw. zu tränken und somit das Eindringen von Farbstofflösungen u. dgl. zu vermitteln. Als Egalisierungsverbesserer verlangt man die Fähigkeit, die Teilchengröße von Farbstoffen zu regulieren und ihre Verteilung und Aufnahme in die Faser möglichst gleichmäßig zu bewirken.

Außerdem wird verlangt: Beständigkeit gegen Kalk- und Magnesiumsalze, Unempfindlichkeit gegen saure und alkalische Behandlung, wenigstens in den üblichen Konzentrationen (saures Färben, alkalische Flotte bei verschiedenen Behandlungen), Durchdringungsvermögen auch dichter Stoffe wie Hutfilze, fest gedrehte Zwirne u. dgl. Bei einigen wichtigen Verfahren verlangt man gleichzeitig Schutzwirkung auf die Faser (Färben von tierischen Fasern mit Alkali, langes Kochen von Wolle in Chromierungsbädern u. dgl.).

Die äußerst zahlreichen Präparate lassen sich auf einige, wenige Ausgangsstoffe zurückführen.

1. Seife und Soda sind als Netz- und Egalisiermittel in den meisten Fällen gut geeignet, vorausgesetzt, daß weiches Wasser vorhanden ist.

2. Sulfurierte Öle verschiedenster Herkunft (Ricinusöle usw.) mit mehr oder weniger hohem Sulfurierungsgrad, z. B.:

Prästabitöle (V, G) sind außerordentlich hoch sulfuriert. Die Marke V übt gleichzeitig beim Färben von Wolle eine Schutzwirkung aus, da sie wie die Sulfosäure eines Farbstoffes von der Faser adsorbiert wird und diese gewissermaßen schützend umhüllt, (Stockhausen).

Monopolseife, Stockhausen,
Monopolbrillantöl, Stockhausen,
Avirole, Böhme, Chemnitz
Colorane, Milch, Oranienburg,
Textilol, Böhme, Dresden,
Türkischrotöle und viele andere.

3. Sulfurierte Öle, Seifen mit Zusatz von fettlösenden organischen Körpern wie Tetrachlorkohlenstoff, Trichloräthylen, Tetralin, Hexalin, Methylhexalin (die letzten drei sind durch Wasserstoff bereicherte Kohlenwasserstoffe). Sie finden Verwendung zum Färben fetthaltiger Ware, als Waschmittelzusatz u. dgl. Solche sind z. B.:

Tetrapol, Stockhausen,
Verapol, Stockhausen,
Cycloran, Milch,
Hexoran, Milch,
Lanadin, Böhme, Chemnitz,
Brillantavirol, Böhme, Chemnitz,
Perpentol, Milch,
Flerhenol, Flesch,
Avivan, Bernheimer,
Geneucol, Böhme, Dresden,
Solventol, Böhme, Dresden,
Diffusil, Böhme, Dresden,
Effektol, Böhme, Dresden
und viele andere.

Die Präparate wirken teils lösend, teils gut emulgierend auf alle Arten Stoffe wie Farbstoffe, Fette, Öle, Schmutz, so daß sie bei Farbstoffen eine gleichmäßige Verteilung und somit Egalisierung bewirken, und daß Fettstoffe, die leicht auf der Ware als Flecken zurückbleiben, in eine Form gebracht werden, in der sie leicht auswaschbar werden.

4. Abkömmlinge von bestimmten organischen Basen (Pyridin), z. B.: Tetracarnit, Böhme, Chemnitz, Novocarnite, Böhme, Chemnitz, Eucarnite, Böhme, Chemnitz, und andere, die evtl. Mischungen verschiedenster Art darstellen.

5. Präparierte Sulfitcelluloseablaugen, die egalisierend und gleichzeitig schützend wirken, wie Protektol, Dekol.

6. Eiweißkörper oder Eiweißabbauprodukte, z. B. Leim, Metasal und andere, die gleichzeitig als schützender Zusatz zu Wasch- oder Färbeflotten dienen.

7. Zuckerartige Verbindungen, auch als Schutzmittel gebraucht, z. B. Glucose.

8. Naphthalinsulfosäuren oder Derivate davon, die sehr gut netzend wirken und möglicherweise auch als Zusatzmittel zu andern Präparaten dienen: Nekal u. dgl.

9. Als spezielle Emulgierungsmittel zur Herstellung haltbarer Ölemulsionen dient z. B. Nekal AEM, Prästabitöl FE und andere. Die Ölemulsionen dienen bekanntlich vielfach zum Avivieren von Färbungen und Fasern.

10. Eine Sonderstellung nimmt das Intrasol (Stockhausen) ein. Es besitzt die Eigenschaft, fettsaure Kalk- oder Magnesiumsalze (Kalkseife u. dgl.) in kolloider Form zu halten und eine Ausscheidung zu verhindern. Ähnlich wirken Hydrosan (Bernheim, Augsburg) und Dekol (I. G.).

Vergleichende Prüfungen für einige wichtige Echtheiten[1].

Bei den unten beschriebenen Prüfungen ist zu beachten:

1. Man vergleiche Färbungen mit möglichst gleicher Farbtiefe und anfangs auch nur Färbungen von möglichst gleichem Farbton, also grün mit grün, rot mit rot usw.

2. Beim Prüfen z. B. zweier Farbstoffe nebeneinander sind alle Bedingungen in beiden Fällen ganz genau gleich zu halten, da sonst eine Gegenüberstellung zwecklos wäre. Also: gleiche Konzentration und Länge der Flotten, gleiche Dauer der Einwirkung, gleiche Temperatur, gleiche Bearbeitung mit der Hand usw.

3. Bei Prüfungen in kochendem Bade benutze man ein Kölbchen[2] mit Rückflußkühler, damit das Flottenverhältnis konstant bleibe.

4. Die zu prüfenden Färbungen — möglichst Garne — sind da, wo Ausbluten stattfinden kann (Behandlung in wäßrigen Medien) möglichst mit etwa der gleichen bis höchstens doppelten Menge ungefärbter Fasern fest zu verflechten und die beiden Enden mit Fäden festzubinden, um die Stärke der Übertragung (Blutung) von Farbstoff feststellen zu können. Dieser Notbehelf läßt einen Rückschluß zu über das Verhalten einer gefärbten Garnpartie, die mit ungefärbtem oder anders gefärbtem Garn zu einem Stück verwebt, etwa der gleichen Behandlung ausgesetzt werden würde, wie z. B. Wäsche, Regen, Bleiche usw. Man verflechte jede Faser mit einem besonderen Muster derselben Färbung.

5. Für die Versuche ist stets destilliertes Wasser zu gebrauchen.

6. Von jeder Färbung behalte man ein genügend großes Muster zurück, um nach erfolgter Prüfung die Veränderungen festhalten zu können.

7. Die Zöpfe sind nach erfolgter Prüfung zu trocknen und erst dann zu lösen, um das Bluten besser zu sehen und um die geprüfte Färbung mit dem Originalmuster besser vergleichen zu können.

Man arbeite etwa nach folgenden Anleitungen:

Lichtechtheit (für Färbungen auf allen Fasern). Man befestige die zu vergleichenden Färbungen mit Bindfaden oder dgl. (nicht

[1] Für genauere Prüfungen wird das in der Einleitung bereits angeführte Buch der Echtheitskommission des Vereins Deutscher Chemiker empfohlen: Verfahren, Normen und Typen für die Prüfung der Echtheitseigenschaften von Färbungen auf Baumwolle, Wolle, Seide, Viscosekunstseide und Acetatseide. Berlin: Verlag Chemie, 1928. (S. auch Heermann: Technologie der Textilveredlung 1926, S. 359.)

[2] Das Kölbchen muß so groß gewählt werden, daß es etwa bis zur Hälfte mit der Flotte gefüllt ist.

mit Gummi arabicum!) auf einer Unterlage nebeneinander und bedecke die eine Hälfte so, daß sie vom Lichte nicht getroffen wird, z. B. mit Pappe. Man setze jetzt etwa 3—4 Wochen unter Glas oder im Freien dem Licht bzw. Wetter aus und überzeuge sich etwa alle 8 Tage von der Wirkung, ohne die Lage der Färbungen zu verschieben. Zum Schluß vergleiche man die vom Licht getroffenen Teile unter Heranziehung der bedeckten Hälften in bezug auf den Grad des Ausbleichens und die Änderung der Farbtöne.

Waschechtheit (für Färbungen auf allen Fasern). 1. Baumwolle. Flotte 1:40—60. Man verflechte mit ungefärbter Baumwolle und behandle a) einmal bei mittlerer Temperatur (40—50°) und b) einmal kochend im Rückflußkolben (für a und b je eine Probe nehmen) in einer Lösung von etwa 3—5 g/l Mars. Seife und 1—3 g/l Soda. Nach etwa 15—30 Minuten wird jede Färbung gleich oft abwechselnd eingetaucht und ausgedrückt wie etwa bei der Wäsche (nicht reiben). Die Muster aus dem Rückflußkühler schüttet man in eine Schale und läßt etwas erkalten. Zum Schluß wird getrocknet und verglichen.

2. Wolle. Flotte 1:40. Man macht Zöpfe mit Wolle und Baumwolle und wächt zusammen wie bei Baumwolle angegeben. Die Seife kann etwas fetter gemacht werden (5—10 g/l) und die Soda wird evtl. fortgelassen. Kochen ist zu vermeiden. Man prüfe das Ausbluten auf Wolle und Baumwolle und die Farbtonänderung.

3. Seide. Flotte 1:40—60. Man mache einen Zopf mit Seide und behandle wie bei Baumwolle bei mittlerer Temperatur oder koche längere Zeit am Rückfluß (1—2 Stunden) ohne Sodazusatz.

4. Kunstseide. Flotte 1:40—60. Man verflechte mit verschiedenen Fasern und behandle wie bei Baumwolle bei mittlerer Temperatur. Bei Schwierigkeiten im Vergleich des Ausblutens nehme man etwas weniger Seife (etwa die Hälfte) und lasse die Soda fort.

Wasserechtheit (für alle Fasern). Flotte 1:40—60. Man verflechte mit verschiedenen Fasern und lege die Zöpfe 12—24 Stunden in destilliertes Wasser von Zimmertemperatur. Darauf drücke man aus, trockne und vergleiche das Ausbluten und das Anfärben des Wassers. Bei zu starkem Bluten reduziere man, um besser vergleichen zu können, die Zeit der Einwirkung.

Reibechtheit. Man reibe die getrockneten Färbungen (alle Muster gleich oft) auf demselben ungefärbten Lappen Baumwolle nebeneinander oder reibe umgekehrt den Lappen fest mehrmals über das gefärbte Muster hin und vergleiche die abgeriebenen Mengen Farbstoff.

Säureechtheit (für alle Fasern). Man benetze die Färbungen mit verschiedenen Säuren, z.B. verdünnte Schwefelsäure (etwa 1:10), Essigsäure (30%ig), Ameisensäure (1:10) und vergleiche die Farbenumschläge mit Mustern, die nur mit Wasser angefeuchtet sind.

Avivierechtheit. Man behandle die gefärbten Muster ähnlich wie beim Avivieren der Seide oder Kunstseide und vergleiche die Farbenumschläge mit unbehandelten Proben.

Säurekochechtheit (Überfärbeechtheit). (Für Baumwolle, Kunstseide.) Man mache Zöpfe aus Baumwolle bzw. Kunstseide mit Wolle und Baumwolle und koche die Proben so, als ob man eine Wollfärbung nach S. 127 ohne Farbstoff ausführen wollte. Man prüfe das Verhalten der Färbungen in bezug auf das Anfärben der mitverflochtenen Faser und die Änderung des ursprünglichen Farbtones.

Chlorechtheit (für Baumwolle und Kunstseide). Die feuchten abgewundenen Muster werden mit Baumwolle und Kunstseide verflochten und in Bleichlauge mit etwa $^1/_2$—1 g/l aktivem Chlor gelegt. Nach etwa 1—3 Stunden drückt man die Proben aus und behandelt sie wie beim Bleichen der Baumwolle (S. 17) angegeben, um das Chlor gründlich zu entfernen. Nach dem Trocknen sind die Muster und die mitverflochtenen Fasern auf Bluten und Ausbleichen zu prüfen.

Walkechtheit. Man unterscheidet verschiedene Arten von Walken, z. B. die Seifenwalke (neutral und alkalisch) und die Säurewalke. Der Zweck ist das mehr oder weniger starke Verfilzen von Wolle in Geweben. Dadurch schrumpft der Faden etwas ein und das Gewebe wird dichter. Die Wollfärbungen und auch die der mit Wolle verwebten andern Fasern müssen der Walke möglichst gut wiederstehen.

Beispiel einer Prüfung gegen das Walken mit Seife mit und ohne Zusatz von Soda: Man stelle sich eine fette Seife mit etwa 20 bis 50 g/l Seife her und setze für alkalische Walke etwa bis 3 g/l Soda hinzu. Man verflechte jetzt z. B. gefärbte Wollmuster mit ungefärbter Wolle und Baumwolle und walke die Zöpfe in der Seifenlösung bei mittlerer Temperatur (etwa 30—40°) von Zeit zu Zeit tüchtig mit der Hand durch. Die übrige Zeit läßt man sie in der Seife liegen. Nach etwa 1—2 Stunden wird gut gespült und getrocknet. Bei zu starkem Bluten macht man die Lösung entsprechend schwächer, z. B. bei Seide und Kunstseide.

Anhang.

Vergleich zwischen Graden Baumé und spezifischem Gewicht.

A. Für Flüssigkeiten, die schwerer als Wasser sind.

Grade Baumé	Spez. Gewicht 12,5° C	Grade Baumé	Spez. Gewicht 12,5° C	Grade Baumé	Spez. Gewicht 12,5° C
0	1,0000	24	1,1994	49	1,5141
0,7	1,0050	25	1,2095	50	1,5301
1	1,0069	26	1,2198	51	1,5466
2	1,0140	27	1,2301	52	1,5633
3	1,0212	28	1,2407	53	1,5804
4	1,0285	29	1,2515	54	1,5978
5	1,0358	30	1,2624	55	1,6158
6	1,0434	31	1,2736	56	1,6342
7	1,0509	32	1,2849	57	1,6529
8	1,0587	33	1,2965	58	1,6720
9	1,0665	34	1,3082	59	1,6916
10	1,0745	35	1,3202	60	1,7116
11	1,0825	36	1,3324	61	1,7322
12	1,0907	37	1,3447	62	1,7532
13	1,0990	38	1,3574	63	1,7748
14	1,1074	39	1,3703	64	1,7960
15	1,1160	40	1,3834	65	1,8195
16	1,1247	41	1,3968	66	1,8428
17	1,1335	42	1,4105	67	1,8590
18	1,1425	43	1,4244	68	1,8640
19	1,1516	44	1,4386	69	1,8850
20	1,1608	45	1,4531	70	1,9090
21	1,1702	46	1,4678	71	1,9350
22	1,1798	47	1,4828	72	
23	1,1896	48	1,4984		

B. Für Flüssigkeiten, die leichter als Wasser sind.

Grade Baumé	Spez. Gewicht 12,5° C	Grade Baumé	Spez. Gewicht 12,5° C	Grade Baumé	Spez. Gewicht 12,5° C
10	1,0000	16	0,9605	22	0,9241
11	0,9932	17	0,9542	23	0,9183
12	0,9865	18	0,9480	24	0,9125
13	0,9799	19	0,9420	25	0,9068
14	0,9733	20	0,9359	26	0,9012
15	0,9669	21	0,9300	27	0,8957

Grade Baumé	Spez. Gewicht 12,5° C	Grade Baumé	Spez. Gewicht 12,5° C	Grade Baumé	Spez. Gewicht 12,5° C
28	0,8902	40	0,8295	52	0,7766
29	0,8848	41	0,8249	53	0,7725
30	0,8795	42	0,8202	54	0,7684
31	0,8742	43	0,8156	55	0,7644
32	0,8690	44	0,8111	56	0,7604
33	0,8639	45	0,8066	57	0,7565
34	0,8588	46	0,8022	58	0,7526
35	0,8538	47	0,7978	59	0,7487
36	0,8488	48	0,7935	60	0,7449
37	0,8439	49	0,7892	61	0,7411
38	0,8391	50	0,7849		
39	0,8343	51	0,7807		

Spezifisches Gewicht der Ameisensäure bei 20° C (nach Richardson und Allaire).

Gew. Proz. Ameisensäure	Vol. Proz. Ameisensäure	Spez. Gewicht	Gew. Proz. Ameisensäure	Vol. Proz. Ameisensäure	Spez. Gewicht	Gew. Proz. Ameisensäure	Vol. Proz. Ameisensäure	Spez. Gewicht
5	4,14	1,0116	40	35,90	1,0964	75	72,27	1,1770
10	8,40	1,0247	45	40,82	1,1086	80	77,67	1,1861
15	12,80	1,0371	50	45,88	1,1208	85	83,19	1,1954
20	17,17	1,0489	55	51,01	1,1321	90	88,74	1,2045
25	21,23	1,0610	60	56,13	1,1425	95	94,48	1,2141
30	26,37	1,0730	65	61,44	1,1544	100	100	1,2213
35	31,10	1,0848	70	66,80	1,1656			

Spezifisches Gewicht von Ammoniakflüssigkeit (Salmiakgeist) bei 15° C (nach Lunge und Wiernik).

Spez. Gewicht	Prozent NH_3	1 Liter enthält Gramm NH_3	Spez. Gewicht	Prozent NH_3	1 Liter enthält Gramm NH_3
1,000	0,00	0,0	0,940	15,63	146,9
0,995	1,15	11,4	0,935	17,12	160,1
0,990	2,31	22,9	0,930	18,64	173,4
0,985	3,55	34,9	0,925	20,18	186,7
0,980	4,80	47,0	0,920	21,75	200,1
0,975	6,05	59,0	0,915	23,36	213,6
0,970	7,31	70,9	0,910	24,99	227,4
0,965	8,59	82,8	0,905	26,65	241,1
0,960	9,91	95,1	0,900	28,33	255,0
0,955	11,34	108,1	0,895	30,03	268,7
0,950	12,74	121,0	0,890	31,75	282,6
0,945	14,22	133,9	0,885	33,68	298,0

Prozentgehalt der Essigsäure bei 15° C (nach Oudemans).

Proz. Essigsäure	Spez. Gewicht	Proz. Essigsäure	Spez. Gewicht	Proz. Essigsäure	Spez. Gewicht	Proz. Essigsäure	Spez. Gewicht	Proz. Essigsäure	Spez. Gewicht
0	0,9992	21	1,0298	42	1,0543	63	1,0702	84	1,0742
1	1,0007	22	1,0311	43	1,0552	64	1,0707	85	1,0739
2	1,0022	23	1,0324	44	1,0562	65	1,0712	86	1,0736
3	1,0052	24	1,0337	45	1,0571	66	1,0717	87	1,0731
4	1,0052	25	1,0350	46	1,0580	67	1,0721	88	1,0726
5	1,0067	26	1,0363	47	1,0589	68	1,0725	89	1,0720
6	1,0083	27	1,0375	48	1,0598	69	1,0729	90	1,0713
7	1,0098	28	1,0388	49	1,0607	70	1,0733	91	1,0705
8	1,0113	29	1,0400	50	1,0615	71	1,0737	92	1,0696
9	1,0127	30	1,0412	51	1,0623	72	1,0740	93	1,0686
10	1,0142	31	1,0424	52	1,0631	73	1,0742	94	1 0674
11	1,0157	32	1,0436	53	1,0638	74	1,0744	95	1 0660
12	1,0171	33	1,0447	54	1,0646	75	1,0746	96	1,0644
13	1,0185	34	1,0459	55	1,0653	76	1,0747	97	1,0625
14	1,0200	35	1,0470	56	1,0660	77	1,0748	98	1,0604
15	1,0214	36	1,0481	57	1,0666	78	1,0748	99	1,0580
16	1,0228	37	1,0492	58	1,0673	79	1,0748	100	1,0553
17	1,0242	38	1,0502	59	1,0679	80	1,0748		
18	1,0256	39	1,0513	60	1,0685	81	1,0747		
19	1,0270	40	1,0523	61	1,0691	82	1,0746		
20	1,0284	41	1,0533	62	1,0697	83	1,0744		

Spezifisches Gewicht der Natronlauge bei 15° C (nach Lunge)

Grade Bé	Prozent Ätznatron	Gramm Ätznatron in 1 Liter	Grade Bé	Prozent Ätznatron	Gramm Ätznatron in 1 Liter
1	0,61	6	26	19,58	239
2	1,20	12	27	20,59	253
3	2,00	21	28	21,42	266
4	2,71	28	29	22,64	283
5	3,35	35	30	23,67	299
6	4,00	42	31	24,81	316
7	4,64	49	32	25,80	332
8	5,29	56	33	26,83	348
9	5,87	63	34	27,80	364
10	6,55	70	35	28,83	381
11	7,31	79	36	29,93	399
12	8,00	87	37	31,22	420
13	8,68	95	38	32,47	441
14	9,42	104	39	33,69	462
15	10,06	112	40	34,96	483
16	10,97	123	41	36,25	506
17	11,84	134	42	37,47	528
18	12,64	144	43	38,80	553
19	13,55	156	44	39,99	575
20	14,37	167	45	41,41	602
21	15,13	177	46	42,83	629
22	15,91	188	47	44,38	658
23	16,77	200	48	46,15	691
24	17,67	212	49	47,60	721
25	18,58	225	50	49,02	750

Spezifisches Gewicht der Salzsäure bei 15° C
(nach Lunge und Marchlewski).

Grade Bé	Prozent Salzsäure	Gramm 20 gräd. Säure in 1 Liter	Grade Bé	Prozent Salzsäure	Gramm 20 gräd. Säure in 1 Liter
1	1,58	49	13	20,01	686
2	2,98	94	14	21,62	746
3	4,57	145	15	23,05	801
4	6,01	192	16	24,78	868
5	7,58	245	17	26,54	938
6	9,16	298	18	28,14	1002
7	10,60	348	19	29,95	1075
8	12,19	403	20	32,10	1163
9	13,61	453	21	33,65	1227
10	15,16	508	22	35,39	1301
11	16,81	567	23	37,23	1380
12	18,30	622	24	39,11	1462

Spezifisches Gewicht der Schwefelsäure bei 15° C
(nach Lunge und Isler).

Grade Bé	Prozent Schwefelsäure	Gramm Säure in 1 Liter	Grade Bé	Prozent Schwefelsäure	Gramm Säure in 1 Liter	Grade Bé	Prozent Schwefelsäure	Gramm Säure in 1 Liter
1	1,15	11	27	31,23	384	53	66,71	1054
2	2,20	22	28	32,40	402	54	68,28	1091
3	3,34	34	29	33,66	420	55	69,89	1128
4	4,39	45	30	34,91	441	56	71,57	1170
5	5,54	57	31	36,17	460	57	73,02	1207
6	6,67	71	32	37,45	481	58	74,66	1248
7	7,72	82	33	38,85	504	59	76,44	1293
8	8,77	93	34	40,12	523	60	78,04	1334
9	9,78	105	35	41,50	548	61	80,02	1387
10	10,90	117	36	42,93	572	62	81,86	1435
11	12,07	130	37	44,28	596	63	83,90	1489
12	13,13	144	38	45,61	619	64	86,30	1549
13	14,35	158	39	46,94	643	65	90,05	1639
14	15,48	169	40	48,36	669	65,1	90,40	1647
15	16,49	185	41	49,85	697	65,2	90,80	1656
16	17,66	199	42	51,15	721	65,3	91,25	1666
17	18,82	213	43	52,51	747	65,4	91,70	1676
18	19,94	227	44	53,91	775	65,5	92,30	1690
19	21,16	243	45	55,35	804	65,6	92,75	1700
20	22,45	261	46	56,75	833	65,7	93,43	1713
21	23,60	277	47	58,13	862	65,8	94,60	1739
22	24,76	292	48	59,54	893	65,9	95,60	1759
23	26,04	310	49	61,12	926	66	97,70	1799
24	27,32	328	50	62,53	957	65,9	99,20	1825
25	28,58	346	51	63,99	990	65,8	99,95	1838
26	29,84	364	52	65,36	1021			

Korrektur und Härtebestimmung des Wassers.

Wasser, das doppelkohlensauren Kalk (Calciumbicarbonat) enthält, verliert beim Kochen die Hälfte der Kohlensäure, und einfach kohlensaurer Kalk (Calciumcarbonat) fällt aus. Die so beseitigte Härte des Wassers wird als „vorübergehende Härte" bezeichnet im Gegensatz zur „bleibenden Härte", welche auf durch Kochen nicht ausfallende Erdalkalisulfate, evtl. -chloride zurückzuführen ist.

Man braucht zur Korrektur harten Wassers, d. h. zum Ausfällen des Kalkes

a) mit calc. Soda: für jeden deutschen Härtegrad und je 100 l Wasser etwa 2 g;

b) mit oxalsaurem Ammoniak: für jeden deutschen Härtegrad und je 100 l Wasser etwa 2,5 g.

Zur Bestimmung der Gesamthärte eines Wassers bedient man sich einer alkoholischen Seifenlösung, welche pro Liter 20 g neutrale reine weiße Olivenölseife enthält und auf eine Chlorbaryumlösung eingestellt ist, deren Gehalt an reinem krystallisierten Baryumchlorid pro Liter destillierten Wassers 0,523 beträgt. Diese Chlorbaryumlösung, welche für je 100 ccm 45 ccm Seifenlösung verbraucht, entspricht einem Wasser von 12 deutschen Härtegraden.

Man arbeitet etwa folgendermaßen: 100 ccm des zu prüfenden Wassers bringt man mit einer Pipette in einen mit Glasstopfen versehenen Zylinder oder eine Glasstöpselflasche von etwa 250 ccm Inhalt und läßt in Teilen solange die beschriebene Normalseifenlösung zufließen, bis der bei starkem Schütteln entstehende Schaum etwa 5 Minuten stehen bleibt. Die verbrauchten Kubikzentimeter Seifenlösung ergeben nach der nebenstehenden Tabelle die Gesamthärte des Wassers. Ist das Wasser sehr hart, so nimmt man 10 oder 20 ccm, füllt mit destilliertem Wasser auf 100 ccm auf und titriert, wie eben angegeben.

Vergleich zwischen deutschen, englischen und französischen Härtegraden.

I. Deutsch	II. Englisch	III. Französisch
0,56	0,7	1,0
0,8	1,0	1,43
1,0	1,25	1,79
1,5	1,88	2,69
2,0	2,5	3,57
3,0	3,75	5,37
4,0	5,0	7,14
5,0	6,25	8,93
6,0	7,5	10,74
7,0	8,75	12,50
8,0	10,0	14,30
9,0	11,25	16,07
10,0	12,5	17,9
11,0	13,75	19,64
12,0	15,0	21,43

Ein deutscher Härtegrad entspricht einem Gehalt von 1 Teil Kalk (CaO) in 100000 Teilen Wasser.

Ein französischer Härtegrad entspricht einem Gehalt von 1 Teil kohlensaurem Kalk ($CaCO_3$) in 100000 Teilen Wasser.

Ein englischer Härtegrad entspricht einem Gehalt von 1 Teil kohlensaurem Kalk ($CaCO_3$) in 70000 Teilen Wasser.

Berechnung von Flottenmengen in Färbegefäßen.

1. Rechtwinklige Färbekufen und andere rechtwinklige Gefäße:

Flottenmenge M in Litern $= \frac{h \cdot a \cdot b}{1000}$.

h = Höhe der Flotte.
a = Breite des Gefäßes (innen) in cm.
b = Länge des Gefäßes(innen) in cm.

Beispiel: Ein Gefäß von 65 cm Breite, 170 cm Länge, in dem die Flotte 55 cm hoch steht, enthält

$$\frac{65 \cdot 170 \cdot 55}{1000} = 607{,}8 \text{ l Flotte.}$$

2. Stückfärbekufen (Haspelkufen) mit schräglaufender Hinterwand:

$$M \text{ in l} = \frac{\left(\frac{a+b}{2}\right) \cdot h \cdot c}{1000}$$

h = Höhe der Flotte in cm.
a = Seitenlänge der Flottenoberfläche in cm.
b = Seitenlänge des Bodens (innen) in cm.
c = Breite der Kufe (parallel zur Haspel), innen gemessen, in cm.

Beispiel: Eine Stückfärbekufe, in der die Flotte 90 cm hoch steht (h), und deren Oberfläche seitlich 95 cm mißt (a), enthält bei einer inneren Bodenseitenlänge (b) von 110 cm und einer Breite (c) von 87 cm etwa:

$$\frac{(95 + 110) \cdot 90 \cdot 87}{2 \cdot 1000} = 802^1/_2 \text{ l Flotte.}$$

3. Jigger:

$$M \text{ in l} = \frac{(a+b)\ c \cdot h}{2 \cdot 1000}.$$

Berechnung wie bei der Stückfärbekufe. Es ist einzusetzen für:
h = die Höhe der Flotte in cm.
a = die Seitenlänge der Flottenoberfläche (Schmalseite) in cm.
b = Seitenlänge des Bodens (Schmalseite, innen) in cm.
c = Innere Länge des Jiggers in cm.

Von dem errechneten Betrag M sind die Walzen abzuziehen. Der von jeder Walze eingenommene Raum in *l* beträgt:

$$\frac{r \cdot r \cdot \pi \cdot c'}{1000}$$

r = die Hälfte des Durchmessers in cm.
$\pi = 3{,}14$.
c = die Länge der Walze in cm.

Beispiel: Ein Jigger mit 2 Walzen, ebenen Längs- und senkrechten Schmalseiten, in dem die Flotte 30 cm hoch steht (h), und deren Oberfläche seitlich 75 cm mißt (a), enthält bei einer inneren Bodenbreite von 50 cm (b) und einer inneren Länge von 210 cm (c) ohne Walzen

$$\frac{(75 + 50) \cdot 30 \cdot 120}{2 \cdot 1000} = 393{,}75 \text{ l.}$$

Jede Walze von 8 cm Durchmesser und 200 cm Länge beschränkt den Raum um: $\frac{4 \cdot 4 \cdot \pi \cdot 200}{1000} = 10{,}05$ l, 2 Walzen also um 20,1 l. Die Flottenmenge beträgt demnach 393,65 l.

4. Zylindrische Gefäße:

M in l: $\frac{r \cdot r \cdot \pi \cdot h}{1000}$.

r = die Hälfte des Durchmessers in cm.
$\pi = 3{,}14$.
h = die Höhe der Flotte in cm.

Beispiel: Ein Gefäß von 120 cm Durchmesser und einer Flottenhöhe von 130 cm enthält

$$\frac{60 \cdot 60 \cdot 3{,}14 \cdot 130}{1000} = 1469^1/_2 \text{ l Flotte.}$$

5. Runde Kessel (Halbkugeln):

M in l $= \frac{r \cdot r \cdot r \cdot \pi \cdot 4}{2 \cdot 3 \cdot 1000}$.

r = die Hälfte des Flottendurchmessers (Oberfläche) in cm.
$\pi = 3{,}14$.

Beispiel: Ein halbrunder Kessel mit einem Flottendurchmesser von 93 cm enthält annähernd

$$\frac{46{,}5 \cdot 46{,}5 \cdot 46{,}5 \cdot 3{,}14 \cdot 4}{2 \cdot 3 \cdot 1000} = 208 \text{ l Flotte.}$$

GPSR Compliance

The European Union's (EU) General Product Safety Regulation (GPSR) is a set of rules that requires consumer products to be safe and our obligations to ensure this.

If you have any concerns about our products, you can contact us on ProductSafety@springernature.com

In case Publisher is established outside the EU, the EU authorized representative is:

Springer Nature Customer Service Center GmbH
Europaplatz 3
69115 Heidelberg, Germany

Batch number: 10682421

Printed by Printforce, the Netherlands